DECODIFICANDO O UNIVERSO

Charles Seife

DECODIFICANDO O UNIVERSO

Como a nova ciência da informação
está explicando tudo no cosmo, desde
os nossos cérebros até os buracos negros

Tradução de Talita Rodrigues

Rocco

Título original
DECODING THE UNIVERSE
How the New Science of Information is Explaining
Everything in the Cosmos, from our Brains to Black Holes

Copyright © Charles Seife, 2006
Todos os direitos reservados.

Desenhos *by* Matt Zimet

Nenhuma parte desta obra pode ser reproduzida, ou transmitida por qualquer forma ou meio eletrônico ou mecânico, inclusive fotocópia, gravação ou sistema de armazenagem e recuperação de informação, sem a permissão escrita do editor.

Direitos para a língua portuguesa reservados
com exclusividade para o Brasil à
EDITORA ROCCO LTDA.
Av. Presidente Wilson, 231 – 8º andar
20030-021 – Rio de Janeiro – RJ
Tel.: (21) 3525-2000 – Fax: (21) 3525-2001
rocco@rocco.com.br
www.rocco.com.br

Printed in Brazil/Impresso no Brasil

revisão técnica
BALI LOBO DE ANDRADE

preparação de originais
FÁTIMA FADEL

CIP-Brasil. Catalogação na fonte.
Sindicato Nacional dos Editores de Livros, RJ.

S46d Seife, Charles
Decodificando o universo/Charles Seife; tradução de Talita Rodrigues. – Rio de Janeiro: Rocco, 2010.

Tradução de: Decoding the universe: how the new science of information is explaining everything in the cosmos, from our brains to black holes.
ISBN 978-85-325-2601-4

1. Sistemas especialistas (Computação). 2. Ciência – Simulação por computador. 3. Ciência – Pesquisa – Processamento de dados. 4. Ciência da informação. I. Título.

10-4589

CDD–006.33
CDU–004.891

Sumário

Introdução 7
CAPÍTULO 1 Redundância 11
CAPÍTULO 2 Demônios 29
CAPÍTULO 3 Informação 68
CAPÍTULO 4 Vida 102
CAPÍTULO 5 Mais rápido do que a luz 136
CAPÍTULO 6 Paradoxo 173
CAPÍTULO 7 Informação quântica 203
CAPÍTULO 8 Conflito 244
CAPÍTULO 9 Cosmo 271
APÊNDICE A O logaritmo 299
APÊNDICE B Entropia e informação 301
Bibliografia 307
Agradecimentos 319

Introdução

Tudo é feito de uma substância oculta.
– Ralph Waldo Emerson

A civilização está condenada. Provavelmente essa não é a primeira coisa que você quer ler quando pega um livro, mas é verdade. A humanidade – e toda a vida no universo – está para ser varrida do mapa. Não importa o quão avançada a nossa civilização se torne, não importa se desenvolvemos uma tecnologia para pular de estrela em estrela ou viver seiscentos anos, resta apenas um tempo finito antes que a última criatura viva no universo visível seja extinta. As leis da informação selaram o nosso destino, assim como selaram o destino do próprio universo.

A palavra *informação* evoca visões de computadores, discos rígidos e supervias na internet; afinal de contas, a introdução e a popularização de computadores ficaram conhecidas como a revolução da informação. Entretanto, a ciência da computação é apenas um aspecto muito pequeno de uma ideia abrangente conhecida como teoria da informação. Embora essa teoria, de fato, dite como funcionam os computadores, ela faz muito mais do que isso. Ela governa o comportamento de objetos em muitas escalas diferentes. Ela diz como os átomos interagem uns com os outros e como buracos negros engolem estrelas. Suas regras descrevem como o universo morrerá e iluminam a estrutura de todo o cosmo. Mesmo se não existisse algo como um computador, a teoria da informação ainda seria a terceira grande revolução da física do século XX.

As leis da termodinâmica – as regras que governam o movimento dos átomos num pedaço de matéria – são, debaixo disso tudo, leis sobre informação. A teoria da relatividade, que descreve como objetos se comportam em velocidades extremas e sob a forte influência da gravidade, é na verdade a teoria da informação. A teoria quântica, que governa a esfera do muito pequeno, é também uma teoria da informação. O conceito de informação, que é muito mais amplo do que o mero conteúdo de um disco rígido, une todas essas teorias em uma ideia incrivelmente potente.

A teoria da informação é tão poderosa porque informação é física. A informação não é apenas um conceito abstrato, e não é apenas fatos ou números, datas ou nomes. É um conceito concreto de matéria e energia que é quantificável e mensurável. É tão real quanto o peso de um pedaço de chumbo ou a energia armazenada numa ogiva nuclear e, assim como massa e energia, a informação está sujeita a um conjunto de leis físicas que ditam como ela pode se comportar – como a informação pode ser manipulada, transferida, duplicada, apagada ou destruída. E tudo no universo deve obedecer às leis da informação, porque tudo no universo é moldado pela informação que contém.

A ideia de informação nasceu da antiga arte de codificação e decodificação. Os criptogramas que ocultavam segredos de estado eram, de fato, métodos para esconder informações e transportá-las de um lugar para outro. Quando a arte da decodificação foi combinada com a ciência da termodinâmica – o ramo da física que descreve o comportamento de motores, a troca de calor e a produção de trabalho –, o resultado foi a teoria da informação. Essa nova teoria da informação foi uma ideia tão revolucionária quanto as teorias quânticas e da relatividade; ela instantaneamente transformou o campo das comunicações e pavimentou o caminho para a era dos computadores, mas isso foi só o começo. No espaço de uma década, físicos e biólogos começaram a compreender que as ideias da teoria da informação governam muito mais do que bits e bytes de computadores, códigos e comunicações: elas descrevem o comportamento do mundo subatômico, toda a vida na Terra e até o universo como um todo. Cada criatura na Terra é uma criatura de informação; a informação está no centro das nossas células, e as informações matraqueiam em nossos cérebros. Mas a informação não é processada e manipulada apenas por seres vivos. Cada partícula do universo, cada elétron, cada átomo, cada partícula ainda não descoberta estão abarrotados de informações – informações que são muitas vezes inacessíveis para nós, mas não obstante informações, que podem ser transferidas, processadas e dissipadas. Cada estrela no universo, cada uma das inúmeras galáxias no espaço estão repletas de informação, informação que pode escapar e viajar. Essa informação está sempre fluindo, indo de um lado para outro, espalhando-se pelo cosmo.

A informação parece, literalmente, moldar o nosso universo. O movimento da informação pode muito bem determinar a estrutura física do cosmo. E a informação parece estar na essência dos paradoxos mais profundos na ciência – os mistérios da relatividade e da mecânica quântica, a origem e o destino da vida no universo, a natureza do poder destrutivo do buraco negro, e a ordem oculta num cosmo aparentemente ao acaso.

As leis da informação estão começando a revelar as respostas para algumas das questões mais profundas da ciência, mas as respostas são, de certo modo, mais perturbadoras e mais bizarras do que os paradoxos que solucionam. A informação leva ao quadro de um universo acelerando em direção à sua própria morte, de criaturas vivas como escravas de parasitas internos, e de um cosmo incrivelmente complexo composto de uma enorme coleção de universos paralelos.

As leis da informação estão dando aos físicos um meio para compreenderem os mistérios mais profundos que a humanidade já considerou. Mas essas leis pintam um retrato que é tão sombrio quanto surreal.

CAPÍTULO 1

Redundância

Cavalheiros não leem a correspondência
de outros cavalheiros!
– HENRY L. STIMSON

"AF está sem água." Essas quatro palavras afundaram a frota japonesa.

Na primavera de 1942, as forças armadas americanas estavam recuando descontroladas com uma série ininterrupta de derrotas. A marinha japonesa era suprema no Pacífico, e estava se aproximando cada vez mais dos territórios americanos. Embora a situação fosse terrível, a guerra não estava perdida. E os criptoanalistas dos Estados Unidos estavam para usar uma arma tão importante quanto as bombas e rifles: informações.

Os decifradores americanos haviam quebrado o código JN-25, um criptograma usado pela marinha japonesa. Era um código difícil de quebrar, mas em maio os criptoanalistas haviam aberto totalmente o cofre matemático do código e revelado a informação contida dentro dele.

Segundo as mensagens interceptadas e decifradas, uma base americana, de codinome *AF*, seria em breve alvo de um grande ataque naval. Analistas americanos sabiam que AF era uma ilha no Pacífico (possivelmente ilha Midway), mas não exatamente qual delas. Se os analistas errassem na suposição, a marinha defenderia a ilha errada, e o inimigo poderia invadir o verdadeiro alvo sem oposição. Mas, se pudessem descobrir qual ilha AF era realmente e prever o destino da armada japonesa, os americanos poderiam concentrar sua frota e destruir a força invasora. Tudo – a guerra no Pacífico – dependia de uma informação que estava faltando: Onde ficava AF?

O comandante Joseph Rochefort, chefe do centro de criptografia da marinha em Pearl Harbor, pensou num esquema para conseguir essa última informação. Mandou que a base em Midway transmitisse um pedido falso de ajuda. A transmissão dizia que a destilaria de água na ilha Midway havia sido danificada e que a base estava quase sem água doce. Os japoneses na escuta de transmissões em Midway ouviram o comunicado pelo rádio, também. Era exatamente aquilo com que Rochefort estava contando. Não muito tempo depois da mensagem falsa, o serviço secreto da marinha captou os leves sinais de uma transmissão japonesa nas ondas de rádio: "AF está sem água." Rochefort teve a sua última informação. AF era Midway.

A frota americana reuniu-se para defender a ilha. No dia 4 de junho de 1942, as forças invasoras do almirante Isoroku Yamamoto defrontaram-se com a frota do almirante Chester Nimitz à sua espera. Durante a batalha, quatro porta-aviões japoneses – *Hiryu*, *Soryu*, *Akagi* e *Kaga* – foram ao fundo; por sua vez, apenas um porta-aviões americano se perdeu. A frota japonesa mutilada voltou para casa. O Japão havia perdido a batalha – e a guerra no Pacífico. A marinha japonesa nunca mais foi uma séria ameaça ao território americano, e os Estados Unidos iniciaram o longo e difícil avanço em direção à terra natal japonesa. Uma informação inestimável, o alvo da invasão de Yamamoto, vazou através da proteção de códigos e cifras e deu aos Estados Unidos a sua crucial vitória.[1]

A Segunda Guerra Mundial foi a primeira guerra de informações. Enquanto os criptógrafos americanos extraíam informa-

---

[1] Ironicamente, o próprio Yamamoto morreria por causa de uma informação interceptada pelos aliados. Em abril de 1943, um grupo do serviço secreto de análise de sinais na Austrália descobriu que Yamamoto ia de avião visitar as tropas em Nova Guiné. Um esquadrão de bombardeiros P-38 estava aguardando e derrubou o avião do almirante em Bougainville, no sul do Pacífico.

ções dos códigos japoneses JN-25 e Púrpura, um grupo de elite de decifradores britânicos e poloneses desvendavam o (supostamente) inquebrável código Enigma. E assim como a informação permitiu que os Estados Unidos derrotassem o Japão, as informações do Enigma deram aos aliados um modo de derrotarem os submarinos nazistas que estavam obstruindo a Grã-Bretanha.

Do mesmo modo que a luta pela informação deixou a sua marca no rosto da guerra, a guerra deixou as suas impressões na fisionomia da informação. Durante a Segunda Guerra Mundial, a criptografia começou a mudar de arte para ciência. Os decodificadores nas abafadas salas secretas no Havaí e numa pitoresca propriedade na Inglaterra seriam os arautos de uma revolução conhecida como teoria da informação.

Codificação e decodificação estiveram sempre intimamente relacionadas com o que se tornaria a teoria da informação. Entretanto, durante milênios, criptógrafos e criptoanalistas não imaginavam que estavam fazendo incursões num campo totalmente novo da ciência. Afinal de contas, a criptografia é mais antiga do que a ciência. Repetidas vezes, desde a antiguidade, monarcas e generais confiaram em informações ocultas na frágil segurança de uma cifra ou uma mensagem secreta – tentativas canhestras de driblar os riscos da transferência de informações.

A escrita em códigos secretos data do alvorecer da civilização ocidental. Em 480 a.C., a antiga Grécia quase foi conquistada pelo muito mais forte Império Persa, porém uma mensagem secreta, oculta sob a cera de uma tábua de escrever, alertava a respeito de uma iminente invasão. Alarmados com a mensagem, os gregos começaram imediatamente a se preparar para a guerra. Os gregos prevenidos derrotaram os persas na batalha de Salamis, acabando com a ameaça persa e introduzindo a era de ouro da Grécia. Não fosse essa mensagem oculta, a frágil coleção de cidades-estado gregas não teria conseguido resistir à marinha persa muito mais poderosa; a Grécia provavelmente teria se tornado uma conquista dos persas, e a civilização ocidental teria se revelado algo muito diferente.

Às vezes, uma tentativa fracassada de transferir informações muda a história. Cabeças literalmente rolaram porque uma mensagem secreta ou cifrada foi descoberta e decodificada. Em 1587, Mary, Rainha dos Escoceses, foi parar no cepo do carrasco por causa de um código malfeito. Mary, na prisão, conspirava para assassinar a rainha Elizabeth e se apoderar do trono inglês. Mas, como todos os objetos que entravam e saíam da prisão eram inspecionados, Mary tinha de recorrer à criptografia para se manter em contato com seus defensores. Ela e seus companheiros de conspiração inventaram um código e trocavam pequenas mensagens cifradas ocultas nos tampões dos barris de cerveja. Infelizmente para Mary, Sir Francis Walsingham, mestre espião da Inglaterra, descobriu as mensagens e mandou decifrá-las. Ele até plantou uma mensagem falsa de Mary aos conspiradores, induzindo os traidores a revelarem os nomes de todos os homens da sua trama. Quando a rainha Mary foi a julgamento por traição, as mensagens foram a principal prova. Um código quebrado – e dois golpes de machado – selaram o seu destino.

Códigos e criptogramas têm muitas formas diferentes, mas todas com o mesmo propósito: transferir informações de uma pessoa para outra. Ao mesmo tempo, elas devem ser seguras; devem impedir que alguém na escuta obtenha essa informação se a mensagem for interceptada.

Durante a maior parte da história, os códigos não foram lá muito seguros. Um decifrador esperto poderia desvendar até o código mais sofisticado bastando apenas um pouquinho de concentração; mesmo assim, monarcas e generais tinham que confiar nesses criptogramas pouco sólidos. Muitas vezes, uma mensagem interceptada e decifrada significava morte ou derrota. Enviar mensagens altamente secretas era sempre perigoso, mas um risco necessário e peça fundamental na arte da diplomacia e da guerra.

Por mais que os criptógrafos brinquem com palavras e símbolos, números ou manuais de criptografia, por mais que espertamente escondam as mensagens em tampões de barris, abóboras ou poemas, existe o risco inevitável de serem descobertas à medida que informações cruciais se deslocam de um lugar para outro. Assim como generais precisam movimentar tropas, exércitos e suprimentos de casa até o fronte e de volta, também precisam transferir informações. E, assim, a informação é tão palpável quanto o peso de uma bala, tão tangível quanto o peso de uma bomba de artilharia – e tão vulnerável quanto um cargueiro repleto de munição.

Essa propriedade fundamental é a coisa mais difícil de aceitar a respeito da informação: ela é tão real e concreta quanto massa, energia ou temperatura. Você não pode ver diretamente essas propriedades, mas as aceita como reais. A informação é real, exatamente assim. Ela pode ser medida e manipulada exatamente como o peso de uma maçã pode ser avaliado numa balança ou redistribuído usando-se uma faca. É por isso que líderes, generais e diplomatas sempre se arriscaram com códigos capengas. A informação precisa ir do emissor para o receptor como um lingote de ouro teria de viajar de Fort Knox para a Casa da Moeda. Não existe uma mágica para transmitir a informação instantaneamente, assim como não há como teletransportar o ouro direto de cofre para cofre. Até os computadores mais avançados precisam encontrar um modo de transferir informação de um lugar para outro – ela pode seguir por linha telefônica ou por um cabo coaxial, ou até pelo ar via uma conexão sem fio –, mas, se você quer transferir informação de computador para computador, ela deve fazer esse percurso fisicamente de algum modo.

Como a informação num objeto é uma propriedade concreta, mensurável, como massa, isso significa que ela pode ir para o lugar errado ou ser roubada do mesmo modo que a massa. Assim como alguém que deseja transferir ouro de um lugar para outro deve enfrentar os riscos de assaltantes de estrada ou ladrões, um líder que quiser trocar informações precisa saber que existe o risco de que elas sejam interceptadas e decodificadas. A informação, como o ouro, deve circular a fim de ter algum valor para os humanos.

Sob todas as afetações e superficialidades dos filmes de espionagem, bons codificadores e quebradores de códigos são especialistas em manipular informações. Um criptógrafo criando um criptograma está tentando garantir que essa informação vá de um emissor para um receptor sem que ninguém mais tenha acesso a ela; a informação não deve "vazar" da mensagem criptografada. Inversamente, o decodificador que intercepta a mensagem de um inimigo está tentando extrair informações de uma confusão de letras ou símbolos aparentemente sem sentido. Isso só funciona se o criptograma for imperfeito – se a informação vazar apesar de todos os esforços do codificador. Mas nem mesmo o melhor codificador é capaz de fazer uma mensagem aparecer milagrosamente no local onde é necessária; ela deve ser transportada. É aí que ela corre mais risco de ser descoberta.

A ideia de que algo tão aparentemente abstrato como a informação seja na verdade mensurável – e tangível – é um dos princípios centrais da teoria da informação. Essa teoria nasceu nos anos logo após a Segunda Guerra Mundial, quando matemáticos expuseram um conjunto de regras que definiam a informação e descreviam o seu comportamento. Essa teoria tem uma certeza matemática raramente vista no mundo experimental, desordenado, da ciência; seus princípios são tão invioláveis quanto as leis da termodinâmica que impedem inventores de construírem uma máquina de moto-contínuo. Mesmo que as informações tenham circulado há séculos, foi só durante a Segunda Guerra Mundial que criptógrafos começaram a tatear as bordas da teoria da informação.

A ciência da criptografia detém as pistas para a natureza da informação. Ela não vai contar tudo, mas dará uma ideia de como a informação é real e mensurável, e deve ser transportada de um lugar para outro como um lingote de ouro. Pois uma das maldições de um criptógrafo – a redundância – está intimamente relacionada com o conceito de informação, e compreender a redundância pode ajudar a explicar por que a informação pode ser tão palpável quanto um átomo num pedaço de matéria.

Sempre que receber uma mensagem, até algo simples como "o céu é azul", você precisa pegar uma série de palavras e processá-las para compreender o sentido da mensagem. Você recebe uma série de marcas no papel (ou sons no ar) e extrai o significado codificado nessas marcas. O seu cérebro pega o conjunto bruto de linhas e curvas que soletram "o céu é azul" e manipula esses símbolos até compreender que a mensagem é uma declaração sobre a cor do céu lá fora. Esse processo, essa extração de significado a partir de um conjunto de símbolos, é inconsciente. É apenas algo que o cérebro humano vem treinando fazer desde o momento em que os pais fazem gu-gu para o filhinho no berço; o processo de adquirir fluência numa língua é, de certo modo, nada mais do que aprender a extrair sentido de símbolos. Entretanto, esse processo inconsciente – pegar uma sucessão de símbolos e extrair dela um significado – é crucial para nossa habilidade de usar linguagem. E também é o conceito de redundância, porque é ela que torna a mensagem fácil de compreender.

A redundância são as pistas a mais numa frase ou mensagem que permitem que se compreenda o sentido mesmo quando a mensagem está um tanto truncada. Por conseguinte, todas as frases em qualquer língua são altamente redundantes. Uma frase em inglês – ou em qualquer outro idioma – sempre tem mais informações do que você precisa para decifrá-la. Essa redundância é fácil de se ver. T-nt- -nt-nd-r -st-fr-s-. A frase anterior está bastante truncada; todas as vogais foram retiradas.[2] Mas continua fácil decifrá-la e extrair o significado. O sentido de

---

[2] É por isso também que as escolas de taquigrafia podiam anunciar os seus cursos com cartazes que diziam: "Se v pd lr st fs pd cnsgur u emprg mlhr & gnhr +."

uma mensagem continua inalterado mesmo se partes dela forem removidas. Essa é a essência da redundância.

Para os humanos, a redundância é uma coisa boa, porque facilita a compreensão da mensagem, mesmo quando ela está em parte desordenada pelo ambiente. Você continua compreendendo um amigo falando num restaurante cheio ou num celular com sinal falhando, por causa da redundância. A redundância é um mecanismo de segurança; ela garante que uma mensagem seja transmitida mesmo se ficar ligeiramente danificada no percurso. Todas as línguas têm embutidas essas redes de segurança compostas de padrões, estruturas e conjuntos de regras que as tornam redundantes. Em geral, você não tem consciência dessas regras. Mas seu cérebro as usa inconscientemente quando você lê, fala, ouve e escreve – sempre que estiver recebendo uma mensagem de alguém numa língua natural. Mesmo que essas regras não sejam óbvias, elas estão ali, e você pode sentir sua influência se brincar um pouco com a linguagem.

Considere, por exemplo, a palavra *fingry* que não quer dizer nada. Ela parece uma palavra em inglês e soa como um adjetivo. ("Gee, Bob, your boss looks like he's mighty *fingry* today" – Puxa, Bob, seu chefe parece bastante *irritado* hoje). Mas e se eu criar outra palavra sem sentido: *trzeci*? Ao contrário de *fingry*, *trzeci* não parece ser inglês.[3] Isso por causa de regras implícitas – neste caso, regras específicas do idioma inglês. A letra *z* é muito rara em inglês e jamais vem depois das letras *tr*. Além disso, é muito pouco comum terminar uma palavra com *i*, portanto *trzeci* não parece ser uma palavra real em inglês – ela quebra as regras não escritas sobre os atributos das palavras válidas em inglês. *Fingry*, por outro lado, tem o padrão correto de letras (e sons) que a fazem parecer uma palavra real inglesa (angry, irritado), e a terminação *-gry* tende a sinalizar que a palavra é um adjetivo.

---

[3] Embora ela seja uma palavra perfeitamente válida segundo as regras do polonês. Ela quer dizer "terceiro".

O cérebro humano aprende automaticamente essas regras e as usa para fazer um teste de validade em todas as mensagens que recebe. É assim que distinguimos a mensagem com significado de uma sucessão sem sentido de símbolos ou sílabas. Todas as línguas possuem regras inseridas em regras, que por sua vez são inseridas em mais regras. As regras *trzeci versus fringy* operam no nível de letras e sons; elas determinam quais as letras e sons que tendem a seguir outros. Mas muitas outras regras operam em níveis diferentes também. Embora todas funcionem inconscientemente, você pode senti-las quando tem algo errado na mensagem, porque elas automaticamente fazem soar o alarme. Por exemplo, existem regras que determinam quais palavras costumam seguir outras palavras e frases; o seu cérebro, continuamente monitorando as regras de linguagem, permite que você saiba se a ordem das palavras está errada. Existem também regras que conferem o sentido de uma mensagem enquanto você a processa. Mesmo uma mensagem perfeitamente válida soará estranha se não for exatamente aquilo que o seu cérebro espera. Quando isto acontece, uma palavra mal escolhida pode sobressair como um lóbulo de orelha inflamado.[4]

Essas regras estão por toda parte. Elas lhe mostram a diferença entre um grunhido sem sentido e uma consoante válida, entre uma palavra sem sentido e outra real, ou uma frase tola e outra cheia de informações. Algumas regras são válidas em muitas linguagens; existe apenas um punhado de sons capazes de transportar sentido na fala humana. Algumas regras são mais específicas em certas linguagens; as palavras em polonês parecem e soam muito diferente daquelas em inglês porque as regras correspondentes para "palavra válida" são muito diferentes. Mas todas as línguas têm um vasto conjunto dessas regras, e é esse conjunto que dá a uma língua a sua estrutura – e a sua redundância.

---

[4] Um clichê nada mais é do que uma expressão usada em excesso – e muito redundante. Assim como você pode repor as vogais numa frase quando elas forem retiradas, pode muitas vezes reinserir a palavra que falta se for isso que o médico...

Quando o seu cérebro dá o alarme a respeito de uma regra quebrada, uma palavra que não soa como o idioma que você está ouvindo ou uma frase com uma palavra errada, ele está lhe dizendo que a sucessão de letras (ou sons) que você está recebendo não satisfaz a sua expectativa com relação a uma mensagem válida. Alguma coisa está fora do lugar; algo está truncado. Ao usar essas regras e funcionando no sentido inverso, o seu cérebro pode com frequência corrigir o problema, por exemplo quando a palavra foi escrita ou pronunciada de forma errada. Sem hesitar, seu cérebro aplica as regras adequadas de ortografia e pronúncia e corrige a sucessão truncada de símbolos. Você extrai o significado da frase apesar de um erro. Isso nada mais é do que a redundância em ação.

Foram essas regras também que lhe permitiram ler a frase sem vogais. As regras implícitas do idioma lhe disseram no mesmo instante que "-nt-nd-r" era provavelmente *entender* e não *inundar* ou até *contundir*. Graças às regras, você ainda pode extrair sentido de uma mensagem mesmo que eu corte pedaços de frases... desde que não seja muita coisa. Mas existe um ponto além do qual uma frase não pode mais ser truncada ou comprimida sem ficar incompreensível. Retire letras demais e você começa a perder o sentido da mensagem. Quando você se livra de toda a redundância numa sucessão de letras, o que sobra é um núcleo concreto, mensurável, incompactável. Isso é informação: aquele algo central, irredutível, que fica na essência de cada frase.

Essa é uma definição simples, que não é completa, mas é precisa. Informação e redundância são complementares; quando você remove a redundância de uma sucessão de letras, ou símbolos, o que sobra é informação. Os cientistas da computação estão muito conscientes desse miolo irredutível em todas as mensagens. Ele é importante quando se cria, digamos, um programa para compactar arquivos de computador. Programas de compactação comprimem arquivos – assim como aqueles que contêm o texto deste livro – de modo a ocuparem menos espaço no disco rígido ou em dispositivos similares para armazenamento. Esses programas são extremamente bons, mas existe um pequeno mistério a respeito de como executam o seu trabalho: eles funcionam removendo (quase) toda a redundância de um arquivo, deixando o miolo. Um programa de compactação comercial padrão pode pegar um arquivo de texto e comprimi-lo em mais de 60%. O que restar, entretanto, não pode ser mais comprimido. Execute o programa novamente e o arquivo não ficará mais compactado do que isso. (Experimente você mesmo!) Ele não pode ficar menor, se não, você vai perder parte do sentido da mensagem, parte da informação no arquivo de texto. Se alguém tentar lhe vender um programa capaz de tornar esses miolos incompactáveis ainda menores, chame o FBI para denunciar uma fraude.

Cientistas da computação não são as únicas pessoas preocupadas com a redundância. Uma dificuldade-chave da criptografia é remover ou mascarar a redundância numa mensagem mantendo essa informação essencial no seu miolo. Por mais que criptógrafos ou cientistas da computação tentem mascarar ou encolher uma mensagem, entretanto, ainda há uma porção incompactável que precisa ir do emissor para o receptor, seja a mensagem transmitida por rádio, tabuleta de cera ou por luzes na torre da igreja Old North. Essa percepção revolucionaria o campo da física. Mas, primeiro, informação e redundância revolucionaram o campo da criptografia e mudaram o curso da história mundial.

Criptógrafos modernos pensam na sua arte em termos de informação e redundância. O objetivo de um criptógrafo, afinal de contas, é gerar uma sucessão de símbolos que tenham sentido para o receptor pretendido – de certo modo, o criptógrafo está criando uma linguagem artificial. Ao contrário das linguagens humanas comuns, cuja intenção é compartilhar informações livremente, o texto cifrado do criptógrafo visa não ter sentido para alguém que esteja numa escuta clandestina. A informação na mensagem original ainda está ali na versão criptografada, mas está oculta para quem não souber como decifrá-la. Um bom código protege a informação daqueles que não estão autorizados a compreendê-la. Um criptograma ruim deixa vazar informações. Com frequência, quando um criptograma falha, é porque a redundância é tosca.

Você já sabe disso se for um decodificador amador. Nas páginas de histórias em quadrinhos de muitos jornais, você vai encontrar um pequeno quebra-cabeça conhecido como criptograma. Em geral é uma citação famosa que foi codificada de uma forma muito simples: cada letra é substituída por outra, produzindo uma série de absurdos. Por exemplo, você pode ver algo como FUDK DK V NTPVFDOTPM KDIAPT GSHDJX KGUTIT. DF KUSYPH JSF FVWT IYGU FDIT FS ZNTVW DF. Com um pouco de prática, você pode decifrar rápido esse tipo de quebra-cabeça e extrair a informação que ele contém.

Há várias maneiras de decodificar um criptograma, e todas exploram as regras não escritas do idioma. Mesmo que a informação esteja truncada, essas regras permitem que você descubra qual é a mensagem em inglês. Uma delas é que se você tem uma letra sozinha, pode ser um *A* ou um *I*; nenhuma outra letra sozinha forma uma palavra válida. Portanto, no criptograma do parágrafo anterior, o símbolo V deve representar a letra *A* ou a letra *I*. Outra regra é que *E* costuma ser a letra mais frequente no idioma inglês, portanto, na frase anterior, é provável que o símbolo mais frequente – *T* – seja a letra *E*. Algumas outras letras, tais como *S*, e combinações de letras, tais como *TH*, são relativamente comuns, portanto é quase certo que apareçam numa determinada mensagem, enquanto outras como *X* ou *KL* são bastante raras e podem muito bem não constar de um criptograma típico. Olhe para o criptograma e brinque um pouco com ele e em breve será capaz de decifrar a mensagem. As regras do inglês permitem extrair a informação da mensagem embora ela esteja oculta. Em outras palavras, essas regras dão a redundância da mensagem e permitem que você quebre o código.⁵

Redundância, a coleção desses padrões e regras, é a inimiga de um código seguro; ela ajuda a vazar informações, e decodificadores fazem um esforço enorme na tentativa de ocultar a redundância numa mensagem. Essa é a única maneira de um codificador ter esperanças de que um novo criptograma *possa* ser seguro. Compreender a relação entre redundância, informação e segurança é uma das pedras fundamentais da criptografia, mas antes do nascimento da teoria da informação ninguém sabia exatamente o que havia por baixo dessa relação. Ninguém compreendia a natureza da informação ou da redundância. Nem tinha um método formal que as definisse, medisse ou manipulasse. Consequentemente, até os esquemas de codificação mais sofisticados do início do século XX tendiam a ser inseguros. Mesmo aqueles considerados inquebráveis.

Uma máquina Enigma

Rotor codificador
Resposta codificada
Teclado

Em fevereiro de 1918, o inventor alemão Arthur Scherbius registrou a patente de uma máquina de criptografia "inquebrável" que em breve ficaria famosa no mundo inteiro: Enigma. Essa máquina tinha um jeito original de criptografar uma mensagem. Era tão complexa que a maioria dos criptógrafos e matemáticos contemporâneos achavam inútil tentar quebrar seu código.

---

⁵ O criptograma se traduz como: *This is a relatively simple coding scheme. It should not take much time to break it.* (Este é um código relativamente simples. Não deve exigir muito tempo para quebrá-lo.)

A máquina de Scherbius parecia uma máquina de escrever mais sofisticada. Entretanto, as teclas não deixavam marcas num papel; elas acendiam uma luz na máquina. Se você apertasse a letra "A", por exemplo, acendia a luz da letra "F"; a letra A era criptografada como um F. Mas se você pressionasse de novo a letra "A", ela poderia aparecer como um "S", um "O" ou um "P"; cada vez que você digitasse a letra "A" ela apareceria criptografada de um modo diferente. Isso porque o núcleo da máquina Scherbius era uma série de rodas dentadas. Sempre que você apertasse uma tecla, as rodas giravam, um dente à frente. Quando elas mudavam de posição, a letra cifrada mudava também. Todas as vezes que se pressionava uma tecla, ela era criptografada de outro modo. Era como se a máquina Enigma mudasse as cifras a cada toque.

A maioria dos modelos da Enigma usava três rotores (embora alguns tivessem quatro), cada um girava um dente adiante 26 vezes antes de retornar à sua orientação original. Os rotores podiam ser conectados de diversas maneiras e colocados em cada uma dos três (ou quatro) encaixes. Havia também fios e plugues que podiam ser trocados e algumas outras características que podiam ser alteradas. No todo, uma máquina Enigma padrão com três rotores podia ser configurada em mais de 300 milhões de bilhões de modos elevados à centésima potência. Se você recebesse uma mensagem Enigma, teria de descobrir em quais dessas 3×10^{114} configurações a máquina do criptógrafo estava ajustada quando ele começou a digitar a mensagem.

Força bruta está fora de questão; não há como testar cada uma dessas 3×10^{114} configurações a mão. Se cada átomo no universo fosse uma máquina Enigma, e cada um estivesse testando um milhão de bilhões de combinações por segundo desde o início do universo até agora, mesmo assim eles só teriam sido capazes de tentar 1% de todas as configurações possíveis. Não é de espantar que a máquina Enigma tivesse fama de indecifrável. Por sorte, para a civilização ocidental, ela não era.

Um dos segredos de guerra mais bem guardados foi um pequeno grupo de decodificadores numa propriedade vitoriana: Bletchley Park, em Buckinghamshire, Inglaterra. Winston Churchill mais tarde chamaria o grupo de gansos que colocavam ovos de ouro, mas não grasnavam nunca. E Alan Turing foi o mais famoso de todos.

Nascido em 1912, em Londres, Turing iria se tornar um dos fundadores da disciplina que estuda a ciência da computação – o campo que lida, no nível abstrato, com objetos que manipulam informações. Para matemáticos e cientistas da computação, as contribuições mais importantes de Turing tinham a ver com um computador idealizado hoje conhecido como máquina Turing, um autômato irracional que lê as instruções gravadas numa fita. Essa fita é dividida em quadrados que estão em branco ou possuem uma marca. A máquina Turing é extremamente simples. Ela só pode executar algumas funções básicas: ler o que está na fita numa determinada posição, avançar a fita ou rebobiná-la, e escrever ou apagar uma marca na fita. Na década de 1930, Turing e seu colega na Princeton University, Alonzo Church, provaram que esse simples robô é um *computador universal:* ele é capaz de fazer qualquer computação concebível para um computador, mesmo os supercomputadores mais modernos. Isso significa que você pode, em teoria, fazer os mais complicados algoritmos, as mais intrincadas tarefas computadorizadas, se for capaz de ler, escrever ou apagar uma

Uma máquina Turing

marca numa fita e girar a fita. A ideia de um computador universal seria crucial para o desenvolvimento da computação e da teoria da informação, mas não é por isso que Turing é mais conhecido.

Turing é famoso por quebrar o código Enigma. Baseando-se no trabalho de matemáticos poloneses, Turing e seus colegas em Bletchley Park exploraram a redundância nas mensagens codificadas pela máquina Enigma para extrair as informações que elas escondiam. Várias falhas no código Enigma inseriam redundância na mensagem codificada e enfraqueciam o criptograma. Algumas dessas falhas eram originárias de seu projeto. (Por exemplo, a máquina Enigma jamais deixava uma letra sem modificar: um *E* criptografado podia ser qualquer letra *exceto* um *E*, e isso produzia uma minúscula informação sobre a mensagem.) Algumas dessas falhas foram causadas pelo método alemão de comunicação. (Os decodificadores em Bletchley Park conseguiram explorar a previsibilidade de relatórios meteorológicos criptografados para quebrar o código no qual estavam ocultos. E, como a previsibilidade da língua, essa era uma forma de redundância.) Tudo somado, as falhas permitiram que Turing e seus colegas decodificassem as mensagens cifradas da Enigma usando uma série de máquinas de computação primitivas, construídas especialmente para isso e conhecidas como "bombas".[6] Turing e seus colegas gansos em Bletchley Park acabaram decodificando uma mensagem Enigma em questão de horas – um contraste enorme com os bilhões e bilhões de anos que uma análise simplória da segurança do código Enigma implicaria. A informação vazou pelo criptograma; os decodificadores em Bletchley Park puderam lê-la mesmo estando oculta pela máquina Enigma.

Assim como quebrar o código JN-25 mudou o curso da guerra no Pacífico, a decodificação da Enigma virou a maré da guerra

---

[6] Elas receberam esse nome porque faziam um ruído explosivo sinistro ao serem descarregadas.

do Atlântico. Nos estágios iniciais da Segunda Guerra Mundial, a frota de submarinos alemães quase dominou a fortaleza insular da Grã-Bretanha. O primeiro-ministro Winston Churchill mais tarde escreveu que "a única coisa que realmente me assustava durante a guerra era o perigo dos submarinos alemães". Na segunda metade de 1940, a "época feliz" da marinha nazista, os submarinos alemães mandaram cerca de meio milhão de toneladas de embarcações por mês para o fundo do Atlântico, quase colocando a Grã-Bretanha de joelhos. Os decodificadores da Enigma mudaram essa tendência. Visto que as comunicações criptografadas dos submarinos eram cifradas com a versão naval da Enigma, os decodificadores de Bletchley Park ajudaram as forças antissubmarinos britânicas a caçar os submarinos alemães que haviam dado tanto prejuízo para a sua nação, e ajudaram a ganhar a guerra.[7]

A criptoanálise da Enigma foi o último grande esforço de decodificação antes que os cientistas aprendessem a definir, manipular e analisar informações. Os decodificadores de Bletchley Park, sem realmente saber disso, estavam explorando a natureza palpável, irredutível, da informação. Eles usavam redundâncias, algoritmos de computador e manipulações matemáticas para chegar à cifra e extrair a informação que tinha de estar por trás dela. De certo modo, a quebra do código da máquina Enigma foi a estrela cintilante que anunciava o nascimento tanto da ciência da computação quanto da teoria da informação – e as ideias de Turing seriam uma parte importante em ambas.

Infelizmente, o próprio Turing não representaria um grande papel na recém-nascida ciência da teoria da informação. Em 1952, Turing, homossexual, confessou-se culpado das acusações de "flagrante obscenidade" por flertar com um rapaz de 19 anos de idade. Para não ser preso, ele consentiu em se subme-

---

[7] Ironicamente, os submarinos alemães haviam sido favorecidos, assim como prejudicados, pela decodificação. Decodificadores alemães haviam quebrado o código de comboio dos aliados, permitindo à marinha alemã enviar hordas de submarinos para interceptá-los.

ter a "tratamento" – um conjunto de injeções de hormônios que deveriam dar um fim às suas tendências sexuais. Elas não deram, e sua "torpeza moral" foi um estigma do qual ele jamais se recuperou. Dois anos depois, o torturado Turing aparentemente se matou com cianureto.

A tragédia de Turing aconteceu exatamente quando os físicos e cientistas da computação aprenderiam a lidar com a entidade da informação, numa época em que os cientistas veriam que esse conceito difícil de ser definido guardava a chave para a compreensão da natureza do mundo físico. Não foi o único suicídio que lançou sua sombra sobre a ciência da informação. De fato, a tragédia persistiu nas próprias raízes da teoria da informação, em torno dos primeiros trabalhos em física que definiram as bases da revolução futura.

CAPÍTULO 2

Demônios

*Um Demônio hostil você é, isso eu bem percebo,
e temo que a sua obra esteja sempre transformando
em sofrimento o que é bom.*

– JOHANN WOLFGANG VON GOETHE, *Fausto*

Na tarde do dia 5 de setembro de 1906, Ludwig Boltzmann achou uma cordinha e enrolou uma das pontas numa barra transversal na esquadria de madeira de uma janela. Enquanto a mulher e a filha remavam felizes na baía da cidade balneário de Duino, que na época fazia parte do Império Austro-Húngaro, Boltzmann fez um laço tosco com a outra extremidade e se enforcou. Sua filha encontrou o corpo.

Gravada no túmulo de Boltzmann está uma equação muito simples; $S = k \log W$. Essa expressão revolucionaria duas áreas da física aparentemente não relacionadas entre si. A primeira, termodinâmica, lida com as leis que governam calor, energia e trabalho – e é a origem da mais poderosa lei da física. Boltzmann não sobreviveria para ver a segunda, a teoria da informação, nascer.

À primeira vista, poderia parecer que termodinâmica e teoria da informação não têm nada em comum. Uma trabalha com as ideias extremamente concretas que qualquer engenheiro do século XIX poderia reconhecer. Calor. Energia. Trabalho. Essas são as coisas que fazem uma fábrica funcionar, motores girarem e fundições brilharem. Informação, por outro lado, parece ser evanescente e abstrata; você não consegue colocar informação num tanque e fazer com que ela derreta aço, ou espetá-la num tear e fazê-la tecer lã. Não obstante, as raízes da teoria da informação residem na termodinâmica. E ambas as disciplinas estão repletas de demônios.

No final do século XVIII, a Europa era um continente cheio de demônios, e a França não era exceção. A Revolução Francesa, em 1789, depôs Luís XVI e acabou derrubando-lhe a cabeça dos ombros, e no fervor despótico dos anos seguintes muitos cidadãos importantes acompanharam o seu monarca ao túmulo. Entre eles o grande cientista francês Antoine-Laurent Lavoisier. Lavoisier foi em parte responsável pelo nascimento da disciplina agora conhecida como química. Seus experimentos mostraram que reações químicas não destruíam a massa nem a criavam – quando você queima alguma coisa, por exemplo, a massa dos produtos é sempre igual à massa dos reagentes –, um princípio conhecido como a conservação da massa. Ele também provou que o processo de combustão se devia a uma substância no ar: oxigênio. No seu *Tratado elementar de química*, publicado no mesmo ano da Revolução Francesa, ele estabeleceu os fundamentos do novo campo da química como ciência, em parte relacionando um conjunto de "elementos", substâncias fundamentais que não poderiam ser mais divididas. O oxigênio estava entre elas, como hidrogênio, nitrogênio, mercúrio e várias outras cuja existência são como uma segunda natureza para os químicos. Mas um dos "elementos" de Lavoisier é desconhecido pelos cientistas modernos: o calórico.

Lavoisier, junto com a maioria dos cientistas da sua época, estava convencido de que o calórico, um fluido invisível que podia passar de um objeto para outro, era responsável pela temperatura, fria ou quente, de alguma coisa. Uma barra de ferro quente, dizia Lavoisier, gotejava calórico, enquanto um pedaço de mármore frio não tinha muito disso. Se você colocasse o ferro em contato com o mármore, o fluido calórico, teoricamente, fluiria do ferro para o mármore, resfriando o primeiro e aquecendo o segundo.

Essa ideia está errada, embora o próprio Lavoisier não vivesse para ver a derrubada da teoria calórica. Um aristocrata, ele era visto com desconfiança pelos oficiais do Reino do Terror, que procuraram um jeito de se livrar dele. Em 1794, ele foi preso, acusado e condenado por diluir tabaco com água para enganar o povo. No dia 8 de maio, um encontro com a guilhotina cortou a promissora carreira (e o pescoço) de Lavoisier.

A sua bela viúva, Marie Anne, voltou a se casar – e o seu marido no final provaria que o elemento calórico de Lavoisier era uma ficção. Benjamin Thompson nasceu em Massachusetts, em 1753, mas teve de fugir do país porque era um espião da Grã-Bretanha, que denunciou as atividades de seus colegas revolucionários na Colônia. Ele esteve em vários lugares da Europa, casou-se (e se divorciou) de Marie Anne Lavoisier, e acabou como engenheiro militar na Baviera.

Havia uma grande demanda por artilharia na turbulenta Europa, e parte da função de Thompson era supervisionar a construção de canhões. Os operários pegavam um pedaço de metal e abriam um buraco no cano com uma furadeira. Thompson notou que uma broca rombuda não perfurava o metal e ficava só raspando sem cortar – mas gerava calor. Conforme a broca continuava girando, o metal do canhão aquecia cada vez mais e permanecia quente enquanto a broca continuasse girando.

Isso não fazia nenhum sentido com a teoria calórica. Se o calor era causado por algum tipo de fluido escorrendo da broca para o cano do canhão, então em algum momento o suprimento de fluido se esgotaria. Em vez disso, o aquecimento continua desde que a broca gire: é como se a broca girando tivesse uma quantidade infindável de calórico. Como uma minúscula broca poderia conter uma quantidade infinita de fluido?

Os canhões de Thompson mostraram que o calor não era, de fato, causado por um fluido invisível. Em vez disso, a broca produzia *trabalho* no atrito contra o metal do canhão, e esse trabalho estava sendo convertido em calor. (Você faz a mesma coisa quando esfrega as mãos ou treme de frio num dia de inverno. Você está convertendo em calor o trabalho produzido pelo movimento.) Iriam se passar alguns anos até os cientistas compreenderem perfeitamente que o fenômeno de calor e o trabalho produzido pelo movimento físico estavam intimamente relacionados, mas foi essa percepção que ajudou a construir a nova disciplina científica conhecida como termodinâmica.

Nem todas as revoluções na Europa foram políticas. Assim como os reis eram derrubados, o mesmo acontecia com estilos antigos de vida e velhas ideias. A ciência da termodinâmica nasceu numa revolução que varreu para longe os últimos vestígios do sistema feudal: a Revolução Industrial. Por toda a Europa, inventores e empreendedores estavam tentando automatizar tarefas que exigiam esforço intenso e criar máquinas que fossem mais fortes e rápidas que os humanos e os animais de carga. As descaroçadoras de algodão, o tear mecânico, a locomotiva – todas essas invenções não precisavam de salários e permitiam aos industriais obter lucros cada vez maiores. Mas, ao mesmo tempo, esses inventos precisavam de energia para funcionar.

Antes da industrialização, a energia humana, de animais e da água fluindo eram fontes energéticas suficientes para as máquinas da época. Mas as máquinas da Revolução Industrial exigiam muito mais energia do que as máquinas antigas, portanto nasceu o "motor".[1] O mais famoso foi patenteado em 1769, pelo inventor escocês James Watt: uma versão sofisticada da máquina a vapor.

Em princípio, a máquina a vapor é muito simples. Primeiro, você precisa de fogo. Esse fogo faz a água ferver transformando-a em vapor, o que toma mais espaço do que a quantidade equivalente de água – ele se expande. A expansão do vapor produz trabalho: ela movimenta um pistão que, por sua vez, pode movimentar uma roda, erguer uma pedra ou bombear água.

---

[1] Um século antes, a palavra *motor* significava nada mais específico do que "objeto mecânico". A industrialização nos deu o significado específico de um objeto que produz energia.

O vapor então se dissipa no céu ou entra numa câmara fria exposta ao ar e aí se condensa, fluindo de volta para o fogo a fim de recomeçar o ciclo.

De uma forma ainda mais abstrata, a máquina a vapor está entre um objeto em alta temperatura (o fogo) e um objeto numa temperatura fria (o ar). Ela permite que o calor flua de um reservatório em alta temperatura para o de baixa temperatura através do movimento do vapor. No final do ciclo, o objeto quente está um pouco mais frio (você precisa alimentar sempre o fogo), e o objeto frio está um pouco mais quente (o vapor aqueceu um pouquinho o ar circundante). Mas, ao permitir ao calor fluir, a máquina extrai parte da energia e realiza trabalho útil.[2]
E desde que exista uma diferença de temperatura entre o reservatório quente e o reservatório frio, uma máquina ideal como essa – uma máquina térmica – continuará funcionando.

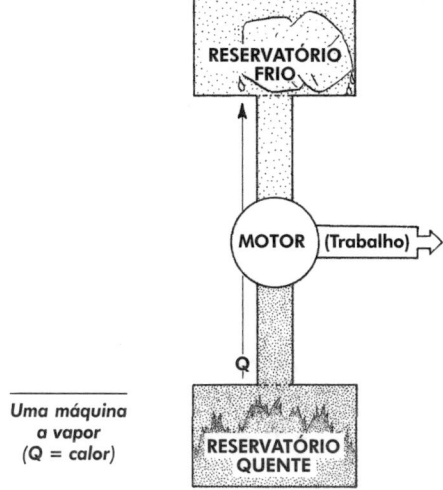

Uma máquina
a vapor
(Q = calor)

---

[2] Muitas máquinas funcionam assim. O moderno motor a gasolina com quatro ciclos, por exemplo, é na realidade uma dessas máquinas térmicas. O reservatório quente é a mistura de ar e gasolina logo após a ignição. A expansão dessa mistura impulsiona um pistão e libera os gases quentes para dentro do reservatório frio (o ar). Do ponto de vista da física, é pouco diferente de uma máquina a vapor.

Benjamin Thompson, o físico inglês James Joule e outros cientistas mostraram que existe uma relação entre trabalho e calor – que ambos estão sempre transferindo *energia*. Existe energia armazenada num pedaço de carvão ou numa gota de gasolina. Ao queimá-los, você pode liberar essa energia e transferi-la para o motor. O motor então usa parte dessa energia ao fazer trabalho útil – erguer um bloco de concreto alguns metros, por exemplo. Mas parte dessa energia é liberada no ambiente. E, a não ser que você continue acrescentando energia ao reservatório quente para mantê-lo aquecido (ou continuamente remova energia do outro reservatório para mantê-lo frio – falarei mais sobre isso daqui a pouco), os dois reservatórios em breve alcançam a mesma temperatura e o motor para de funcionar.

Obviamente, os engenheiros gostariam de usar o máximo possível dessa energia ao produzir trabalho útil, e desperdiçar o mínimo reduzindo o calor liberado no ambiente. Em outras palavras, eles querem tornar seus motores tão *eficientes* quanto for possível. Isso se tornou um esforço substancial; no início do século XIX, um dos grandes problemas era encontrar um jeito de tornar as máquinas a vapor ainda mais eficientes. Foi um filho da Revolução Francesa quem descobriu o limite máximo da potência de um motor.

Sadi Carnot nasceu em Paris, em 1796, dois anos depois que Lavoisier perdeu a cabeça na guilhotina. Seu pai, Lazare, era general e membro do governo francês pré-napoleônico. O jovem Carnot se tornou, como Benjamin Thompson, um engenheiro militar, mas seus interesses logo se voltaram para o problema das máquinas a vapor. E ele tinha uma mente mais científica do que Thompson: ele queria descobrir os princípios gerais que limitavam as máquinas dos engenheiros.

Na década de 1820, os cientistas ainda conheciam muito pouco sobre as inter-relações de calor, trabalho e energia numa máquina, portanto Carnot começou calculando, desenvolvendo análises minuciosas, para descobrir como as ideias se inter-relacionavam. Por exemplo, em 1822, ele tentou determinar quanto trabalho poderia ser feito por uma determinada quantidade de vapor. Mas Carnot é mais famoso por descobrir quanto trabalho uma máquina a vapor *não consegue* fazer.

A brilhante ideia de Carnot foi examinar uma máquina que é, em teoria, totalmente reversível. Cada uma das etapas nesse ciclo da máquina (imaginário) pode, logo após de completada, ser revertida sem qualquer perda. Por exemplo, uma rápida e violenta compressão de um cilindro cheio de gás é reversível; se permitido, o gás se expandiria ao seu volume, pressão e temperatura originais, revertendo completamente a compressão. Revelou-se que a eficiência de um motor reversível, de Carnot, depende apenas das temperaturas dos reservatórios de calor. Nada mais importa. Por exemplo, um motor Carnot que use vapor recém-evaporado a 100 graus Celsius e ejeta o vapor no ar num dia congelante a 0 grau Celsius só pode ser uns 27% eficiente. Só uns 27% da energia armazenada no vapor podem ser transformados em trabalho útil; o resto flui como calor no ar.

Esse processo não parece ser muito eficiente. Três quartos da energia são desperdiçados por um motor Carnot operando entre 0 e 100 graus Celsius. Mas, no final, essa é a máquina térmica mais eficiente que se pode ter. É aqui que entra a reversibilidade.

Uma máquina térmica monta um reservatório quente com outro reservatório frio. Ao completar ciclos com várias etapas, a máquina permite que o calor flua do reservatório quente para o reservatório frio e, no processo, extrai trabalho útil, digamos, ao fazer girar uma manivela. Numa máquina Carnot, entretanto, cada etapa é reversível. De fato, você pode inverter um ciclo inteiro. Pode pegar uma máquina Carnot e inserir trabalho nela. Girar a manivela. Isso faz o ciclo se realizar ao inverso. A máquina bombeia calor do reservatório frio para o reservatório quente: o lado quente fica mais quente e o lado frio fica mais frio. Uma máquina térmica, em marcha a ré, é uma bomba térmica; introduza trabalho e você resfria mais um reservatório frio e aquece mais um reservatório quente.

Geladeiras e aparelhos de ar-condicionado são bombas térmicas como essa. Nas geladeiras, o reservatório frio está dentro do refrigerador, e depois que você acrescenta trabalho com um motor elétrico, a bomba pega o calor de dentro do refrigerador e o libera dentro do reservatório quente, o ar em temperatura ambiente na sua cozinha. Com os condicionadores de ar, o reservatório frio é o aposento que você está resfriando: o reservatório quente é o dia de verão lá fora; é por isso que você precisa ter sempre um componente do seu sistema de ar-condicionado aparecendo do lado fora da sala que você está resfriando.

Agora, imagine uma máquina térmica Carnot e uma bomba térmica Carnot montadas com os mesmos reservatórios. A máquina Carnot permite que uma certa quantidade de calor, Q, flua do reservatório quente para o reservatório frio. No processo, ela produz uma certa quantidade de trabalho útil. A bomba térmica Carnot consome esse trabalho e, ao fazer isso, bombeia calor Q do reservatório frio para o reservatório quente. Ligue a máquina térmica com a bomba e elas se anulam mutuamente. Olhando para o sistema máquina-bomba como um todo, nenhum saldo de calor flui de reservatório para reservatório, e nenhum trabalho é realizado.

Em 1824, Carnot percebeu que alguma coisa muito estranha acontece se você muda ligeiramente o quadro. Imagine que você tem uma supermáquina; ela é mais eficiente do que a máquina Carnot operando sob as mesmas condições. Embora permitindo que a mesma quantidade de calor, Q, flua do reservatório quente para o reservatório frio, ela realiza um pouco mais de trabalho do que a máquina Carnot. Retire a máquina Carnot do sistema máquina-bomba e a substitua pela supermáquina. Visto que a supermáquina produz mais trabalho do que a máquina Carnot produzia – e do que a bomba térmica Carnot consome –, você pode desviar um pouquinho de trabalho da máquina e ainda manter a bomba térmica funcionando. A bomba térmica consome o mesmo trabalho de antes e bombeia calor Q do reservatório frio para o reservatório quente. Em resumo, nenhum calor "líquido" flui do reservatório frio para o reservatório quente, mas como a supermáquina produz um pouco mais de trabalho do que a máquina Carnot produzia, sobra algum trabalho útil que não é necessário para fazer funcionar a bomba térmica Carnot. Isto é, você criou uma máquina térmica que trabalha de graça. Ela não permite que qualquer calor líquido flua do reservatório quente para o reservatório frio, mas ainda é capaz de erguer pedras ou mover uma locomotiva. Você criou uma máquina de moto-contínuo, visto que ela trabalha sem consumir nada (você não precisa de combustível para manter quente o reservatório quente) ou mudar o ambiente (o reservatório frio não esquenta, e o reservatório quente não resfria). Mas nada é de graça. É a lei.

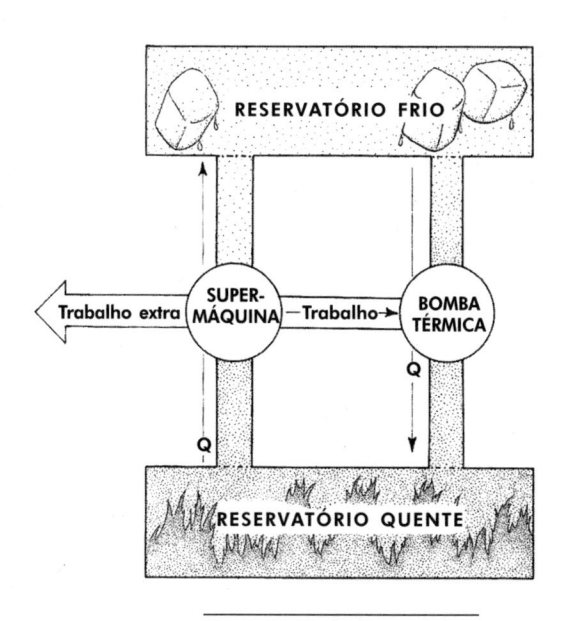

Uma máquina de moto-contínuo

Quando Carnot formulou a sua discussão a respeito da eficiência das máquinas térmicas, deu-se o início da ciência da termodinâmica. Na década de 1820, os cientistas sabiam muito pouco sobre calor, trabalho, energia e temperatura; eles estavam começando a desenvolver uma noção da inter-relação de todas essas ideias, mas na época ignoravam a maioria dos fatos básicos que os físicos aceitam sem discutir hoje em dia. Na época de Carnot, por exemplo, ninguém conhecia uma das leis mais fundamentais do nosso universo: energia não pode ser criada nem destruída. A energia é conservada. A quantidade de energia no universo é constante.

A primeira pista para isso não veio das máquinas a vapor, mas das elétricas. Em 1821, o cientista britânico Michael Faraday inventou um motor elétrico. Na moderna encarnação de um desses motores, uma corrente elétrica passa por um fio em espiral rodeado de ímãs. O campo magnético exerce uma força sobre o fio transportador da corrente e o faz girar – você pode usar esse movimento de rotação para mover uma manivela ou fazer outro trabalho útil.

James Prescott Joule, filho de um fabricante de cerveja de Manchester, estava fazendo experiências com motores elétricos quando percebeu que a corrente passando pelo motor aquece o próprio motor. Mas um motor que esteja fazendo trabalho útil vai gerar menos calor do que um motor que esteja emperrado e não gire. Trabalhe mais, produza menos calor. Trabalhe menos, produza mais calor. Como Benjamin Thompson, Joule havia encontrado a conexão entre trabalho físico – erguer pedras, girar brocas – e a geração de calor. Mas, ao contrário de Thompson, Joule era um experimentador cuidadoso e começou a trabalhar medindo precisamente quanto calor e quanto trabalho eram gerados em condições variadas.

Joule fez inúmeras experiências com diferentes sistemas, não apenas motores elétricos, mas também sistemas físicos como rodas d'água, e calculou quanto trabalho é convertido em calor, convertido em eletricidade e de volta ao início. Por exemplo, ele deixou cair um peso e usou o movimento físico do peso para girar um gerador e criar corrente elétrica num fio, mostrando o relacionamento entre trabalho físico e energia elétrica. No seu mais famoso experimento, ele usou o movimento de uma roda de pás para aquecer um recipiente cheio de água, demonstrando, de uma vez por todas, que trabalho pode ser convertido em calor. Como são interconvertíveis, trabalho, calor e energia elétrica – de fato, todas as formas de energia – podem ser medidos nas mesmas unidades.

Assim como a unidade fundamental de tempo é o segundo e a unidade fundamental de distância é o metro, a unidade fundamental de energia é o joule. Um joule permitirá que você erga um quilo de pedra a uma altura de aproximadamente um décimo de metro; ele aquecerá um grama de água a cerca de um quarto de grau Celsius; iluminará uma lâmpada elétrica de 100 watts por um centésimo de segundo.

Com seus experimentos de porão, James Joule mostrou que trabalho e calor eram meios de transferir energia de um corpo para outro. Se você erguer um peso de um quilo a um décimo de metro, o peso tem um joule a mais de energia do que quando você começou; similarmente, se você aquecer um grama de água em um quarto de grau, a água tem um joule de energia a mais do que no início. Ele também mostrou que se você for realmente esperto, pode fazer a conversão de uma forma de energia para outra; deixar cair um peso de um quilo um décimo de metro pode, teoricamente, aquecer um grama de água em um quarto de grau. (Na realidade, você não consegue nunca converter toda a quantidade, como ficará bastante claro em breve.) Mas, em todos esses experimentos, Joule percebeu que nunca se consegue obter mais energia de um sistema do que foi colocado lá dentro. Um peso de um quilo caindo um décimo de metro jamais, em tempo algum, aquecerá um grama de água *mais* do que um quarto de grau. A energia não surge do nada. Nos experimentos, Joule convertia energia de uma forma para outra, mas nunca foi capaz de *criar* energia.

Joule – e muitos outros cientistas contemporâneos – havia descoberto o que hoje é conhecido como a *primeira lei da termodinâmica*.[3] Energia não pode ser criada. De fato, também não pode ser destruída. Ela pode mudar de forma; pode ser transferida na forma de trabalho ou calor; pode ser dissipada; pode ser lançada para fora da sala onde você está fazendo a experiência. Mas a energia não pode jamais simplesmente começar a existir de repente ou ser de todo extinta. Essa lei é extremamente poderosa. Ela lhe diz que a quantidade de energia no universo é uma constante fixa, que toda a energia que seremos capazes de usar um dia já está aqui, armazenada em algum lugar em outra forma. Sempre que usamos energia – para aquecer alguma coisa ou fazer trabalho físico – estamos simplesmente convertendo energia preexistente (a energia química armazenada no carvão)[4] numa forma diferente que seja mais útil para nós. Uma máquina a vapor, por exemplo, não pode criar energia; ela extrai energia do seu combustível.

---

[3] Quando os físicos dos séculos XVII e XVIII descobriam uma regra fundamental a que o universo parecia obedecer, eles a chamavam de *lei*. Muitas dessas leis são profundas e importantes, tais como as leis de movimento, a lei da gravitação universal e as leis da termodinâmica. Algumas leis são menos profundas – tais como a lei de Hooke (que fala sobre o comportamento das molas) ou a lei de Snell (que descreve como a luz se curva quando se move de um meio para outro). Os físicos modernos tendem a não usar a palavra *lei*, visto que ela implica uma infalibilidade que na verdade não existe quando examinamos as leis de perto. É por isso que a mecânica quântica e a relatividade geral costumam ser tratadas como *teorias* e não como leis, embora os dois termos possam ser (mais ou menos) equivalentes. (Teorias também costumam se referir a uma estrutura, enquanto que uma lei em geral é uma única equação.)

[4] Então de onde veio a energia que existe no carvão? O carvão é um material orgânico altamente comprimido, tal como madeira; a energia química está armazenada em moléculas de carbono. A madeira está cheia de energia armazenada porque a árvore de onde ela veio apanhou luz solar – uma forma de energia –, e a usou para converter água e dióxido de carbono em moléculas de carbono armazenadoras de energia. Então, de onde veio a luz do sol? O sol pega átomos de hidrogênio e os funde juntos. A fusão de dois átomos libera energia que é armazenada neles (na forma de massa, conforme descrito pela teoria da relatividade de Einstein). Então, de onde veio a massa dos átomos? Ela veio com o nosso universo – do Big Bang. Então, de onde veio o Big Bang? Boa pergunta... e ninguém tem realmente certeza, embora existam algumas explicações possíveis. Mas toda energia (inclusive a massa-energia einsteiniana) atualmente no nosso universo foi criada com o Big Bang, e a quantidade é a mesma desde o nascimento do universo.

É uma das regras mais fundamentais da física: energia não pode ser criada nem destruída. Mas havia uma lei ainda mais poderosa por vir.

Na década de 1860, o físico alemão Rudolf Clausius notou um padrão sutil no efeito das transformações de energia sobre o ambiente. Uma máquina térmica depende de uma diferença de temperatura – um reservatório quente e um reservatório frio – para funcionar; ela permite que o calor flua do lado quente para o lado frio e extrai trabalho nesse processo. Quando a máquina acaba de funcionar, o lado quente resfriou e o lado frio esquentou; os dois reservatórios estão em temperaturas mais próximas do que estavam quando a máquina começou a funcionar. Os dois lados começaram muito diferentes, e a máquina os colocou mais próximos de um equilíbrio com relação um ao outro. De certo modo, o equilíbrio do universo como um todo aumenta quando você coloca uma máquina para funcionar.

Você pode *afastar mais* os dois reservatórios do ponto de equilíbrio, em vez de aproximá-los? Sem dúvida. Você só precisa de uma bomba térmica ligando os dois lados. Acrescente energia na forma de trabalho, e o lado quente fica mais quente e o lado frio fica mais frio; os dois são afastados ainda mais do ponto de equilíbrio. Mas Clausius percebeu que havia um obstáculo. Como fazer o trabalho para funcionar uma bomba térmica? Talvez fazendo funcionar outra máquina – mas essa máquina aumenta o equilíbrio do universo ao funcionar, cancelando (de fato, *mais* do que cancelando) a diminuição de equilíbrio causada pela bomba térmica. O equilíbrio do universo aumenta, apesar de todos os seus esforços.

E se você não usar uma máquina? E se você girar uma manivela manualmente? Ora, na verdade seus músculos estão atuando como uma máquina, também. Eles estão explorando a energia química armazenada em moléculas no seu fluxo sanguíneo, rompendo-as e liberando a energia no ambiente na forma de trabalho. Isso aumenta a característica "autoequilibrante" do universo com a mesma força de uma máquina térmica.

De fato, não há como contornar a sempre crescente capacidade de se equilibrar do universo. Sempre que alguém usa uma máquina ou faz trabalho termodinâmico, o processo automaticamente coloca o universo mais próximo do equilíbrio. Você não consegue neutralizar o aumento do equilíbrio com uma bomba térmica ou outro equipamento, porque o trabalho necessário para fazer o equipamento funcionar teria de vir de uma máquina, de um músculo ou de alguma outra fonte que anule os esforços da bomba térmica.[5]

Esta é a *segunda lei da termodinâmica*. É impossível reduzir a capacidade de equilíbrio do universo; de fato, todas as vezes que você faz trabalho, empurra o universo mais para perto do equilíbrio. Se a primeira lei diz que você não pode vencer – você não pode criar energia do nada –, a segunda lei diz que não pode empatar. Sempre que você fizer trabalho útil, estará irreversivelmente aumentando o equilíbrio do universo. A segunda lei explica também por que não existe essa coisa de supermáquina que funcione melhor do que uma máquina Carnot. Uma supermáquina ligada a uma bomba térmica Carnot está fazendo trabalho útil sem mudar o seu ambiente; de fato, você pode isolar esse sistema máquina-bomba numa caixa, e mesmo assim, ela continuará capaz de fazer trabalho útil indefinidamente. O equilíbrio do universo não mudaria em nada, mesmo que a sua máquina possa fazer trabalho útil. Mas a segunda lei da termodinâmica diz que uma máquina ou outro mecanismo precisa se alimentar do não equilíbrio do universo – e não se pode criar trabalho do nada, graças à primeira lei da termodinâmica. Portanto, a supermáquina não pode existir. Ela levaria a um mecanismo que funciona indefinidamente sem reduzir o equilíbrio do universo. Ela levaria a uma máquina de motocontínuo.

---

[5] Quem entre vocês tiver algum conhecimento de física talvez reconheça que a capacidade de alcançar o equilíbrio é realmente uma forma de dizer *entropia*. Falaremos mais sobre isso neste capítulo.

Inventores e vendedores vêm tentando construir máquinas de moto-contínuo há séculos, e mesmo hoje tem muita gente que tentará lhe vender uma dessas máquinas. (Visto que falar em "máquina de moto-contínuo" é a maneira mais certa de afastar investidores, o termo atual da arte é *above-unity device*).* Alguns desses projetos baseiam-se em campos magnéticos, outros em tecnologias "quânticas" variadas. O U.S. Patent Office tem recebido enxurradas de inscrições de máquinas de moto-contínuo para as quais a agência tem uma norma especial: o inventor deve apresentar junto com o pedido um modelo que funcione. (Não obstante, alguns conseguem passar pelo crivo e obtêm a patente.) Mas a segunda lei da termodinâmica – agora considerada a lei mais incontestável da termodinâmica – proíbe terminantemente a criação de uma máquina de moto-contínuo. Guarde o seu dinheiro para investimentos melhores, como ações da Brooklyn Bridge.

A segunda lei da termodinâmica foi uma grande vitória para os cientistas dos meados do século XIX, mas marcou uma mudança no tom da física. Desde a época de Newton, os físicos vinham descobrindo leis sobre o universo que tornavam os humanos mais poderosos. Eles aprenderam a prever os movimentos dos planetas e de corpos físicos, estavam aprendendo como a matéria se comportava – e cada descoberta aumentava o número de coisas que cientistas e engenheiros talentosos podiam fazer. A primeira e especialmente a segunda lei da termodinâmica diziam o que *não podiam* fazer. Você não consegue criar energia do nada. Não consegue produzir trabalho sem perturbar o universo. Não pode construir uma máquina de moto-contínuo. Essas foram as primeiras restrições reais, indiscutíveis, ao esforço humano ditadas pela natureza. Apesar da sua carac-

---

* Na terminologia simplificada do autor, esse dispositivo teria uma relação "acima de um" (*above unity*), maior que 100% entre o trabalho "produzido" e o "consumido", ou seja, além do necessário para seu próprio funcionamento e compensação de atritos e desgastes, a máquina geraria trabalho "útil" por um tempo infinito, reduzindo indefinidamente a entropia do universo (N. da T.)

terística restritiva, a segunda lei é crucial para a física moderna. Na verdade, o físico Arthur Eddington disse que: "A lei que diz que a entropia sempre aumenta – a segunda lei da termodinâmica – detém, eu acho, a suprema posição entre as lei da natureza." A física estava começando a aprender os limites do seu próprio poder, e esses limites se tornariam um tema importante no século XX.

Na década de 1860, entretanto, essa mudança de tom só causou um vago desconforto quando cientistas cunharam as regras da termodinâmica, os princípios físicos que governam o inter-relacionamento de energia, trabalho, calor, temperatura, e a natureza da reversibilidade e irreversibilidade. Mas seria necessário o depressivo Ludwig Boltzmann para solucionar o mistério do novo ramo da física. Com um novo conjunto de ferramentas matemáticas, Boltzmann decifrou as razões das leis mais fundamentais da física. O trabalho de Boltzmann mudaria o modo como os cientistas viam matéria, temperatura e energia – e lançaria as bases para o modo como eles analisam informações. Ele, também, pelejaria com demônios.

Ludwig Boltzmann nasceu em 1844, em Viena, filho de um burocrata. Embora sem nenhum traquejo social, o rapaz foi um excelente aluno e com vinte e poucos anos começou a tentar resolver problemas importantes na vanguarda da física. Na época, a linha de frente era a teoria atômica.

No século XVII, os cientistas tinham encontrado algumas propriedades gerais dos gases. Se você tiver um tubo cheio de gás e usar um pistão para reduzir o volume original da câmara pela metade, a pressão do gás no interior dobra. Essa é uma lei descoberta pelo químico inglês Robert Boyle. Se em vez de comprimir o gás, você dobrar sua temperatura, ele empurrará o pistão de modo que o volume da câmara será duas vezes maior. Aqueça um gás e ele expande; resfrie-o e ele se contrai: essa é a essência da lei de Charles, que recebeu o nome do químico francês Jacques Charles.

Graças a gerações de brilhantes experimentos, os cientistas tiveram uma noção muito boa do inter-relacionamento da pressão, temperatura e volume de um gás dentro de um recipiente. Mas conhecimento empírico nem sempre significa uma compreensão profunda. Foi somente nos meados do século XIX que os físicos começaram a compreender *por que* os gases se comportavam assim.

Os físicos modernos sabem que um gás, como hélio, é feito de minúsculas partículas – átomos. Esses átomos estão em constante movimento, voando pelo recipiente em diferentes velocidades. Quando um átomo colide com o recipiente, ricocheteia como uma bola de tênis numa parede. Mas a colisão dá uma pancadinha no recipiente. Uma colisão tem pouco efeito nas laterais do recipiente, mas zilhões e zilhões desses minúsculos ricochetes cobram o seu tributo coletivamente. Eles exercem uma forte pressão sobre as paredes do recipiente, forçando-as para fora. É daí que vem a pressão de um gás.

Se você comprimir o recipiente, então o mesmo número de átomos fica num espaço menor, e como o recipiente fica mais abarrotado, uma quantidade maior desses átomos bolas de tênis batem contra as paredes por segundo. O número de ricochetes cresce, a força coletiva que eles exercem aumenta, e a pressão sobe. Isso é o que causa a lei de Boyle: como a redução do volume aumenta a frequência das colisões e vice-versa, volume e pressão são inversamente proporcionais. Similarmente, os físicos agora sabem que a temperatura de um gás é uma medida da quantidade de energia dos átomos. Isso, por sua vez, está relacionado com a velocidade com que os átomos se deslocam de um lado para o outro. Quanto mais quente o gás, mais energia ele tem e mais rápido os átomos se movem, em média. (Essa é a verdadeira natureza da temperatura. É uma medida da quantidade de energia e, por extensão, da velocidade com que um átomo está se movendo. Um átomo quente de hélio se move mais rápido que um átomo frio de hélio; inversamente, um átomo em rápido movimento é mais quente do que um átomo em lento movimento da mesma espécie.) Quanto mais energia um objeto tiver e quanto mais rápido ele se mover, seja uma bola de tênis, um átomo ou mesmo um carro esporte em alta velocidade na estrada, mais forte o golpe contra o objeto com o qual ele colide. Portanto, aumente a temperatura de um gás e os átomos se movem mais rápido e ricocheteiam nas paredes do recipiente com mais força, dando a elas um impulso ainda mais firme – a pressão do gás aumenta. Se as paredes do recipiente tiverem espaço para se mover, ele irá expandir-se para equilibrar a pressão. Isso é o que causa a lei de Charles.

A teoria atômica junta pressão, temperatura, volume e energia – todas as questões da termodinâmica e das máquinas a vapor da Revolução Industrial – num belo pacote. Entretanto, o que é óbvio para os cientistas modernos os físicos do século XIX achavam difícil aceitar. Afinal de contas, ninguém tinha como detectar um átomo isolado; ainda no início do século XX, alguns eminentes cientistas recusavam-se a acreditar na existência de átomos. Mas, nos meados do século XIX, os físicos estavam começando a perceber que a teoria atômica – a ideia de que a matéria era composta de partículas semelhantes a bolas de bilhar em constante movimento – fez um excelente trabalho ao explicar as propriedades dos gases e outros tipos de matéria. Em 1859, Rudolf Clausius publicou um ensaio que definiu as bases para o que se tornou conhecido como a *teoria cinética dos gases* – mas teve problemas. Ele não conseguia fazer com que os números funcionassem corretamente.

O problema estava na temperatura. Clausius sabia que temperatura era uma medida da energia dos átomos no gás: quanto mais quente o gás, mais energia tinham os átomos e mais rápido eles se moviam. Na verdade, se você sabe a temperatura do gás e o peso de seus átomos, então é fácil calcular a velocidade de um átomo médio. Clausius fez isso e depois calculou o que aconteceria se tivesse um recipiente cheio de minúsculas bolas de bilhar atômicas, todas movendo-se a essa velocidade em particular. Embora os resultados fossem encorajadores, a análise de Clausius não estava muito correta; a relação de pressão, temperatura, volume e energia não era exatamente o que se observava na natureza.

Em 1866, o físico escocês James Clerk Maxwell solucionou a falha no argumento de Clausius. Embora Clausius presumisse que todos os átomos no gás estavam se movendo à mesma velocidade, Maxwell percebeu que, quando bolas de bilhar colidiam com as paredes, e umas com as outras, elas trocavam energia. Algumas acabavam movendo-se mais rápido e outras mais lentamente do que a média. Maxwell notou que, supondo-se que as velocidades das moléculas tivessem uma *distribuição* particular, ele podia consertar as incorreções da teoria de Clausius.

Distribuição é uma expressão que aparece com frequência num ramo da matemática, a teoria das probabilidades, que lida com a incerteza. É uma medida de como algo é comum. Imagine que alguém lhe pergunte qual é a altura média do homem adulto americano. Não é uma pergunta muito difícil. Você pode dizer que é mais ou menos 1,80m. Mas e se a pessoa lhe pedir para descrever a altura dos homens americanos, em geral? Você não pode dar simplesmente a altura média, porque não há muita informação nisso. Uma altura média de 1,80m poderia significar que todos os homens têm exatamente 1,80m de altura, ou que a população se divide em dois grupos: 50% têm 1,50m e 50% têm 2,10m. Ou talvez 10% têm 1,20m, 25% têm 1,50m, 30% têm 1,80m, 25% têm 2,10m e 10% têm 2,40m. A altura *média* em cada um desses casos é 1,80m, mas uma sala cheia de homens de um desses grupos pareceria muito, muito, diferente de uma sala cheia do outro grupo porque a *distribuição* de suas alturas é diferente. Numa distribuição onde cada homem tem 1,80m, a probabilidade é zero de que você pegue um homem ao acaso no meio da rua e ele tenha mais de 1,82m. Ele tem de ter 1,80m exatamente. Mas, na distribuição em cinco grupos citada aqui, há 35% de chance de você escolher alguém na rua e essa pessoa ter mais de 1,82m (25% com 2,10m mais 10% com 2,40m).

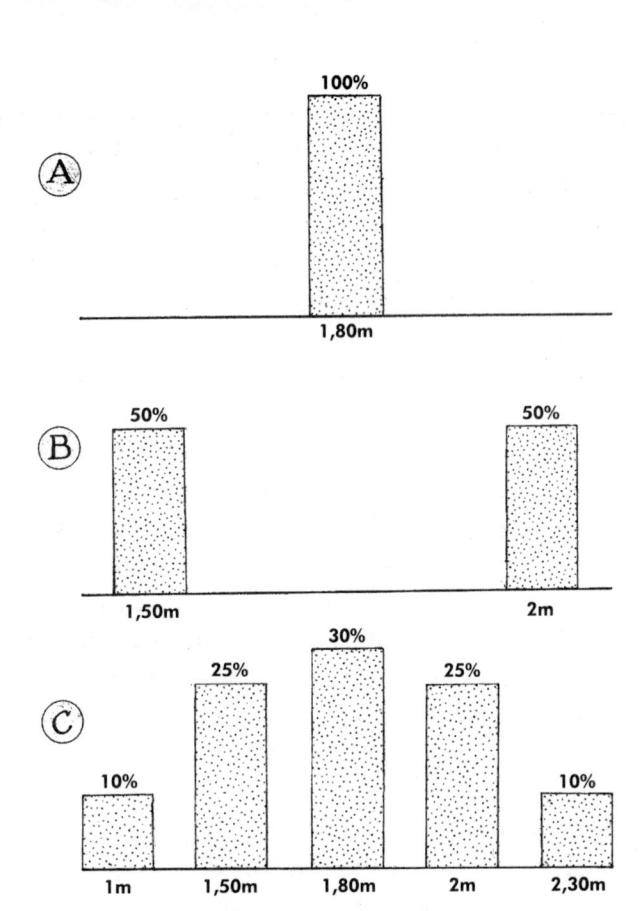

Diferentes distribuições de altura

É claro que esses exemplos não representam a verdadeira distribuição de alturas. Na realidade, a distribuição de alturas está muito próxima do que agora se conhece como uma distribuição em *curva de sino*. Numa curva de sino, os eventos "extremos" são muito mais raros do que os "medianos". Por exemplo, se você andar por uma rua, a maioria dos homens adultos varia alguns centímetros com relação a 1,80m de altura. É mais raro, mas não incomum, ver alguém 13cm mais alto na população. Você provavelmente vê dezenas deles todos os dias. Mas acrescente outros 7cm e você perceberá que é muito raro encontrar alguém com 2m: dependendo de quantas pessoas você encontre, poderá ver só uma pessoa assim em uma semana. Acrescente mais 13cm – 2,13m de altura – e você está na estratosfera. Você provavelmente não vai encontrar muitas pessoas com 2,13m de altura na sua vida, a não ser que seja um fã de basquete e, mesmo na associação americana de basquete, NBA, jogadores com 2,13m de altura são dignos de nota. Essa é uma distribuição em curva de sino típica; a probabilidade de encontrar um determinado evento cai muito rápido conforme ele se afasta mais da média e se torna mais extremo. Muitas coisas do dia a dia – QIs, preços, tamanhos de sapatos – geralmente seguem a distribuição da curva de sino.

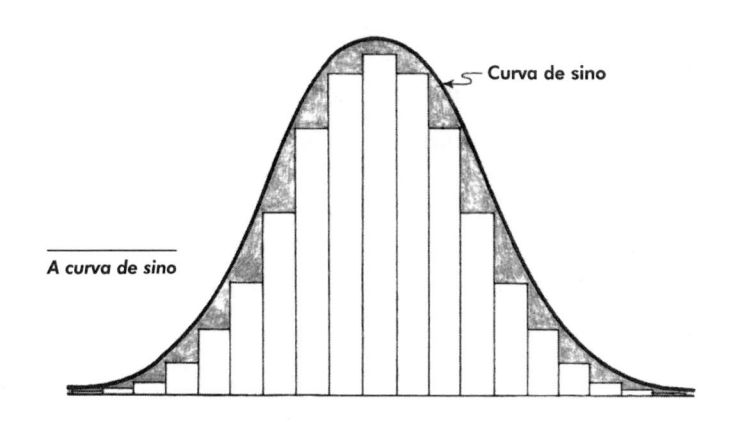

Curva de sino

A curva de sino

A distribuição de Maxwell tinha a ver com velocidades atômicas. Se você medir um átomo qualquer num recipiente de gás, qual a probabilidade de que ele tenha uma determinada velocidade? Acontece que a distribuição resultante não é exatamente uma curva de sino, embora as duas tenham alguns elementos matemáticos em comum; é mais como uma curva de sino comprimida, distorcida, hoje conhecida como a distribuição Maxwell-Boltzmann.

Boltzmann teve o seu nome associado à distribuição porque ele provou, matematicamente, que essa era a distribuição que átomos de gás em equilíbrio tinham de ter. Maxwell mostrou que essa distribuição de velocidades em particular encaixava-se nos dados, mas Boltzmann provou que um conjunto de átomos semelhantes a bolas de bilhar numa câmara – sob certas condições básicas – *tem* de ter uma distribuição Maxwell-Boltzmann de velocidade. A prova de Boltzmann ajudou a lançar uma carreira estelar em física, mas o levou a áreas que tornaram as suas ideias malvistas por muitos físicos da época. Por exemplo, a prova de Boltzmann não se baseava num experimento. Baseava-se na matemática pura. Em vez de brincar com recipientes de gás e fazer os seus dados se encaixarem numa função matemática que *parecesse* explicar os dados, Boltzmann fez algumas hipóteses simples, reorganizou fórmulas e *provou*, com 100% de certeza, que, se essas hipóteses estavam corretas, a distribuição Maxwell-Boltzmann era a *única* distribuição de probabilidades que os átomos de gás em equilíbrio assumiriam. Ainda mais importante, em 1872 Boltzmann provou, de novo matematicamente, que num recipiente de gás cujas moléculas não estivessem numa distribuição Maxwell-Boltzmann (digamos, por exemplo, que você enchesse artificialmente uma câmara com átomos que tivessem exatamente a mesma velocidade), as colisões dos átomos fariam alguns deles perderem velocidade e outros ganharem, levando inevitavelmente a um gás com distribuição Maxwell-Boltzmann. Isto é, comece com um gás cujos átomos estejam se movendo em qualquer sentido e deixe-o descansar um pouco; rápida e irreversivelmente ele chegará a um equilíbrio no qual as velocidades dos átomos estão na distribuição Maxwell-Boltzmann. Esse importante resultado científico não estava baseado em experimentos ou observação, e sim na pura dedução, e foi portanto considerado um teorema matemático em vez de lei física.[6]

---

[6] Ele ficou conhecido como o teorema H, aparentemente porque um físico inglês confundiu uma letra *E* maiúscula enfeitada do alemão com um *H*.

Mas a natureza matemática de seu trabalho não foi o maior problema dos métodos de Boltzmann; afinal de contas, o trabalho de Newton também era matemático. O que tornava Boltzmann diferente de Newton e todos os seus predecessores era que o seu trabalho lidava com probabilidades e estatísticas – com distribuições e eventos aleatórios e outros processos físicos imprevisíveis – enquanto a física, desde o início, lidava apenas com certezas. Se você soubesse a posição de um planeta e a sua velocidade, saberia exatamente onde ele estaria em qualquer momento nos próximos bilhões de anos. Se você deixasse cair uma esfera do alto da Torre Inclinada de Pisa, você saberia, numa fração de segundo, exatamente onde ela aterrissaria. As leis firmes e imutáveis da física pareciam ser as únicas certezas no universo. Ao injetar probabilidade e estatística na física, era como se Boltzmann estivesse destruindo a certeza das belas e incontestáveis leis que governavam a natureza. Até mesmo a segunda lei da termodinâmica.

De fato, Boltzmann não derrubou a segunda lei – ele a explicou e mostrou por que a segunda lei *devia* existir. Mas não soou assim na época. O trabalho de Boltzmann, que se baseava na probabilidade e aleatoriedade e não na certeza, parecia minar os próprios fundamentos da lei física; era como se leis pudessem se aplicar apenas *algumas* vezes no universo probabilístico e estatístico de Boltzmann. E no centro desse problema está um conceito conhecido como entropia.

Você provavelmente já ouviu falar de entropia. De fato, ela já apareceu disfarçada neste capítulo.[7] A maioria das pessoas pensa em entropia como uma medida de desordem. Se você perguntar a professores de física do ensino médio o que é entropia, nove entre dez a descreverão como um modo de expressar como o seu quarto está uma bagunça ou como os seus livros

---

[7] "Equilíbrio" foi um modo de falar de entropia sem ter de introduzi-la formalmente.

estão desarrumados numa prateleira. É uma definição válida, mas profundamente insatisfatória e um tanto enganosa. Afinal de contas, com um quarto arrumado ou uma prateleira organizada em ordem alfabética, um ser humano está arbitrariamente decidindo o que significa *ordenado* e *desordenado*, quando, de fato, entropia não requer que ninguém julgue o que está arrumado e o que está bagunçado. Entropia é uma propriedade fundamental de uma coleção de objetos; ela se origina das leis da probabilidade e da abordagem estatística de Boltzmann à física. Portanto, esqueça por enquanto o que é ordem ou desordem, bagunça e arrumação.

Imagine, em vez disso, que no meio da minha sala de estar eu tenha uma caixa no chão com a tampa escancarada. (Essa realidade é mais frequente do que eu gosto de admitir.) Imagine, também, que alguém pintou uma listra fina vermelha no interior, dividindo a caixa em duas partes iguais. Agora, sendo o tipo de pessoa que não tem nada melhor para fazer nos finais de semana, eu posso me divertir jogando bolinhas de gude ao acaso dentro da caixa. Quando jogo uma bolinha de gude, ela tem chances iguais de ir parar de um lado ou de outro. Para cada bolinha que eu jogo, 50% das vezes ela irá parar na metade da direita da caixa, e 50% na metade da esquerda. É um jeito bastante patético de matar o tempo – é só um pouquinho melhor do que assistir a *reality shows* na TV –, mas esse simples cenário é tudo que precisamos para compreender o conceito de entropia.

Vamos começar com duas bolinhas de gude diferentes. Ploc, ploc. E agora vamos olhar dentro da caixa para ver o que aconteceu.

Quando eu espio dentro da caixa, deparo com um de quatro resultados possíveis. Caso 1: A primeira bolinha que joguei foi parar no lado esquerdo da caixa, e a segunda também. Caso 2: A primeira bolinha aterrissou na esquerda, mas a segunda caiu no lado direito. Caso 3: A primeira bolinha foi para a direita e a segunda para a esquerda. Caso 4: Ambas as bolinhas foram parar no lado direito da caixa. Cada uma dessas possibilidades é igualmente provável; isto é, existe 25% de chance para cada caso. Entretanto, as coisas mudam um pouco se as bolinhas são exatamente iguais. Nesse caso, você não pode dizer qual delas jogou primeiro, portanto quando olhar dentro da caixa há apenas três possibilidades: ambas as bolinhas estão na direita; ambas estão na esquerda; ou há uma de cada lado. Em outras palavras, caso 2 e caso 3 tornam-se indistintos (ou *degenerados*, no jargão da física). Essa degeneração significa que as possibilidades não são mais igualmente prováveis. Como antes, há 25% de chance de ambas as bolinhas estarem no lado direito da caixa e 25% de estarem no esquerdo. Mas a terceira possibilidade – a de que haja uma bolinha na direita e uma bolinha na esquerda – acontece 50% das vezes, porque há dois modos de isso acontecer. Significa que ter uma bolinha em cada lado da caixa é duas vezes mais provável que, digamos, ter ambas no lado esquerdo da caixa.

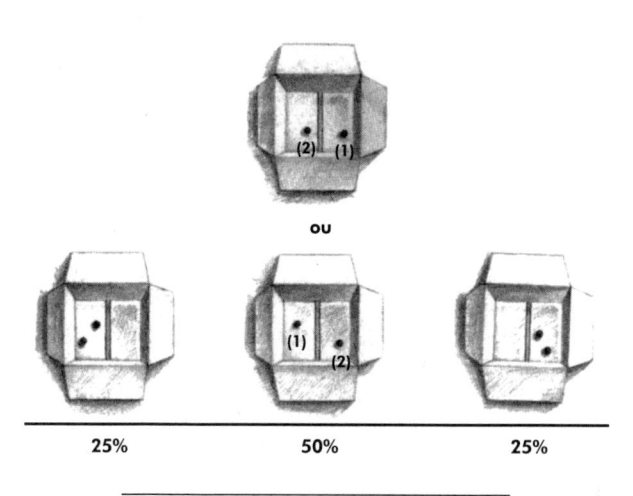

Duas bolinhas de gude indistintas numa caixa

Agora vamos tirar as duas bolinhas e jogar quatro. Ploc, ploc, ploc, ploc. Dessa vez existem 16 resultados possíveis se você conseguir identificar cada uma das bolinhas, mas, se forem idênticas, só podemos distinguir cinco casos diferentes: (1) quatro bolinhas à esquerda e zero à direita, (2) três à esquerda e uma à direita, (3) duas à esquerda e duas à direita, (4) uma à esquerda e três à direita, e (5) zero à esquerda e quatro à direita. Não se preocupe muito com os cálculos de probabilidades (você pode ver os detalhes na tabela a seguir), mas note que o resultado mais provável tem seis vezes mais probabilidade do que os resultados menos prováveis. Quando faz um gráfico com as probabilidades –, quando você olha para a distribuição das probabilidades – talvez note que elas seguem a distribuição tão familiar para os estatísticos: a curva de sino.

Probabilidades para quatro bolinhas de gude indistintas numa caixa	Bolinhas à esquerda	Bolinhas à direita	Probabilidades
	4	0	$1/16$
	3	1	$4/16 = 1/4$
	2	2	$6/16 = 3/8$
	1	3	$4/16 = 1/4$
	0	4	$1/16$

Quatro bolinhas de gude indistintas numa caixa

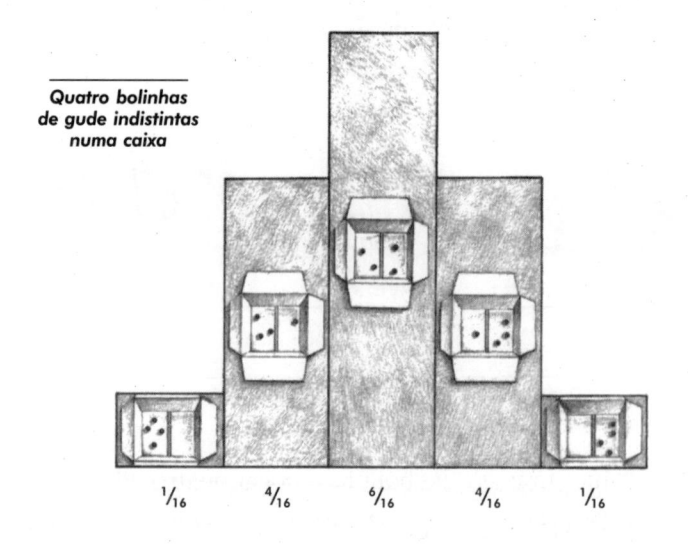

$1/16$ $4/16$ $6/16$ $4/16$ $1/16$

De fato, quanto mais bolinhas de gude jogamos dentro da caixa, mais óbvia se torna a curva de sino. Não importa quantas bolinhas joguemos, em média metade delas cairá na metade da esquerda da caixa e metade cairá na da direita, e esse é sempre o resultado mais provável de qualquer teste. Os eventos mais extremos são todas as bolinhas de gude na metade da direita, ou na metade da esquerda, e esses extremos são muito, muito menos prováveis do que o evento mediano, ou da *média*. Todos os outros eventos ficam entre médio e extremo e se tornam drasticamente menos prováveis à medida que se movem do ponto mediano para o extremo. E quanto mais bolinhas jogamos na caixa, menos prováveis se tornam os eventos extremos. Por exemplo, vamos jogar uma bela amostra de 1.024 bolinhas dentro da caixa. Em média, 512 vão acabar no lado esquerdo e 512 vão para o lado direito. Um caso extremo, como 1.024 no lado esquerdo e 0 na direita, é inimaginavelmente improvável.

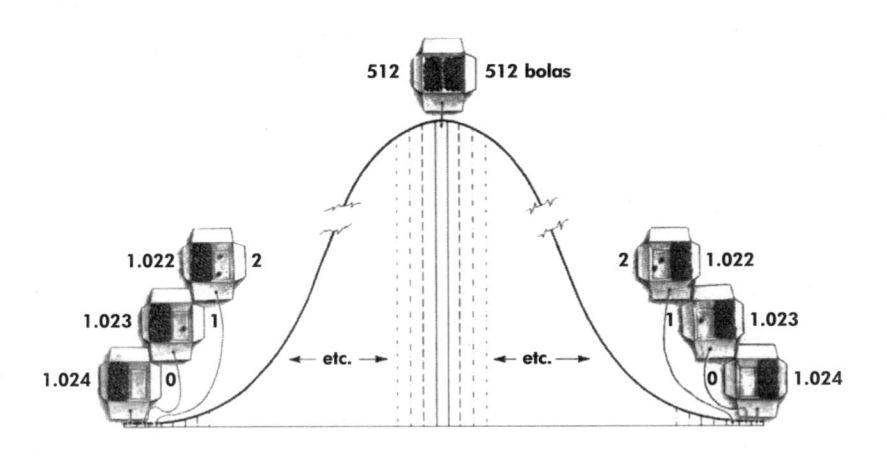

Quão improvável? Jogue 1.024 bolinhas de gude aleatoriamente dentro de uma caixa. Olhe lá dentro. Tire as bolinhas e jogue-as de novo. Olhe lá dentro. Tire as bolinhas e jogue-as.

Olhe de novo. Repita várias vezes. Se você fez isso um segundo depois do início do universo até agora, as chances de ver um caso de 1.024 bolinhas de um só lado são de 10^{290} contra 1. Na verdade, se cada átomo no universo fosse uma dessas caixas com 1.024 bolinhas de gude, enchendo-se aleatoriamente de bolinhas, repetidas vezes a cada segundo desde o início do universo, nenhuma delas jamais teria um resultado com 1.024 de um só lado. (Não está nem perto. Existem apenas cerca de 10^{80} átomos no universo visível.) Embora não seja *impossível* colocar aleatoriamente todas as 1.024 bolinhas num só lado, é tão improvável que chega a ser *funcionalmente* impossível. Não vai acontecer neste universo.

E daí? Por que perder tempo brincando com caixas e bolinhas de gude? Porque conduz direto a uma definição simples de entropia. De fato, a entropia nesse sistema bola-e-caixa é apenas uma medida das probabilidades de se ter uma determinada configuração de bolinhas dentro da caixa.

Se você pegar um pedaço de carvão e pesar, o número que a balança marcar é uma medida da matéria que existe nesse fragmento; dados o peso e a composição de um pedaço qualquer de matéria, você pode estimar quantos átomos existem nele, e de que tipo são. Se você pegar uma xícara de café e espetar nela um termômetro, a leitura vai ser uma medida da velocidade com que as moléculas no líquido estão se movendo. Se você sabe a temperatura de um fragmento de matéria, sabe, *grosso modo*, como essas moléculas estão se movendo. Como massa e temperatura, entropia é uma medida de uma propriedade de um punhado de matéria. Se você conhece a entropia de um recipiente cheio de átomos, você sabe, grosseiramente falando, como esses átomos estão distribuídos. E, embora entropia pareça algo mais abstrato que temperatura e massa, na verdade é uma propriedade tão concreta e tão fundamental quanto temperatura e massa.

Em parte, o conceito de entropia é mais difícil de entender do que massa ou temperatura porque você está medindo algo um pouco mais complicado de quantificar do que a massa de uma mesa ou a velocidade de uma bicicleta. A entropia capta a configuração de todo o conjunto de matéria em termos de probabilidades – em termos das configurações mais prováveis de um conjunto de átomos ou, no nosso exemplo da caixa-e-bolinhas de gude, os resultados mais prováveis quando jogamos as bolinhas dentro da caixa. Quanto maior a probabilidade de uma configuração de matéria (ou maior a probabilidade de um resultado do experimento), maior a entropia dessa configuração (ou resultado).

No caso das 1.024 bolinhas, os resultados mais prováveis – aproximadamente 512 bolinhas de gude de cada lado – têm alta probabilidade e alta entropia. Os resultados menos prováveis – a maioria das bolinhas de um lado ou do outro – têm baixa probabilidade e baixa entropia. Em termos matemáticos, se p é a probabilidade de uma determinada configuração, como 512 bolinhas de gude de cada lado, a entropia dessa configuração, que os físicos denotam com a letra S, é apenas uma função de $k \log p$, onde k é uma constante e "log" é um *logaritmo*.[8] (A expressão no túmulo de Boltzmann, $S = k \log W$, é equivalente.) Se você sacudir um recipiente cheio de bolinhas de gude e espiar lá dentro, elas quase certamente estarão numa configuração de alta entropia. Pronto. Isso é entropia.

Parece bem simples. De fato, parece até tautológico. Jogue bolinhas de gude dentro de uma caixa e, quando você olhar lá dentro, elas provavelmente estarão numa configuração provável. Óbvio. É por isso que dizemos que essa configuração é provável. Mas para os físicos essa observação é profunda. A ideia de entropia tem consequências profundas e de longo alcance, e não apenas com bolinhas de gude e caixas. Entropia é um elemento inevitável e perturbador da mecânica estatística de Boltzmann – e está entrelaçada com a própria natureza do universo.

---

[8] Não se preocupe demais com essa equação. Eu a menciono para que você fique familiarizado com a sua forma, já que ela vai aparecer mais tarde. Ver apêndice A para uma rápida refrescada a respeito de logaritmos, se você quiser examiná-la melhor.

Uma caixa cheia de bolinhas é muito parecida com um recipiente cheio de gás, então vamos deixar de lado as bolinhas de gude. Se colocamos 1.024 átomos de hélio, digamos, num recipiente vazio e os distribuímos aleatoriamente sacudindo o recipiente (de fato, ele mesmo se agita por causa do movimento aleatório dos átomos), sempre que você espiar lá dentro, cerca de metade do hélio estará do lado esquerdo e metade do lado direito. A entropia será alta, e os átomos estarão, mais ou menos, uniformemente distribuídos por todo o recipiente. De fato, não importa qual propriedade dos átomos estejamos procurando, o estado de entropia mais alta corresponde a uma distribuição uniforme dessa propriedade. Por exemplo, sempre que espiamos dentro do recipiente, os átomos em alta temperatura, movendo-se rapidamente, tenderão a estar igualmente distribuídos; assim como os átomos em baixa temperatura, movendo-se lentamente. É extremamente improvável que todos os átomos em alta temperatura se aglomerem do lado esquerdo do recipiente e todos os átomos em baixa temperatura se acumulem do lado direito. Em vez disso, o gás estará quase certamente a uma temperatura uniforme por toda parte. Esse é o estado de entropia mais alta, e é praticamente certo que o hélio estará nesse estado quando espiarmos. Sob condições nas quais um gás em recipiente isolado possa estar distribuído aleatoriamente – nas quais possa evoluir para o equilíbrio –, é quase garantido que jamais veremos o lado esquerdo frio e o lado direito quente.

Mas e numa sala com corrente de ar? Está frio perto da janela, enquanto o calor é de torrar perto do aquecedor. À primeira vista, isso pareceria contradizer o conceito de entropia. Entretanto, esse sistema não está isolado; o aquecedor continua bombeando ar quente para dentro do recipiente, enquanto a janela o deixa escapar. Se fecharmos a janela e desligarmos o aquecedor, a sala rapidamente alcança um equilíbrio em que todos os lugares estão na mesma temperatura. Similarmente, podemos injetar um punhado de átomos de hélio num dos lados do recipiente, desequilibrando-o; mas, deixado em paz, o recipiente volta logo do seu estado de baixa entropia (com muitos átomos de um lado e poucos do outro) para o seu estado de alta entropia (um número mais ou menos igual de cada lado). É como se o sistema fosse atraído para o seu estado de alta entropia - c, de certo modo, ele é. Assim como uma bola "quer" rolar morro abaixo, uma caixa cheia de gás "quer" maximizar a sua entropia. Pode-se produzir trabalho – colocar energia – para reverter a tendência para a alta entropia num sistema, usando um aparelho de ar-condicionado ou uma bomba térmica para manter um lado do recipiente quente e o outro frio, mas, se deixado por sua própria conta, um recipiente cheio de gás reverterá ao seu estado de máxima entropia, com átomos quentes e frios distribuídos uniformemente por toda parte.[9]

O "desejo" dos átomos de maximizar a sua entropia leva a uma mudança irreversível num recipiente cheio de gás. Se você começar com todos os átomos num canto de uma caixa, depois de um pouco os átomos se espalharão, maximizando sua entropia. Visto ser tão improvável que todos os átomos voltem para o canto de onde vieram, o gás está essencialmente em permanente estado de alta entropia: uma vez alcançado o equilíbrio, o gás estará sempre num estado de alta probabilidade e jamais reverterá para o estado anterior de baixa probabilidade. Similarmente, se você começar com um punhado de átomos quentes do lado direito da caixa e átomos frios do lado esquerdo, depois de um pouco os átomos quentes e os átomos frios vão se empurrar de um lado para outro aleatoriamente e se deslocarão para as configurações mais prováveis: os átomos quentes e os átomos frios ficarão igualmente distribuídos dos lados direito e esquerdo da caixa. E, uma vez estando a caixa em equilíbrio,

---

[9] O teorema H de Boltzmann era, de fato, um teorema a respeito de entropia. Quando se trata de velocidade, os átomos maximizam a sua entropia assumindo uma distribuição de velocidades numa curva de sino um tanto distorcida: a distribuição Maxwell-Boltzmann. Mas, a bem da clareza, vou ignorar essa distribuição e falar apenas de átomos "quentes" e "frios", como se estivéssemos falando de uma bola de bilhar pintada de vermelho ou de azul.

você pode observá-la durante séculos e jamais verá os átomos quentes e frios, igualmente distribuídos, se separarem de repente e acabarem nos extremos opostos da caixa. Se deixados em paz – se você não usar uma bomba térmica nem acrescentar energia ao sistema – o aumento da entropia é irreversível.

Essa irreversibilidade é uma característica-chave da entropia. Numa escala microscópica, os átomos estão se esbarrando uns contra os outros como bolas de bilhar, ricocheteando e batendo nas paredes. Se alguém lhe mostrar um filme com duas bolas de bilhar em movimento, quicando uma contra a outra, talvez você tenha dificuldade em dizer se o filme está sendo rodado de trás para a frente ou no sentido inverso. Em ambos os casos, as bolas batem uma contra a outra e se afastam; em nenhum dos casos o movimento percebido infringe uma lei da física. A colisão dos átomos é *reversível*: a colisão revertida é tão válida e provável quanto a colisão inicial. Mas, ainda que cada ação individual desses átomos seja reversível, o movimento *coletivo* dos átomos é irreversível. Se você vir um filme onde todos os átomos num recipiente se reuniram num canto, saiba que ele está sendo rodado de trás para diante. Você vai perceber na mesma hora que o filme original mostrava o gás sendo liberado de um canto e espalhado a partir dali; na vida real, os gases sempre se comportam assim, mas não na direção inversa. Por causa da entropia, uma direção é permitida pelas leis da física e a outra (essencialmente) é proibida. A entropia torna o comportamento do gás irreversível; por causa da entropia, o filme só faz sentido se rodado para a frente, não para trás. Você não pode inverter a direção do filme. Por essa razão, os cientistas com frequência se referem à entropia como "a seta do tempo". A irreversibilidade de reações que mudam a entropia é um letreiro que diz para que lado o tempo flui. O tempo anda para a frente conforme aumenta a entropia; ele jamais volta atrás porque, num sistema deixado por sua própria conta, a entropia não diminui.

A entropia é também a chave para se compreender a termodinâmica. Em certo sentido, máquinas térmicas são simplesmente máquinas que aumentam a entropia do universo. Quando elas bombeiam calor de um reservatório quente para um reservatório frio, estão aumentando a entropia do sistema como um todo. A separação do reservatório quente do reservatório frio é, inerentemente, uma configuração de baixa entropia, assim como uma caixa com átomos quentes de um lado e átomos frios do outro também é de baixa entropia. Ao permitir que o calor do reservatório quente flua para o reservatório frio, você está aproximando mais o sistema do ponto de equilíbrio; está aumentando a entropia do sistema. E o "desejo" do sistema de aumentar sua entropia é tão grande que você pode colocar um dispositivo entre os dois reservatórios e fazê-lo gerar trabalho.

Por outro lado, não se pode reverter o aumento de entropia sem produzir trabalho; você tem de acrescentar energia ao sistema para reverter a tendência para o equilíbrio e, ao fazer isso, você aumentou a entropia do universo fora do seu sistema, mais do que reduziu a entropia do gás dentro do seu sistema. Essa é a essência da segunda lei da termodinâmica: a entropia é suprema. O universo está pendendo para um estado de entropia mais alta, e não há nada que se possa fazer para reverter isso. Você pode impor ordem num cantinho do seu universo – pode colocar um refrigerador que separe o calor do frio na sua cozinha –, mas deve consumir energia para fazer isso, e esse consumo de energia aumenta a entropia da Terra mais do que o refrigerador diminui a entropia da sua cozinha. É uma ideia perturbadora: você está colocando a Terra infinitesimalmente mais próxima do estado de caos quando resfria uma garrafa de cerveja na sua geladeira.

A visão estatística e probabilística de Boltzmann com relação ao movimento dos átomos na matéria foi incrivelmente poderosa. Ao olhar para um gás como um conjunto de partículas movendo-se aleatoriamente, ele foi capaz de explicar os princípios físicos que impulsionavam as máquinas, que eram responsáveis pelo fluxo de calor, pela temperatura, pelo trabalho – e pela entropia. Principalmente, pela entropia. Através da simples probabilidade e estatística, o estudo de Boltzmann levou à compreensão de que os sistemas "tentam" naturalmente aumentar sua entropia, e que o universo como um todo está constante e irreversivelmente ficando mais entrópico. Mas oculta na sua lógica havia uma bomba-relógio.

A natureza probabilística do trabalho de Boltzmann dava a impressão de que estivesse minando a verdade absoluta das próprias leis que explicava. A segunda lei da termodinâmica estava baseada no fato de que gases *provavelmente* acabam em suas configurações mais prováveis. Parece redundante... mas provavelmente não é. De vez em quando, talvez, um gás aleatoriamente acaba numa configuração improvável – isso pode acontecer. Significa que a entropia do sistema, sem que nenhuma energia seja acrescentada, pode diminuir espontaneamente. A segunda lei, pelo visto, é infringida de repente. Pior ainda, James Clerk Maxwell, o homem que admitia a natureza estatística dos gases e teve a ideia da distribuição de velocidades dos átomos num gás, imaginou um método brilhante que separaria átomos quentes de átomos frios sem qualquer trabalho – uma infração ainda maior da segunda lei.

Boltzmann provou que a segunda lei tem que ser verdadeira. Mas, ao mesmo tempo, seus métodos aparentemente sabotavam a lei e mostravam que ela não era necessariamente verdade o tempo todo. Esse demônio perseguiu Boltzmann durante toda a sua carreira.

Em 2002, um grupo de cientistas australianos publicou um artigo na revista *Physical Review Letters* que causou um ligeiro tumulto. Não é de espantar, visto o seu título ser muito provocador: "Demonstração Experimental de Violações à Segunda Lei da Termodinâmica em Pequenos Sistemas e Escalas Breves de Tempo".

Os cientistas – que eram da Australian National University, em Canberra, e da Griffith University, em Brisbane – realizaram uma medição engenhosa da entropia em minúsculas gotas de látex na água. Como átomos numa caixa, essas gotas – cerca de uma centena de cada vez – flutuavam aleatoriamente num recipiente com água. Usando um laser, os pesquisadores prendiam as minúsculas esferas e as liberavam, e em seguida mediam como evoluía a entropia do sistema.

Na maioria das vezes, as gotas se comportavam exatamente como você esperaria: a ordem que o laser impunha desaparecia rápido e a entropia do sistema aumentava. Mas de vez em quando a entropia diminuía ligeiramente por um breve tempo antes de aumentar de novo. Durante um pequeno período, num sistema pequeno, a entropia diminuía espontaneamente em vez de aumentar. Daí as "violações" da segunda lei. Ainda que por pouco tempo, a segunda lei parecia falhar. A entropia baixava, não subia.

Como você poderia esperar, os noticiários pela mídia se aproveitaram da aparente brecha na lei mais fundamental da física. Mas embora o experimento de 2002 (e um acompanhamento mais cuidadoso em 2004) mostrasse que, de fato, a entropia diminuía por um breve tempo num sistema pequeno, não era uma violação da segunda lei. Era exatamente o que a natureza estatística da lei permite. Portanto, não era nada assim tão assustador como a mídia retratava.

Quando Boltzmann formulou o seu quadro de gases dentro de caixas, ele sabia que um grupo grande de partículas, ainda que individualmente se movessem de um modo aleatório, coletivamente eram previsíveis. Quanto mais partículas existirem dentro de um sistema – maior ele é –, mais firmes se tornam as previsões.[10] Mas inversamente, quanto menor o sistema, mais influenciável a previsão em face de uma flutuação randômica.

---

[10] Este é o princípio matemático conhecido como a *lei dos grandes números*. Em essência, diz que o tamanho do desvio de um comportamento esperado vai diminuindo conforme cresce o número de eventos aleatórios.

Boltzmann pintou a segunda lei da termodinâmica como uma lei probabilística. Ela é válida com certeza estatística. Em sistemas razoavelmente grandes, você não verá uma violação da lei em nenhum ponto em todo o tempo de vida do universo. (Lembre-se, no caso das 1.024 bolinhas de gude, você jamais veria todas as 1.024 bolinhas num dos lados de uma caixa, mesmo que todos os átomos do universo fossem uma caixa cheia de bolinhas de gude, cada caixa aleatoriamente se reabastecendo sempre a cada segundo desde o nascimento do universo até agora.) Mas, em sistemas pequenos, como aquele com quatro bolinhas de gude, você de vez em quando verá todas as quatro num dos lados da caixa ou no outro. (De fato, isso acontece uma vez em oito.) Portanto, se você tem uma caixa com quatro bolinhas de gude num estado máximo de entropia – duas de cada lado – e a sacudir, há uma chance em oito de que ela diminua espontaneamente sua entropia ao mínimo possível. Embora essa redução na entropia pareça uma violação da segunda lei, na realidade não é. Esse tipo de coisa é simplesmente uma consequência da natureza estatística da lei.

Os físicos modernos percebem que até as leis mais sólidas – mesmo a segunda lei – têm nelas um elemento estatístico. Por exemplo, por um breve tempo e em escalas de distâncias muito pequenas, partículas podem existir e deixar de existir, devido ao que é conhecido como *flutuações no vácuo*. Nenhum físico vê isso como uma verdadeira violação da lei da conservação de massa e energia. Essas flutuações são algo que os físicos modernos já aceitam. Mas, na época de Boltzmann, a falta de absolutas e rígidas exigências para a entropia *sempre* aumentar foi um grande golpe contra a sua teoria. Mas uma ameaça ainda maior veio do homem que o inspirara: Maxwell.

Boltzmann adorava o trabalho de Maxwell, e o artigo de Maxwell sobre gases, em 1866, o levou a trabalhar com a velocidade dos átomos. Boltzmann comparou esse artigo a uma sinfonia:

Primeiro, as variações em velocidade desenvolvem-se majestosamente, depois as equações de estado entram por um lado, as equações de movimento por outro; cada vez mais se avoluma o caos de fórmulas. De repente, quatro palavras soam: "Coloque N = 5". O demônio maligno V desaparece, assim como na música um tom dissonante no baixo abruptamente silencia.[11]

Maxwell em breve evocaria um demônio em vez de exorcizá-lo. Em 1871, ele publicou *Theory of Heat*, no qual tentava abrir um buraco na segunda teoria da termodinâmica. Maxwell apresentou um modo engenhoso de explorar o movimento aleatório de átomos para reverter os estragos da entropia e criar uma máquina de moto-contínuo – ele pensava ter encontrado uma grande falha na segunda lei.

O esquema envolvia um minúsculo "ser" inteligente numa caixa cheia de gás. A caixa tem uma parede, dividindo-a em duas metades. Inserida na parede há um postigo deslizante sem atrito. Ao abrir e fechar o postigo – um ato que, graças à ausência de fricção, não requer trabalho para ser executado –, o minúsculo ser pode deixar um átomo passar para o outro lado da caixa ou recusar essa passagem. Maxwell percebeu que esse minúsculo ser – que o físico William Thomson, Lorde Kelvin, logo apelidaria de "demônio de Maxwell" – podia sistematicamente reverter a entropia aparentemente sem consumir qualquer energia nem produzir qualquer trabalho.[12]

---

[11] Citado em Lindley, *Boltzmann's Atom*, 71.

[12] Típico inglês, Thomson substituiu o demônio e o postigo deslizante por uma legião de demônios empunhando bastões de críquete.

Demônio de Maxwell

Por exemplo, o demônio podia começar com uma caixa num estado de alta entropia – átomos quentes e frios misturados igualmente por toda a caixa –, e acabar com todos os átomos quentes na esquerda e os átomos frios na direita. Tudo que o demônio teria de fazer era abrir e fechar o postigo nos momentos apropriados. Se um átomo frio à esquerda da caixa se aproximasse do postigo, o demônio o deixaria passar, mas não deixaria nenhum átomo quente passar da esquerda para a direita. Inversamente, ele abriria o postigo se um átomo quente estivesse se movendo da direita para a esquerda, mas a fecharia se um átomo frio estivesse para escapar do seu confinamento à direita.

Depois de um tempo, sem despender aparentemente nenhum trabalho, o demônio podia dividir a caixa numa zona quente e numa zona fria – um estado com muito, muito menos entropia do que o equilíbrio original da caixa. O demônio simplesmente explorava o movimento aleatório das moléculas e deixava que elas se separassem.

Era uma ameaça muito mais séria ao trabalho de Boltzmann do que as meras objeções à natureza estatística de suas leis. Era como se uma máquina projetada de forma adequada pudesse espontaneamente reverter a entropia numa caixa, criando um reservatório quente e um reservatório frio sem despender energia. Se isso fosse possível, então você poderia prender um demônio de Maxwell a uma máquina térmica; a máquina produziria trabalho enquanto o demônio mantivesse quente o reservatório quente, e frio o reservatório frio. Você teria trabalho de graça – uma máquina de moto-contínuo.

Infelizmente, Boltzmann não viveu para ajudar a vencer o demônio de Maxwell; ele sucumbiu ao embate com o seu próprio demônio. Boltzmann era com frequência mordaz e antissocial, e suas novas ideias lhe conquistavam poderosos inimigos. Além disso, ele costumava ter crises de depressão e esgotamento. Ele se enforcou sem jamais conhecer o segredo que conduziria a física à vitória sobre o demônio de Maxwell. Ironicamente, a fórmula no centro dessa vitória foi inscrita no túmulo de Boltzmann: $S = k \log W$, a fórmula da entropia de um recipiente cheio de gás. Mas não foi a entropia que derrotou o demônio de Maxwell. Foi a informação.

CAPÍTULO 3

Informação

– O que vocês querem?
– Informação.
– Não vão ter.
– Custe o que custar, teremos.
– *The Prisioner* (série de televisão)

O conceito de informação em si não era novo. Mas, em 1948, quando um engenheiro matemático percebeu que a informação podia ser medida e quantificada – e estava intimamente associada à termodinâmica –, detonou uma revolução e matou um demônio. A teoria da informação não parecia assim tão importante no início. De fato, ela mudou o modo como criptógrafos e engenheiros encaravam seus trabalhos; de fato, estabeleceu as bases para a construção de computadores que em breve fariam parte da vida cotidiana. Mas até o fundador da teoria da informação, Claude Shannon, não fazia ideia do enorme alcance que a sua ideia teria.

Informação é muito mais do que a redundância num código geral ou, mais tarde, o liga-desliga dos interruptores de um computador. Embora ela possa ser representada de muitos modos – pelo padrão da tinta no papel, pelo fluxo de elétrons numa placa de circuito, pelas orientações de átomos num pedaço de fita magnética ou por luzes que piscam –, existe algo na informação que transcende o meio em que ela é armazenada. Ela é uma entidade física, uma propriedade de objetos da mesma família da energia, do trabalho ou da massa. Na verdade, ela se tornou tão importante que cientistas logo aprenderam a reformular outras teorias em termos de troca ou manipulação de informação. Algumas das regras mais fundamentais da física – as leis da termodinâmica, por exemplo, e as leis que dizem como conjuntos de átomos se movem num fragmento de matéria – são, no fundo, leis sobre informação. Foi examinando o demônio de Maxwell em termos teórico-informacionais que os cientistas foram capazes de fazê-lo desaparecer finalmente.

A teoria da informação pegou a equação do túmulo de Boltzmann e a usou para matar o demônio que ameaçava derrubar o edifício da termodinâmica. A natureza parece falar na linguagem da informação e, quando os cientistas começaram a compreender essa linguagem, começaram a encontrar um poder que até Shannon jamais imaginara.

O herói da teoria da informação é Claude Elwood Shannon, que nasceu em 1916, em Michigan; quando menino, ele sempre gostou de consertar e montar coisas, portanto foi natural que acabasse estudando engenharia e matemática. Duas disciplinas que estiveram entrelaçadas ao longo de toda a sua vida – e acabaram convergindo na teoria da informação que mais tarde ele criou. Na década de 1930, Shannon fazia a ponte entre as duas disciplinas trabalhando numa máquina para solucionar um tipo específico de construção matemática chamada equação diferencial.

Uma equação comum, como $5x = 10$, é na verdade uma espécie de pergunta: Que número, colocado no lugar de x, resolverá a expressão? Equações diferenciais são semelhantes, mas as perguntas são um pouquinho mais complexas, e as respostas são equações, e não números. Por exemplo, um estudante de física poderia inserir numa equação diferencial as dimensões e outras propriedades de uma barra de metal, assim como a temperatura de uma chama numa das extremidades; daí surgiria uma equação que explica a quantidade de calor de uma determinada parte da barra num determinado momento. Essas equações são fundamentais para a física e os cientistas na época estavam tentando desesperadamente encontrar meios de solucioná-las rapidamente com computadores primitivos. Logo depois de se formar na faculdade, Shannon arrumou um emprego de meio expediente no Massachusetts Institute of Technology (MIT), onde trabalhou num solucionador mecânico de equações diferenciais desenvolvido por Vannevar Bush, um cientista que, em uma década, se tornaria uma das pessoas importantes responsáveis pelo desenvolvimento da bomba atômica. Shannon ajudou a traduzir equações diferenciais numa forma que o computador pudesse compreender, e no final começou a pensar nos projetos dos relés elétricos e comutadores flip-flop que ficavam no miolo dos computadores para equações diferenciais. A sua tese de mestrado, redigida quando ele trabalhava em meio expediente no MIT, mostrou como os engenheiros podiam usar a lógica booleana – a matemática da manipulação de $1s$ e $0s$ – para projetar comutadores mais eficientes para equipamentos elétricos (inclusive computadores).

Depois de terminar o doutorado, Shannon foi trabalhar na Bell Laboratories. Como o nome sugere, a Bell Labs era o braço dedicado a pesquisas da American Telephone and Telegraph Company (AT&T), a empresa monopolizadora do sistema de telefonia nos Estados Unidos. O objetivo do laboratório, fundado na década de 1920, era realizar pesquisas básicas relevantes para as comunicações. Os seus cientistas e engenheiros ajudavam a pavimentar o caminho para a alta qualidade de gravações de som, transmissões televisivas, telefonia avançada, fibras ópticas e outras peças de sustentação das comunicações na nossa sociedade. Na sua essência, a comunicação é simplesmente transmissão de informações de uma pessoa para outra, portanto não seria de surpreender que o trabalho realizado no laboratório atingisse áreas consideradas como "tecnologia da informação". O primeiro computador digital binário e o transistor, por exemplo, foram desenvolvidos lá.

Shannon era perfeitamente adequado para trabalhar na Bell Labs, e logo embarcou num projeto que mudaria o mundo da ciência. À primeira vista, não parecia que sua pesquisa pudesse ser tão revolucionária. Ela lidava com a avaliação da capacidade de uma determinada linha telefônica (ou conexão por rádio, ou qualquer outro tipo de "canal" de comunicações). É uma questão prática; os engenheiros da Bell Labs queriam saber como juntar o maior número possível de conversas telefônicas na mesma linha, ao mesmo tempo, sem que houvesse interferências entre as ligações. Em outras palavras, como você pode comprimir a maior quantidade de informação possível num único cabo de cobre? Os cientistas da comunicação estavam em território desconhecido. Engenheiros dos tempos romanos conheciam os princípios básicos para construir pontes e estradas; até a ciência da termodinâmica já tinha uns cem anos de idade. Mas a telefonia era algo totalmente novo. O engenheiro que quer calcular a quantidade de tráfego que uma ponte é capaz de suportar pode calcular o peso provável de cada carro e a resistência necessária das vigas de aço. Ele pode usar o conceito de massa para calcular a capacidade de uma determinada ponte. Mas fazer a mesma coisa com uma linha telefônica deixava os engenheiros totalmente no escuro. Não havia um jeito óbvio de calcular quantos telefonemas uma empresa podia comprimir numa única linha telefônica ao mesmo tempo. Assim como os construtores de pontes precisavam ser capazes de compreender e medir a massa para calcular a capacidade de uma ponte, os engenheiros tinham de aprender a compreender e medir informação para calcular a capacidade de uma linha telefônica. Shannon foi quem proporcionou essa compreensão básica, e ela teve repercussões muito maiores do que meramente ajudar Mamãe Bell.

Quando se dispôs a responder à questão da capacidade de uma linha telefônica, Shannon juntou todos os elementos da matemática e da engenharia – o conhecimento sobre a natureza de perguntas e respostas, sobre máquinas, lógica booleana e circuitos elétricos. Ao fazer isso, ele criou a terceira grande revolução da física no século XX: como aconteceu com a relatividade e a teoria quântica, a teoria da informação mudou radicalmente o modo como os cientistas viam o universo. Mas a teoria da informação de Shannon teve um início discreto em um território familiar: o reino das perguntas e respostas.

A primeira grande revelação de Shannon foi quando ele começou a pensar na informação como algo que ajuda você a responder a uma pergunta: Qual a solução para essa equação diferencial? Qual é a capital de Burkina Faso? De que partículas é composto o átomo? Sem a informação adequada, você não consegue responder a essas perguntas. Talvez, baseado no conhecimento limitado – informação – na sua cabeça, você possa fazer algumas vagas suposições. Mas, mesmo que não saiba a resposta certa agora, pode imaginá-la com mais confiança se alguém lhe enviar a informação adequada.

Até agora, está muito abstrato, então vamos ver um exemplo concreto. No dia 18 de abril de 1775, pouco antes de deflagrada a Revolução Americana, os americanos sabiam que as tropas britânicas estavam para se movimentar. Eles sabiam que o exército britânico, reunido em Boston, provavelmente marcharia na direção norte para Lexington, mas ele tinha dois caminhos para escolher. O primeiro era simples, mas longo: o exército poderia marchar para o sudoeste saindo de Boston por uma faixa estreita de terra e depois desviar para o norte, em direção ao seu alvo. O segundo caminho era mais difícil do ponto de vista logístico, porém mais rápido: o exército poderia atravessar de balsa a foz do rio Charles e marchar imediatamente para o norte até Lexington. A questão era: Que caminho os ingleses escolheriam?

Havia duas respostas possíveis para essa pergunta: por terra ou por mar. Os patriotas esperando na margem norte do rio Charles não tinham informações sobre a estratégia dos ingleses, portanto não tinham ideia de onde deviam organizar a sua defesa. Assim que os ingleses começassem a avançar, todos em Boston saberiam imediatamente o caminho que os casacas vermelhas tomariam, mas essa informação não estaria disponível para os milicianos em Lexington. Enquanto alguém não lhes enviasse a resposta à pergunta – a informação sobre o caminho por onde os britânicos marchavam – os americanos não podiam iniciar sua defesa.

Por sorte, mais ou menos uma semana antes, Paul Revere e vários outros patriotas americanos haviam montado um esquema para colher e transmitir essa informação às tropas de defesa. Assim que os britânicos começassem a se movimentar, o sacristão da Old North Church, em Boston – como todos os outros cidadãos da cidade –, poderia ver qual caminho os britânicos tomariam. O sacristão então subiria na torre da igreja e penduraria lâmpadas para comunicar o caminho aos americanos na outra margem. Uma lâmpada significaria que os britânicos estavam pegando o caminho mais longo, por terra; duas lâmpadas significariam que estavam atravessando o rio. Uma, por terra; duas, por mar.

Quando duas lâmpadas apareceram na torre naquela noite, os patriotas souberam logo a resposta. A informação nessa mensagem eliminou a incerteza sobre o plano dos ingleses; os patriotas souberam, com certeza, que os britânicos estavam vindo de balsa e que chegariam em breve. (Claro, qualquer dúvida que restasse foi logo descartada pelo tropel de Paul Revere atravessando a cidade a cavalo, anunciando-a diretamente.)

Do ponto de vista de Shannon, esse é um exemplo clássico de transmissão de informações. Antes da mensagem – antes de pendurarem as lâmpadas na torre da igreja – os receptores, os patriotas americanos, só podiam supor, e qualquer suposição tinha 50% de chance de estar errada. Mas, quando as lâmpadas foram penduradas, a mensagem foi anunciada e a informação transferida do sacristão para os patriotas americanos. As duas lâmpadas responderam à pergunta dos patriotas; não havia mais nenhuma incerteza sobre o caminho que o exército britânico tomaria. Agora eles tinham 100% de certeza. A mensagem reduziu a incerteza dos americanos – neste caso, a zero – sobre a resposta à pergunta, e essa, para Shannon, é a essência da informação.

Mas o verdadeiro poder da visão de Shannon sobre informação é que ela dá a medida de *quanta* informação é transmitida numa determinada mensagem. Ele percebeu que uma simples pergunta como essa – que tem duas respostas possíveis – era essencialmente uma pergunta do tipo sim/não. Os britânicos viriam por terra ou por mar? Você é homem ou mulher? A moeda vai cair cara ou coroa? A luz está acesa ou apagada? Todas podem ser reformuladas em termos de simples sim/não. Os britânicos virão por mar? Você é mulher? A moeda vai cair coroa? A luz está acesa? Em cada caso, uma resposta negativa não deixa dúvida sobre a resposta para a pergunta. Se os britânicos não virão por mar, virão por terra. Se você não é mulher, é homem. Se a moeda não é coroa, é cara. Se as luzes não estão acesas, estão apagadas. Portanto, uma pergunta sim/não basta para cada uma destas dúvidas. E a matemática tem um jeito ótimo de lidar com perguntas sim/não: a lógica booleana.

A lógica booleana lida com verdadeiros e falsos, sins e nãos, ligados e desligados. A resposta a qualquer dessas perguntas simples sim/não pode ser representada por um único símbolo de um conjunto casado de dois: **V** *vs.* **F**; **S** *vs.* **N**; **1** *vs.* **0**. Pode escolher. (Para manter a coerência neste livro, usarei **1** para uma resposta "verdadeiro/sim/ligado" e **0** para uma "falso/não/desligado". Pergunta: Os ingleses estão vindo por mar? Resposta: **1**. Tony Blair é mulher? Resposta: **0**. Uma pergunta sim/não pode sempre ser respondida por um único símbolo que pode assumir um de dois valores. Esse símbolo é um *dígito binário*, ou bit (*binary digit*).

O termo *bit* apareceu pela primeira vez num artigo de Shannon, em 1948, "Uma Teoria Matemática da Comunicação", que definiu as bases do que hoje se conhece como teoria da informação.[1] Na teoria de Shannon, um bit passou a ser a unidade fundamental de informação.

---

[1] Shannon credita a criação da palavra ao colega da Bell Labs, John Tukey; ainda bem, *bit* substituiu a muito mais feia *bigit*, que estava começando a circular na época. Mais tarde, gaiatos cunhariam os termos *byte*, de *bite* (morder), para oito bits, e *nibble* (mordiscar), para quatro bits – metade de um byte. (Tukey, eventualmente, seria conhecido por codesenvolver um dos algoritmos mais importantes da ciência computacional, o FFT – *Fast Fourier Transform* –, mas essa é outra história.)

Responder a uma pergunta sim/não requer um bit de informação. Você precisa montar um dígito binário na torre da Old North Church para distinguir se os ingleses de casacos vermelhos estão vindo por terra ou por mar; um 0 significa terra e um 1 significa mar. Transmita esse dígito numa mensagem e você responde à pergunta. Mas não importa a *forma* que essa mensagem assumir. Ela poderia ser uma lâmpada *versus* duas lâmpadas na torre da igreja, ou talvez uma luz vermelha *versus* uma luz verde. Poderia ser uma bandeira do lado esquerdo da igreja *versus* uma bandeira do lado direito, ou um tiro de canhão disparado para o ar *versus* o estampido mais leve de uma saraivada de tiros de mosquete. Mesmo que os meios sejam todos diferentes, a informação na mensagem é a mesma. Não importa a forma da mensagem, ela carrega um bit de informação, permitindo aos patriotas americanos distinguir entre duas possibilidades e respondendo à pergunta sobre qual caminho os ingleses usariam.

Mas o que acontece se a pergunta é mais complicada e não pode ser respondida com um simples sim/não? Por exemplo, e se os ingleses pudessem também pegar um trem em Boston e ir parar na estação de Lexington? Ou se eles pudessem chegar voando, descendo de paraquedas de balões de ar quente do século XVIII direto na cidade de Massachusetts? Com quatro possibilidades, um único bit de informação não pode mais responder totalmente à pergunta de como os ingleses estão vindo.

Nesse caso, antes que a mensagem seja transmitida, os patriotas americanos têm quatro possibilidades para escolher, igualmente prováveis. Os patriotas poderiam tentar adivinhar, mas na falta de informação eles só poderiam acertar 25% das vezes. E a mensagem com um bit respondendo à pergunta: "Os ingleses vêm por mar?", só revelará a resposta um quarto das vezes; uma resposta 0 a essa pergunta – uma luz na torre da Old North Church – ainda deixa a dúvida se eles estão vindo por terra, de trem ou pelo ar. A mensagem "não mar" não responde totalmente à pergunta; um bit não basta.

Paul Revere teria de inventar um esquema diferente para responder totalmente à pergunta; teria de descobrir um jeito de transmitir mais do que um bit de informação. Por exemplo, ele poderia pendurar quatro lâmpadas na torre da igreja: uma se por terra, duas por mar, três de trem, quatro de paraquedas. Se houvesse oito possibilidades, ele poderia pendurar oito lâmpadas na igreja: uma se por terra, duas por mar, três de trem, quatro de paraquedas, cinco de aerobarco, seis de nave espacial, sete por teletransporte e oito se nas costas de um bando de anjos do mal. É muita lâmpada para pendurar numa torre de igreja.

Mas se Revere fosse *realmente* esperto, poderia alterar o seu esquema ligeiramente para reduzir o número de lâmpadas necessárias. Em vez de ter quatro lâmpadas para distinguir entre quatro possibilidades, o emissor da mensagem pode usar apenas duas. Cole um filtro em cada uma delas de modo que possam emitir uma luz vermelha ou verde na torre e você pode usá-las para dizerem de que lado estão vindo os ingleses: vermelho-vermelho significa por terra; vermelho-verde, por mar; verde-vermelho de trem; e verde-verde, pelo ar. Duas luzes que podem ser ora verdes, ora vermelhas – dois bits –, respondem completamente a uma pergunta se houver quatro respostas possíveis. Você precisa de dois bits de informação para distinguir entre quatro cenários. Similarmente, três luzes vermelho/verde, três bits, podem responder a uma pergunta se houver oito respostas possíveis. Você precisa de três bits de informação para distinguir entre oito possibilidades.

Não importa o quão complicada seja uma pergunta, não importa quantas respostas possíveis (finitas) uma pergunta possa ter, você será capaz de responder com uma série de bits, uma série de respostas a perguntas sim/não. Por exemplo, se eu lhe digo que estou pensando num número entre 1 e 1.000, você pode descobrir qual é me fazendo apenas dez perguntas sim/não. É maior que 500? Não? É maior que 250? Não... e assim por diante. Na décima pergunta, se você perguntou direito, é garantido saber a resposta com 100% de certeza.

A Old North Church
com uma, duas
ou três lâmpadas

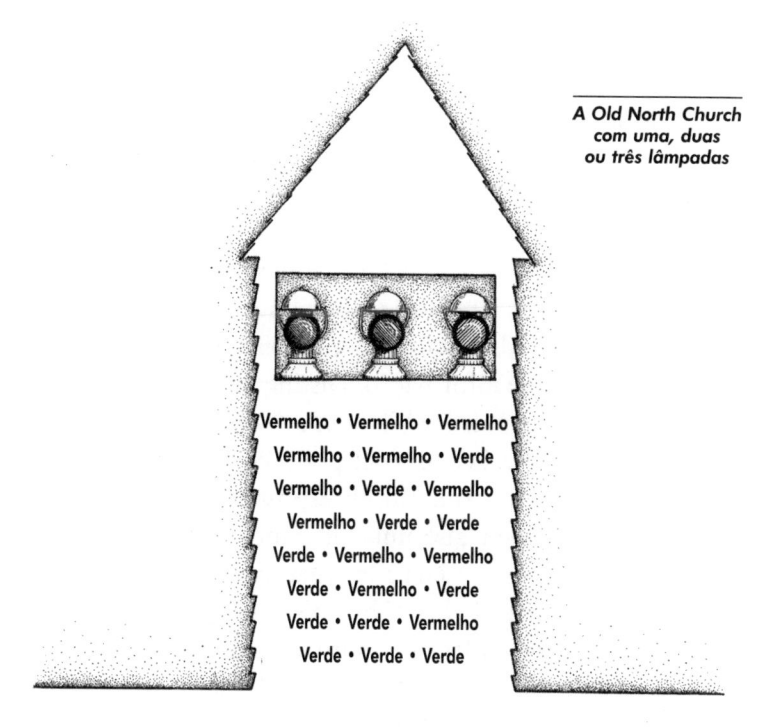

Vermelho • Vermelho • Vermelho
Vermelho • Vermelho • Verde
Vermelho • Verde • Vermelho
Vermelho • Verde • Verde
Verde • Vermelho • Vermelho
Verde • Vermelho • Verde
Verde • Verde • Vermelho
Verde • Verde • Verde

1. Vm (por terra)
2. Vd (por mar)

1. Vm Vm (por terra)
2. Vm Vd (por mar)
3. Vd Vm (de trem)
4. Vd Vd (por ar)

1. Vm Vm Vm (por terra)
2. Vm Vm Vd (por mar)
3. Vm Vd Vm (de trem)
4. Vm Vd Vd (pelo ar)
5. Vd Vm Vm (de aerobarco)
6. Vd Vm Vd (de nave espacial)
7. Vd Vd Vm (por teletransporte)
8. Vd Vd Vd (nas costas de anjos do mal)

  Se, no início do jogo, você simplesmente tentasse adivinhar em que número eu estava pensando, só teria 1/1.000 de possibilidade – uma chance de 0,1% – de acertar. Mas a cada pergunta sim/não que eu respondo você recebe um bit de informação, reduzindo ainda mais a sua incerteza. Ele é maior que 500? Não. Isso significa que o número deve estar entre 1 e 500; só existem 500 possibilidades, não 1.000. Se você agora fosse tentar adivinhar o número, teria 1/500 de chance de estar certo. Ainda sem muita chance, mas duas vezes mais do que antes. É maior que

250? Não. Agora você sabe que o número está entre 1 e 250; existem agora apenas 250 possibilidades, e você tem 1/250 de chance de acertar na sua adivinhação. Depois de três perguntas, você tem uma possibilidade em 125 de adivinhar corretamente; depois de sete perguntas, cerca de 1/8 de chance – mais ou menos 12% – de estar certo. Depois de dez perguntas, você sabe a resposta com 100% de certeza. Cada pergunta sim/não reduz a sua incerteza sobre a resposta à pergunta do número em que estou pensando. Cada resposta para uma das suas indagações sim/não dá um bit de informação. Distinguir entre 1.000 possibilidades requer apenas dez bits; com dez bits de informação, uma sequência de dez 1s e 0s, você pode, com 100% de certeza, responder à pergunta com 1.000 respostas possíveis.

Shannon percebeu que uma pergunta com N resultados possíveis pode ser respondida com uma sequência de $\log N$ bits – você precisa apenas de $\log N$ bits de informação para distinguir entre N possibilidades.[2] Portanto, para distinguir entre dois resultados, você precisa de um bit; quatro resultados, dois bits; oito resultados, três bits; e assim por diante. Esse princípio tem enorme poder. Eu poderia lhe dizer que escolhi um átomo em algum lugar do universo. Visto que existem apenas 10^{80} átomos no universo, e $\log 10^{80}$ é cerca de 266, bastariam apenas 266 perguntas sim/não adequadamente escolhidas e 266 bits de informação para descobrir em que átomo estou pensando!

No entanto, informação não é só adivinhar números e responder a perguntas sim/não; ela não seria extremamente útil se servisse apenas para vencer jogos de vinte perguntas. Informação – codificada em 1s e 0s, e medida em bits – pode ser usada para transmitir resposta a *qualquer* pergunta, desde que ela tenha uma resposta finita. Isso vale até para perguntas mais amplas, aquelas que não são obviamente respondidas por um conjunto

---

[2] Nesse caso, o símbolo *log* representa o logaritmo de base 2. Isto é, $x = \log N$ é a solução da equação $N = 2^x$. Os matemáticos costumam ignorar a base do logaritmo; ver apêndice A sobre logaritmos para descobrir por quê.

de perguntas sim/não, como: Qual é a capital de Burkina Faso? Se você me fizesse essa pergunta, eu teria de lhe comunicar a resposta de algum modo, e é difícil imaginar uma sequência de perguntas sim/não, um fluxo de bits, que produza a resposta: Ouagadougou. Mas, de fato, é exatamente assim que estou respondendo a essa pergunta enquanto digito este manuscrito no meu computador. O meu processador de texto codifica o fluxo de letras em inglês que soletram "Ouagadougou" numa série de bits, um conjunto de 1s e 0s no meu disco rígido. Ele faz isso mudando os símbolos do alfabeto por 1s e 0s, essencialmente uma série de respostas sim/não que soletram "Ouagadougou" na tela do computador. Visto que o alfabeto tem apenas 26 caracteres, você teoricamente precisa de cinco bits (um pouco menos) para codificar cada letra. Como "Ouagadougou" tem 11 letras, então 11 sequências de cinco bits cada bastariam para escrever o nome – 55 bits para a resposta completa à pergunta "Qual é a capital de Burkina Faso?"[3] Esses bits são armazenados no meu disco rígido, depois transmitidos ao meu editor por e-mail. O leitor de e-mail do meu editor e o processador de texto traduzem esses bits de volta à linguagem escrita e os imprimem num formato que você e eu podemos compreender. É uma jornada tortuosa, mas fundamentalmente eu respondi à pergunta "Qual é a capital de Burkina Faso?", com uma sequência de bits – respostas a perguntas sim/não – que, em conjunto, dão a resposta certa.

A liguagem escrita é apenas uma sucessão de símbolos, e símbolos podem ser escritos como uma sucessão de bits. Portanto, qualquer pergunta que tenha uma resposta que possa ser escrita numa linguagem, qualquer pergunta que tenha uma resposta finita de qualquer tipo, pode ser escrita como uma se-

---

[3] Na verdade, computadores em geral representam letras com mais de cinco bits. Um esquema muito comum, ASCII, codifica cada letra com um byte de informação – oito bits. Isso é mais do que você precisa para codificar o alfabeto inglês, mas dá espaço para letras minúsculas e maiúsculas, sinais de pontuação, letras estrangeiras e muitos outros símbolos.

quência de 1s e 0s. E além disso, Shannon percebeu que qualquer pergunta cuja solução pudesse ser expressa de um modo finito poderia ser respondida com uma sequência de bits. Em outras palavras, qualquer informação, qualquer resposta a qualquer pergunta finita, pode ser expressa numa série de 1s e 0s. Bits são o meio universal de informação.

Essa constatação é espantosa. Se qualquer informação, qualquer resposta a uma dessas perguntas, pode ser codificada numa sequência de bits, então ela lhe permite medir quanta informação existe numa mensagem. Qual é o número mínimo de bits que você precisa para codificar a mensagem? Cinquenta bits? Cem bits? Mil bits? Bem, essa é exatamente a quantidade de informação que a mensagem contém. É a medida de informação numa mensagem: quantos bits você precisa para transmiti-la de um emissor para um receptor.

Shannon também viu que a lógica reversa era válida. Se você intercepta uma mensagem, se você capta uma sequência de símbolos, tais como letras de um alfabeto, pode estimar a quantidade máxima de informação que essa sequência pode conter – mesmo que você não saiba a natureza da informação. Isso leva a algumas análises de causar arrepio. Um livro típico com 70 mil palavras, como este, contém cerca de 350 mil letras. Cada uma delas pode ser codificada em cinco bits, portanto, no final, um livro como este pode conter menos de dois milhões de bits de informação, e em geral contém muito menos ainda. (Falarei mais sobre isso em breve.) Dois milhões de bits são cerca de 0,25% da capacidade de um disco comum de CD ou 0,04% da capacidade de um DVD. Portanto, em termos de teoria da informação, este livro pode conter tanta informação quanto mais ou menos 11 segundos do disco mais recente de Britney Spears ou dois segundos e meio do filme *Dumb and Dumber*.

Claro, essa análise não lhe diz quanta informação essas mídias realmente contêm – ela diz a quantidade *máxima* que elas podem ter. E também não revela a natureza da informação. É preciso muito mais informação para dizer a uma tela de TV como pintar dezenas de imagens por segundo, ou fazer um locutor falar do modo certo, do que é necessário para arrumar uma sequência de curvas num pedaço de papel. Nem toda a informação num CD ou DVD está respondendo a perguntas que possam ser notadas por humanos, mas não obstante é informação. O pixel número 3.140 é preto ou marrom-escuro no quadro número 12.331 de *Dumb and Dumber*? O agudo em ré bemol de Britney dura 3.214 ou 3.215 segundos? Podemos não notar as respostas a essas perguntas ou nos preocupar com elas, mas os CDs e os DVDs respondem a elas o tempo todo, e isso exige um bocado de informação. É por isso que um CD tem que armazenar tantas informações, e por que um DVD pode conter ainda mais. Em comparação, um livro é um deserto de informações. Tornando as coisas ainda mais deprimentes para um autor de livros, uma sequência de caracteres escritos numa linguagem humana contém muito menos informação do que o máximo possível para uma sucessão de 26 símbolos.

Antes de explorar o conteúdo de informações da linguagem, vamos voltar a um exemplo muito simples: uma sequência de dígitos binários. Como vimos, cada dígito na sequência pode, potencialmente, conter um bit de informação. Mas não é sempre assim. Imagine que alguém lhe envie uma sequência de 1.000 bits – uma mensagem que possa conter 1.000 bits de informação –, talvez um parágrafo de texto codificado em binário. Mas quando você recebe a mensagem, fica surpreso ao ver: 11111 11111... Intuitivamente, você pode ver que essa sequência não contém muita informação e, de fato, em termos de teoria da informação provavelmente também não.

Eu não lhe dei a sequência toda. De fato, só lhe dei dez dos 1s, e você foi capaz de deduzir que o resto dessa sequência de 1.000 bits também era composta de 1s. Eu lhe dei um mero 1% dos dígitos, e você pode, sem pensar muito, gerar os restantes 99%. Portanto, em meros 10 bits, eu fui capaz de lhe enviar a mensagem inteira – e provavelmente eu poderia fazer isso com menos. Se eu dissesse que a sequência era **1111**... ou **11**... ou mesmo **1** você teria sido capaz de imaginar o que seria a mensagem *inteira*. Em outras palavras, eu comprimi uma mensagem de 1.000 dígitos num único dígito binário; um bit foi o suficiente para dizer o que era toda a mensagem. Mas se a mensagem pode ser comprimida num único bit, ela só deve ser capaz de conter um único bit de informação ou menos.

Similarmente, a mensagem **010101**... pode ser comprimida em aproximadamente dois bits; ela provavelmente tem no máximo dois bits de informação. E a mensagem **0110011001100 110**... tem apenas cerca de quatro bits, mesmo que a sequência completa de 1.000 dígitos possa, em teoria, conter muito, muito mais informação. Essas sequências são comprimíveis se forem previsíveis. Você pode inventar algumas regras simples que gerarão a sequência inteira de dígitos. E se um dígito se confundir na transmissão – talvez o 750º dígito na sequência **11111**... seja um **0** e não um **1** –, essas regras dirão que o **0** provavelmente é um erro. As regras que permitem gerar a mensagem inteira a partir de apenas uns poucos bits permitem corrigir a sequência, se alguém cometer um erro tipográfico. As regras tornam a sequência *redundante*.

Assim, fechamos o círculo. O primeiro capítulo introduziu informação como o que resta quando se remove toda a redundância de uma sequência de símbolos. Este capítulo começou com uma definição formal de informação, seguindo-se a redundância, e embora não tenhamos *formalmente* definido redundância em termos de teoria da informação, é exatamente a isso que o primeiro capítulo se referia. Redundância é aquele algo a mais numa sequência de símbolos, a parte previsível que permite que você preencha a informação que falta. Devido a regras não escritas, padrões na sequência de símbolos, podemos ignorar boa parte da mensagem e até remover partes dela. Na sequência **11111** podemos nos livrar de quase todos os dígitos e ainda assim reconstruir toda a mensagem. Isso porque a mensagem é simples e altamente redundante.

Cientistas da computação estão bastante conscientes da redundância numa série de bits e bytes por duas razões principais.

A primeira é correção de erros. Os humanos cometem erros quando inserem longas cadeias de números, portanto cartões de crédito, números de série, códigos de barra e vários outros números estão recheados de redundância para que um computador possa detectar se alguém inscriu um dado errado.[4] Mas, ainda mais importante, assim como os humanos, os computadores não são infalíveis. CPUs (as unidades centrais de processamento) cometem erros ao multiplicar ou somar; a memória endereça bites acidentalmente no instante de uma alteração ou falham totalmente; discos rígidos perdem dados. Os computadores precisam ser exatos apesar desses erros, portanto existem algumas redundâncias embutidas nos protocolos dos computadores. Um computador pode usá-las para detectar ou corrigir qualquer erro que ele cometa. (A correção de erros é crucial para a operação de computadores.)

A segunda razão para os cientistas de computação estarem atentos à redundância é que arquivos de computador nada mais são do que 1s e 0s gravados no revestimento magnético de um disco rígido ou inscritos num dispositivo similar de armazenamento, portanto, removendo a redundância e deixando a informação, os engenheiros podem comprimir um arquivo de computador para que ocupe menos espaço no seu disco. Um arquivo de texto no meu disco rígido – o capítulo inicial do meu primeiro livro, *Zero* – contém 581 palavras e ocupa cerca de 27.500 bits de espaço. Depois de espremê-lo num programa comercial de compressão, ele ocupa apenas cerca de 14 mil bits e continua contendo a mesma quantidade de informação.

---

[4] De fato, veja no início deste livro. Na página com as informações sobre direitos autorais, tem um ISBN, um código que tem redundância embutida; o último dígito/letra é um *controle* para garantir que os outros foram inseridos corretamente. Para aqueles realmente curiosos e excêntricos, eis como funciona o código ISBN: ignore o dígito de controle por um momento – o último separado por um travessão – e aí multiplique o primeiro dígito por 10, o segundo dígito por 9 e assim por diante, até ter multiplicado o nono dígito por 2. Some-os todos, divida a soma por 11 e fique com o resto. Subtraia o resto de 11 e esse é o seu dígito de controle; no caso de a sua resposta ser 10, o dígito de controle é o símbolo X. Claro, existe também um código de barras na capa, que também tem embutido um controle, mas essa é outra história.

Não seria de surpreender que um arquivo de texto possa ser drasticamente espremido sem perda de informações. Já vimos como o inglês e outras línguas possuem embutida uma grande quantidade de redundância. As regras não escritas por trás da gramática, da ortografia e do uso correto da língua inglesa conferem ao idioma uma grande quantidade de redundância; dada uma sequência incompleta de letras do inglês, podemos quase sempre completá-la sem muito esforço. As letras inglesas são símbolos como quaisquer outros, portanto o inglês escrito – uma sequência desses símbolos – não difere em princípio de uma série de 1s e 0s. Como qualquer série altamente redundante de símbolos, o inglês pode ser fortemente comprimido sem perda de informações.[5]

Essa compressão é na verdade muito severa. Mesmo que você precise de cinco bits para especificar um caractere numa sequência de texto – mais, se fizer a distinção entre maiúsculas e minúsculas –, no final cada letra transporta apenas, em média, entre um e dois bits de informação.

Uma das grandes vitórias da teoria da informação de Shannon está em definir formalmente a redundância e calcular exatamente quanta informação pode ser transportada numa sequência de símbolos, redundantes ou não. Esse veio a ser o famoso teorema de capacidade de canal de Shannon. Originalmente, a intenção era ajudar os engenheiros a calcularem o quanto se podia enviar por um canal de comunicações (como quantos telefonemas uma determinada linha telefônica suporta), mas acabou mudando para sempre o modo como os cientistas viam a informação. Esse teorema é forte porque Shannon analisou fontes de informação com uma ferramenta surpreendente: a entropia.

---

[5] Não só a língua escrita é redundante. A língua falada também é uma sequência de símbolos, embora eles sejam auditivos e não escritos. O símbolo básico da língua falada é o *fonema* e não a letra, mas se você levar isso em conta, a mesma análise se aplica. Uma das grandes forças da teoria de Shannon é que não importa realmente *como* a informação é transmitida; a matemática continua a mesma.

A ideia central na teoria da informação de Shannon é a entropia. Entropia e informação estão intimamente associadas uma à outra; a entropia é, de fato, uma medida de informação. Uma das ideias centrais que levaram ao teorema da capacidade de canal foi a derivação por Shannon de um método matemático para medir informação. Em 1948, ele propôs uma função que lhe permitia analisar a informação numa mensagem ou enviada numa linha de comunicações em termos de bits. De fato, a função de Shannon parecia exatamente igual à que Boltzmann usara para analisar a entropia num recipiente cheio de gás. No início, Shannon não sabia ao certo que nome dar a essa função. "Informação", ele achava, era confuso porque já tinha um excesso de conotações na língua inglesa. Então, como ele a chamaria? Segundo Shannon contou a um dos seus colegas no Bell Labs:

> Pensei chamá-la de "informação", mas a palavra já era excessivamente usada, então resolvi chamá-la de "incerteza". Quando a discuti com John von Neumann, ele teve uma ideia melhor. Von Neumann me disse: "Você deve chamá-la de entropia, por duas razões. Em primeiro lugar, a sua função incerteza foi usada na mecânica estatística com esse nome, então ela já tem um nome. Em segundo lugar, e mais importante, ninguém sabe o que é realmente entropia, assim num debate você sempre terá vantagem."[6]

Realmente, os termos *entropia* e *informação* são muito confusos e aparentemente não estão relacionados. Como pode informação, a resposta a uma pergunta, estar associada a entropia, a medida da improbabilidade do arranjo de coisas dentro de um recipiente? Acabou se revelando que as duas estão mais intimamente ligadas do que até mesmo Shannon suspeitava em 1948. Informação está intimamente associada a entropia e energia –

---

[6] Tribus and McIrvine, "Energy and Information", 180.

o material da termodinâmica. Em certo sentido, a termodinâmica é apenas um caso especial de teoria da informação.

A função que Shannon derivou era, grosseiramente falando, uma medida do quanto uma sequência de bits é imprevisível. Quanto menos previsível ela é, menos capacidade você tem de gerar a mensagem inteira a partir de uma sequência menor de bits – em outras palavras, menos redundante ela é. Quanto menos redundante uma mensagem é, mais informações ela pode conter, portanto, ao medir a sua imprevisibilidade, Shannon esperava ser capaz de obter a informação nela armazenada.

Qual é a sequência de 0s e 1s mais imprevisível possível? No meu bolso, tenho um ótimo gerador de sequência imprevisível de bits – uma moeda. Atirar uma moeda para o ar é um evento totalmente aleatório, e *aleatório* significa simplesmente "imprevisível". Você tem apenas 50% de chance de adivinhar de que lado uma moeda vai cair. Além do mais, você não pode criar regras que encontrem um padrão na sequência de moedas jogadas ao ar porque não *existe* padrão. Eis uma sequência aleatória de 16 bits; acabei de jogar uma moeda dezesseis vezes e anotei um 0 para cara e um 1 para coroa: **1011000100001001**. Esta é uma sequência de bits aleatória, sem padrão. Não existem regras básicas que lhe digam se será cara ou coroa – ou que lhe darão uma chance maior do que 50% de adivinhar que dígito será. Isto é incompressível, e uma sequência de aparência aleatória como esta portanto tende a carregar 16 bits de informação; cada símbolo na sequência tende a transportar um bit de informação.

No outro extremo, imagine que a minha moeda esteja viciada: ela sempre, 100% da vezes, cai do lado coroa. Se você fosse gerar uma sequência de 16 bits com ela, seria igual a **11111111 11111111**. Isso é facilmente previsível; você tem 100% de chance de adivinhar de que lado a moeda vai cair ou que dígito na sequência será. É totalmente redundante, portanto não tem nenhuma informação; nenhum símbolo nessa sequência tem bits de informação.

E se não for uma coisa nem outra? E se a minha moeda tivesse um peso de modo que caísse coroa 75% das vezes e cara 25% das vezes? Essa moeda jogada 16 vezes para cima poderia produzir algo como **0101011111111111**. Isso não é *totalmente* previsível, mas como a moeda está viciada, se alguém lhe pedisse para adivinhar um determinado dígito, você acertaria mais ou menos 75% das vezes se sempre dissesse 1. Existe portanto uma regra subjacente que ajuda você a adivinhar o resultado de qualquer piparote na moeda; portanto, uma sequência como essa é um tanto redundante, mas não totalmente – ela pode carregar alguma informação, mas provavelmente não um bit inteiro por dígito.

Quanto mais aleatória – menos previsível – uma sequência de símbolos for, menos redundante ela será, e mais informação ela tende a carregar por símbolo. Essa afirmativa é aparentemente paradoxal. Como pode alguma coisa que é inerentemente aleatória carregar uma mensagem? A aleatoriedade não é o *oposto* de informação intencional? Sim. Mas o que Shannon quer dizer é que sequências que *parecem* aleatórias – as menos previsíveis – são as que tendem a ter mais informações por símbolo. As que parecem não aleatórias, as sequências previsíveis, são redundantes e portanto provavelmente carregam menos informação por símbolo do que as que parecem aleatórias.

A razão que me fez colocar palavras evasivas como "tendem a" e "provavelmente" nas análises dos conteúdos de informação numa sequência de dígitos é que eu venho simplificando as coisas um pouco demais. Essa é uma questão sutil, mas é importante. A análise de Shannon realmente é realizada na *origem* da mensagem – um computador enviando sinais eletrônicos ou um telefone celular enviando dados de voz –, em vez de na própria mensagem. Uma fonte de dados, tal como um computador ocioso, que usa a regra "Todos os dígitos que você produz são 1s" para gerar mensagens sempre produzirá a mensagem "11111111...". Cada mensagem a partir dessa fonte parece a mesma e não conterá nenhuma informação. Mas uma fonte de dados que não tenha regras – na qual 0s e 1s sejam igualmente prováveis e independentes uns dos outros – tende a produzir sequências "aparentemente aleatórias" como "10110001...". Ao contrário da fonte "sempre 1", que sempre gera a mesma mensagem sem bits de informação por dígito, a fonte "aparentemente aleatória" pode produzir muitos tipos diferentes de mensagens, cada uma com um bit de informação por dígito. Mas – e aqui as coisas complicam – a fonte "aparentemente aleatória" pode muito bem produzir a mensagem "11111111..."; é muito, muito improvável, mas possível.[7]

Advertências de lado, faz sentido falar sobre conteúdo de informação numa sequência de dígitos, mas se você vai fazer isso – se vai medir a informação possível armazenada num conjunto de símbolos – tem de pensar num gabarito da previsibilidade, a "aparente aleatoriedade", dessa sequência. Shannon apresentou um. Se p é a probabilidade de um 1 numa sequência de 0s e 1s, então a aleatoriedade está relacionada a log p. Log p deveria parecer familiar – ele apareceu na nossa análise da entropia de um recipiente cheio de gás, e não é por coincidência que a medida de aleatoriedade de Shannon seja *exatamente* a mesma função da entropia de Boltzmann.[8]

Lembre-se que derivamos a entropia de Boltzmann jogando bolinhas de gude dentro de uma caixa. Depois contamos quantas foram parar do lado esquerdo ou direito. Isso é equivalente a jogar uma moeda para o ar: cada bolinha que cair na caixa

---

[7] Como pode uma mensagem de "11111111..." não conter informação e outra mensagem de "11111111..." conter muita? Se as sequências de dígitos são infinitamente longas, então não existe *nenhuma* chance de uma fonte "aparentemente aleatória" gerar uma mensagem só com 1s, graças a uma lei matemática conhecida como a lei dos números grandes. Portanto, no caso da mensagem infinitamente longa, você pode *sempre* diferenciar uma fonte "aparentemente aleatória" de uma fonte "sempre 1" examinando uma única mensagem. Em outras palavras, não há diferença entre o conteúdo entropia/informação de uma mensagem e o conteúdo entropia/informação de uma fonte de mensagem. No mundo real, entretanto, mensagens são finitas. Existe uma pequena probabilidade de que uma fonte com alto conteúdo de informação "aparentemente aleatória" produza uma mensagem que pareça não aleatória. Ela pode até se

pode estar do lado esquerdo ou do lado direito, assim como uma moeda por cair como cara ou coroa. A entropia de Boltzmann é uma medida da probabilidade de cada resultado na experiência das bolinhas de gude. Os mais prováveis, nos quais cerca de metade das bolinhas cai na esquerda e metade na direta, têm a entropia mais alta; os menos prováveis, em que 100% das bolinhas caem na esquerda ou 100% caem do lado direito, têm a entropia mais baixa. E as que ficam entre esses extremos, em que, digamos, 75% das bolinhas caem do lado esquerdo e 25% do lado direito, têm uma entropia intermediária.

Isso é exatamente a mesma coisa que vimos em sequências de dígitos. O caso em que 50% são 1s e 50% são 0s parece ser o mais aleatório, pode carregar mais informações, e tem a entropia Shannon mais alta. O caso em que 100% dos dígitos são 1s parece ser o menos aleatório, pode carregar menos informação, e tem a entropia Shannon mais baixa. Um caso intermediário, em que 75% são 1s e 25% são 0s, é um tanto aleatório, carrega alguma informação e tem uma entropia Shannon moderada. (De fato, uma sequência assim pode carregar cerca de 0,8 bit por símbolo.) Entropia e informação são gêmeas.

Quando Shannon percebeu que a entropia de uma sequência de símbolos estava relacionada com a quantidade de informação que a sequência tende a carregar, ele de repente tinha

---

parecer com uma produzida por uma fonte de não informação "sempre 1". Esta probabilidade é *extremamente* pequena – e, numa mensagem de oito bits, a chance é menos de 0,1 por cento; numa mensagem de 16 bits, menos de 0,0016 por cento. De fato, é como jogar bolinhas de gude dentro de caixas. A probabilidade de captar uma mensagem a partir de uma fonte "aparentemente aleatória" que pareça vir de uma fonte não aleatória é semelhante à probabilidade de fazer todas, ou quase todas, as bolinhas de gude caírem em um dos lados da caixa. É uma possibilidade, mas em sistemas razoavelmente grandes é tão improvável que pode ser ignorada. Portanto, na *maioria* dos casos – especialmente aqueles em que as mensagens são suficientemente grandes ou uma sequência representa um conjunto suficientemente grande de mensagens – o conteúdo entropia/informação de uma sequência de dígitos é exatamente o mesmo da capacidade de entropia/informação da fonte dessa mensagem. A equivalência é estatística, assim como a segunda lei da termodinâmica é estatística.

[8] Para um exame completo das diferentes funções da entropia, e uma explicação mais profunda do relacionamento entre entropia e informação, ver apêndice B.

uma ferramenta para quantificar a informação e redundância numa mensagem, que é, afinal de contas, aquilo que ele pretendia determinar. Ele foi capaz de provar, matematicamente, quanta informação pode ser transmitida em qualquer meio, via bandeiras sinalizadoras ou sinais de fumaça, lâmpadas numa torre de igreja ou telégrafo. Ou quanta informação pode ser transmitida por um cabo telefônico de cobre. Esse resultado é surpreendente: existe um limite fundamental para quanta informação você pode transmitir com um determinado equipamento. Ele também calculou como lidar com conexões ruidosas entre um emissor e um receptor ("canais" com ruído), e com métodos de transmissão que não eram compostos por símbolos discretos, mas por símbolos contínuos. O seu trabalho levou aos códigos de correção de erros que permitem aos computadores operar. Shannon também calculou quanta energia era necessária para transmitir um bit de um lugar para outro em determinadas condições.

O trabalho de Shannon abriu um campo totalmente novo de conhecimento científico: as teorias da comunicação e da informação. Durante anos, criptógrafos vinham tentando ocultar informações e reduzir a redundância sem saber como medi-las; engenheiros tentavam projetar meios eficientes de transmitir mensagens sem conhecer os limites que a natureza impõe à sua eficiência. A teoria da informação de Shannon revolucionou a criptografia, a engenharia de sinais, a ciência da computação e inúmeras outras áreas. Mas, se fosse só isso, dificilmente a teoria da informação teria causado uma revolução na escala da relatividade e da mecânica quântica. O que dá à teoria da informação o seu verdadeiro poder é estar intimamente associada com o mundo físico. A natureza parece falar em termos de informação, e somente por meio da teoria da informação os cientistas puderam compreender a mensagem que ela estava enviando.

O próprio Shannon não se concentrou no vínculo entre o mundo abstrato da informação e o mundo concreto da termodinâmica.

Além do seu trabalho sobre a teoria da informação, Shannon fez uma análise matemática do malabarismo e se interessou por cibernética, inteligência artificial e por ensinar computadores a jogar. Com base em discussões com o guru da inteligência artificial, Marvin Minsky, ele na verdade construiu o que chamou de "máquina por excelência", que talvez represente o que acontecerá quando as máquinas começarem a pensar.[9] Mas outros cientistas eram consumidos por uma dúvida. A entropia de Shannon estava realmente relacionada com a entropia termodinâmica, ou a semelhança era cosmética? Só porque a entropia de Shannon – a medida de informação – parece, do ponto de vista matemático, exatamente igual à entropia de Boltzmann – a medida de desordem –, isso não significa necessariamente que as duas estejam *fisicamente* relacionadas. Muitas equações se parecem e têm pouco a ver umas com as outras; a ciência está repleta de coincidências matemáticas. Mas, de fato, a entropia de Shannon *é* uma entropia termodinâmica assim como uma entropia da informação. A teoria da informação, a ciência da manipulação e transmissão de bits, está muito intimamente associada com a termodinâmica, a ciência da manipulação e transferência de energia e entropia. De fato, a teoria da informação baniu o paradoxo mais resistente da termodinâmica – o demônio de Maxwell – de uma vez por todas.

O demônio de Maxwell era um problema porque parecia abrir um buraco na segunda lei da termodinâmica. O minúsculo ser demoníaco inteligente – fosse ele homem ou máquina – parecia poder explorar o elemento estatístico, aleatório, na

---

[9] Arthur C. Clarke descreveu a "máquina por excelência" de Shannon: "Nada poderia ser mais simples. Não passa de um cofre de madeira, do tamanho e formato de uma caixa de charutos, com um único interruptor numa das laterais. Quando você aciona o interruptor, ouve-se uma buzina irada, intencional. A tampa lentamente se levanta e de dentro emerge uma mão. A mão estende-se para baixo, desliga o interruptor e se recolhe para dentro da caixa. Com a determinação de um cofre se fechando, a tampa cai, a buzina silencia e a paz reina outra vez. O efeito psicológico, se você não sabe o que esperar, é devastador. Há algo indescritivelmente sinistro numa máquina que não faz nada – absolutamente nada – exceto se desligar." Citado em Sloane and Wyner, "Biography of Claude Elwood Shannon".

matéria para diminuir a entropia sem qualquer gasto de energia. Se isso fosse verdade, mesmo que em princípio, a segunda lei da termodinâmica tinha uma brecha. Assim que alguém descobrisse como fabricar um demônio, o mundo seria suprido com quantidades infindáveis de energia, e a entropia do universo não mudaria. Claro, o demônio tinha de ser detido.

O primeiro passo para descartar o demônio aconteceu antes que Shannon formalizasse a teoria da informação, mas não obstante estava relacionado com a informação. Em 1929, o físico húngaro Leo Szilard analisou uma versão modificada do demônio de Maxwell – em vez de abrir ou fechar um postigo, o demônio simplesmente tinha de decidir de que lado de uma divisão estava o átomo –, mas a física em que se baseava o demônio de Szilard era exatamente a mesma de Maxwell. Por meio da sua detalhada análise, Szilard percebeu que o ato de medir a posição do átomo (ou no caso de Maxwell, a velocidade de um átomo aproximando-se) deve, de algum modo, aumentar a entropia do universo, contrapondo-se à redução da entropia do universo pelo demônio. Quando um demônio realiza uma medição, ele está obtendo uma resposta a uma pergunta: O átomo está do lado direito da caixa ou do lado esquerdo? O átomo é quente ou frio? Devo abrir o postigo ou não? Portanto, medir é extrair informação da partícula. Essa informação não vem de graça. Algo sobre essa informação – seja extraí-la ou processá-la – aumentaria a entropia do universo. De fato, Szilard calculou que o "custo" dessa informação era uma certa quantidade de energia útil – mais precisamente, $kT \log 2$ joules para cada bit de informação, em que T é a temperatura do ambiente em que está o demônio e k é a mesma constante que Boltzmann usou na sua equação da entropia. Usar essa energia útil aumenta a entropia da caixa. Portanto, o processo de obter e influenciar essa informação aumenta a entropia do universo, contrapondo os esforços do demônio para diminuir a entropia da caixa em $kT \log 2$ joules para cada bit de informação que ele obtém e influencia.

Em 1951, outro físico, Léon Brillouin, deu o passo seguinte. Inspirado pelos teoremas de Shannon, ele tentou calcular, mais especificamente, o que o demônio estava fazendo para aumentar a entropia da caixa. Brillouin percebeu que um grande obstáculo era que o demônio era cego. A caixa era escura, e o demônio não podia ver os átomos, portanto Brillouin deu ao demônio uma lanterna para ajudar a iluminar as partículas ariscas. O demônio apontava a lanterna para uma partícula aproximando-se e, quando o feixe de luz era refletido pelo átomo, o demônio atuava sobre a informação recebida e decidia se abria ou fechava o postigo. Brillouin calculou que o ato de fazer a luz refletir num átomo, detectá-la e atuar sobre essa informação aumentaria a entropia da caixa no mínimo tanto quanto o demônio podia diminuí-la. Mais importante, como o processo de extrair e atuar sobre a informação no estilo Shannon para responder a uma pergunta sobre um átomo que se aproximava – É quente ou frio? – aumentava a entropia termodinâmica da caixa, Brillouin concluiu que a entropia termodinâmica e a entropia de Shannon estavam diretamente relacionadas. Você podia usar a linguagem da teoria da informação em vez da linguagem da termodinâmica para analisar o comportamento de uma caixa cheia de gás.

As leis da teoria da informação oferecem uma perspectiva um pouco diversa daquela das leis da termodinâmica. Por exemplo, pegue uma caixa cheia de gás. Na linguagem da termodinâmica, podemos aplicar energia (fazendo funcionar o mesmo ar-condicionado ou utilizando o demônio de Maxwell) para separar as moléculas quentes das moléculas frias, reduzindo a entropia da caixa e aquecendo um dos seus lados e resfriando o outro. Quando paramos de aplicar energia, entretanto, a caixa rapidamente retorna ao equilíbrio.

Usando a linguagem da informação em vez da linguagem da termodinâmica, a troca parece um pouco diferente. No início, a caixa está num estado de equilíbrio. Podemos aplicar energia (mais uma vez, fazendo funcionar o ar-condicionado ou utilizando o demônio de Maxwell) para reunir e processar informação sobre as moléculas dentro da caixa. Esse processamento muda a informação armazenada dentro dessa caixa. O demônio de Maxwell, segundo Brillouin, estava transferindo informação para o recipiente, separando moléculas quentes de frias.[10] Assim que você parar de aplicar energia, entretanto, essa informação armazenada vaza para o ambiente – pois a natureza, pelo visto, tenta dissipar informações armazenadas na mesma medida em que tenta aumentar a entropia; as duas ideias são exatamente a mesma coisa.

Parece óbvio, mas nem todos concordaram na época. Vários cientistas e filósofos da ciência contestaram o argumento de Brillouin e a associação entre informação e entropia termodinâmica. Eles diziam que a semelhança entre as duas fórmulas de entropia era coincidência e que as duas não estavam relacionadas, e essas objeções continuam até hoje. E, de fato, com esquemas de medições inteligentes, você pode detectar um átomo com arbitrariamente pouca produção de entropia e pouco consumo de energia. Entretanto, um forte argumento forjou um elo ainda mais estreito entre termodinâmica e teoria da informação, e deu um fim ao demônio de Maxwell.

O lampejo veio de uma direção inesperada: ciência da computação. Lembre-se de que na década de 1930, Alan Turing, o futuro decodificador da máquina Enigma, provou que uma máquina simples, capaz de fazer ou apagar uma marca numa fita, e girar a fita, seria capaz de fazer qualquer coisa que se pudesse conceber um computador fazendo.[11] Se você pensar numa marca numa fita como um 1 e uma parte apagada da fita como um 0, pode reformular a prova de Turing de outra maneira: pode fazer qualquer coisa de que um computador é capaz armazenando, manipulando e apagando bits. Visto que Shannon provou

---

[10] A notação de Brillouin – de que quanto maior a entropia de um sistema, menor a informação que ele contém – parece ser o inverso do que eu sugeria com a derivação da caixa com as bolinhas de gude. Na verdade, as duas são a mesma coisa; ver apêndice B para uma explicação.

[11] Como veremos em outro capítulo, estamos nos referindo aqui a computadores "clássicos", não quânticos.

que bits são unidades fundamentais de informação, processar informações era nada mais do que manipular bits, algo que a máquina de Turing foi projetada para fazer. Inversamente, um computador nada mais era do que uma máquina processadora de informações e, ao processar informações, ela se tornava sujeita às leis que Shannon expôs. Manipular, processar e transmitir informações estavam associados ao consumo e produção de energia e entropia; manipular energia e entropia era a função essencial de uma máquina processadora de informações, tal como uma máquina de Turing, um computador ou um cérebro. As ideias estavam intimamente associadas – compreenda a relação entre entropia, energia e informação e você começa a compreender como computadores e seres humanos pensam. Portanto, na esteira das descobertas de Shannon, os cientistas se dispuseram a determinar quanta energia e entropia um computador consumia ou produzia quando executava a sua manipulação, como um primeiro passo para compreender como computadores e cérebros funcionavam.

Em 1961, o físico Rolf Landauer apresentou uma surpreendente resposta a como um computador (ou um cérebro) usa energia para processar informações (ou pensamentos). No final ficou claro que você pode adicionar bits sem consumir energia ou aumentar a energia do universo. Você pode multiplicar bits. Pode cancelá-los. Mas uma ação num computador gera calor, que em seguida se dissipa no ambiente, aumentando a entropia do universo. Essa ação apaga um bit. A rasura é a ação numa memória de computador que custa energia.

O princípio de Landauer, como veio a ser conhecido, é bastante contraintuitivo, mas origina-se de sólidos princípios físicos. Em vez de um chip de silício, vamos usar uma mesa de bilhar com dois metros de comprimento como nossa memória de computador. Uma bola de bilhar de meio quilo será o nosso bit; se ela está na tabela da esquerda da mesa, a bola representa um 0; se está na da direita, é um 1. Podemos fazer uma operação simples neste bit de memória. A única regra é que só pode ha-

Armazenando um 1 e um 0 numa mesa de bilhar.

ver uma única receita para uma operação, e essa única receita deve funcionar não importa se a bola estiver à esquerda ou à direita. O conjunto de instruções deve ser simétrico: não podemos dar a uma bola 0 uma receita diferente para seguir do que damos para uma bola 1.

Como um exemplo, vejamos a operação "negar": se a memória tem um 0 nela, mude para um 1; se tem um 1, então mude-o para um 0. Isso é muito fácil de fazer com a nossa memória mesa de bilhar. Eis a receita: dê à bola de bilhar um joule de energia para que ela se mova para a direita a dois metros por segundo. Um segundo mais tarde, pare a bola e recupere esse um joule de energia. Esse é um único conjunto de instruções, e funciona para ambas as nossas bolas de bilhar.

Se a nossa memória começa como um 0, a bola de bilhar na tabela da esquerda se move para a direita a dois metros por segundo. Exatamente um segundo depois, ela bate na tabela – e nesse mesmo momento nós paramos a bola, tirando a sua energia. O 0 se tornou um 1. Por outro lado, se a nossa memória começa como um 1, a bola parte da tabela da direita. Ela começa a se mover logo a dois metros por segundo, mas imediatamente ricocheteia na tabela e se move para a esquerda a dois metros por segundo. Exatamente um segundo depois, quando removemos a sua energia, ela atravessou a mesa e está tocando a tabela da esquerda. O 1 se tornou um 0. Teoricamente, com uma mesa perfeita, nenhuma energia se perdeu. Em ambos os casos, reclamamos o joule que colocamos; nós negamos a nossa memória sem consumir ou dissipar a energia.

Agora vamos propor uma receita para apagar a nossa memória mesa de bilhar. Não importa se começamos com um 1 ou com um 0 armazenado na memória, queremos no final um 0, a bola de bilhar parada na tabela esquerda. Isso não é fácil. Não podemos usar o truque de negar que usamos antes; ele funciona se começarmos com um 1 na memória, mas falha se começarmos com um 0. E visto que só podemos escrever um único conjunto de instruções que se aplique a ambas as bolas, não podemos dizer "negar se a bola estiver à direita, mas não fazer nada se a bola estiver à esquerda" – isso seria dar uma instrução diferente para cada bola.

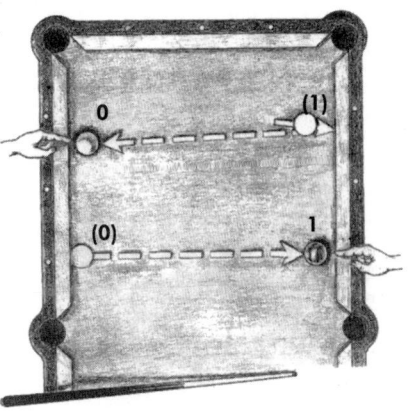

Negando um 1 e um 0 na mesa de bilhar (reclamando a energia à mão)

Mas há um modo de fazer isso com uma única instrução. Temos de modificar ligeiramente a mesa de bilhar. Vamos colocar um pedaço de veludo absorvente de energia na tabela da esquerda; quando uma bola bater nela, o veludo absorve toda a energia e faz a bola parar. Agora, vamos fazer o truque de negar como antes, mas vamos suspender a última instrução sobre reabsorver a energia um segundo mais tarde; tudo que fazemos é dar uma pancada na bola, colocando nela um joule de energia e fazendo rolar para a direita.

Se a bola começa na tabela da direita, se a memória é um 1, ela bate na tabela da direita imediatamente e rola para a esquerda. Um segundo depois ela acerta o pedaço de veludo na tabela da esquerda, dissipando a energia da bola e fazendo-a parar na tabela da esquerda. Depois de dois segundos, a bola não se moveu; ela ainda é um 0. A nossa receita transformou um 1 num 0, então sabemos que ela funciona se começarmos com um 1. Mas e se começarmos com um 0, com a bola da tabela da esquerda? Bem, uma bola na esquerda imediatamente começará a rolar para a direita por causa da energia que colocamos nela. Um segundo depois, ela bate na tabela da direita, ricocheteia, e começa a rolar para a esquerda de novo. Um segundo depois, ela bate na tabela de veludo. A energia se dissipa, e a bola para na tabela da esquerda. O 0 vai de um lado para outro, mas acaba como um 0 dois segundos depois – e fica assim. A nossa receita funciona para um 0 assim como para um 1. Mas com um custo. Energia.

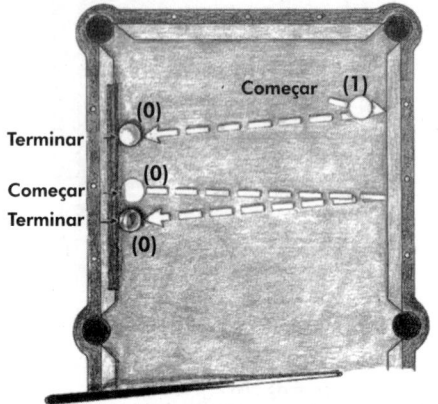

Apagando um 1 e um 0 na mesa de bilhar

Com o comando de negar, colocamos um joule de energia no começo da receita e recuperamos um joule de energia no final; nenhuma energia foi gasta ao mudar um 0 em um 1, e vice-versa. (A receita de negar até funciona com a mesa de bilhar aveludada, modificada. Podemos recuperar a energia no mesmo momento em que uma bola começa a tocar o veludo, antes que se perca qualquer energia.) Mas, com o comando "apagar", definindo tudo como 0, temos de deixar o veludo parar as bolas. O veludo funciona como um freio; ele tira o joule de energia da bola – tenha ela começado na esquerda ou na direita – e dissipa esse joule de energia no ambiente na forma de calor. É isso que os freios fazem. Não temos outra opção a não ser usar um mecanismo como esse; não podemos colocar uma "energia de recuperação" no nosso conjunto de instruções para apagar, porque essa recuperação de energia nos impossibilita de fazer ambas as bolas acabarem na tabela da esquerda no final da receita. Só acrescentando a tira de veludo, só desistindo de recuperar a energia que colocamos, é que podemos executar um comando de apagar que seja válido quando a nossa memória começar seja com um 0 ou um 1. Apagar a memória faz o calor fluir para o ambiente. Esse é princípio de Landauer.

O ato de apagar um bit na memória libera calor, que se dissipa no ambiente. Assim que essa energia se dissipa, ela aumenta a entropia do universo com tanta garantia quanto um pedacinho de hélio dissipando-se por um recipiente. O processamento de informação é um processo termodinâmico – e vice-versa. Ainda mais profundamente, o ponto crucial do princípio de Landauer, a ideia de que apagar aumenta a entropia do universo, é que esse apagamento é uma operação *irreversível*. Se você pegar um bit de memória e apagá-lo, deixando o calor se dissipar, não há como recuperar esse bit. Isso é diferente de uma operação como a negação, que pode ser facilmente revertida por uma segunda negação, ou como a adição, que pode ser revertida por subtração. Operações reversíveis não aumentam a entropia do universo; as irreversíveis, sim. A seta entrópica do tempo se aplica à manipulação de bits assim como ao movimento de átomos. Você não pode rebobinar um filme de um processo irreversível – informacional ou físico – quando a entropia do universo mudou.

Em 1982, um físico da IBM, Charles Bennett, deu o último passo que descartaria para sempre o demônio de Maxwell. Se você colocar um demônio dentro de uma caixa e lhe der instruções para tornar um lado da caixa quente e o outro frio, ele estaria tomando decisões sobre abrir ou não um postigo; ele iria tomar decisões binárias que o ajudariam a atingir a meta de reverter a entropia na caixa. O demônio seria, essencialmente, uma máquina processadora de informações – um computador – programada com as instruções que você lhe desse. E como uma máquina Turing pode fazer tudo que qualquer computador é capaz, você pode fazer com que ela funcione como o demônio. A máquina Turing terá de medir a velocidade de um átomo de alguma forma, escrever um bit numa fita que registre o resultado dessa medição e, em seguida, executar um programa que use esse bit na memória para decidir se vai abrir ou fechar o postigo. Mas o ato de escrever esse bit requer implicitamente que você apague a posição da memória onde você está escrevendo para se livrar dos dados da medição anterior. Mesmo que tenha muita memória disponível – e possa mudar para uma seção nova, sem uso, de memória para cada novo átomo –, vai esgotar a memória algumas vezes, a não ser que tenha uma quantidade infinita. Visto que existe um número finito de partículas no universo, você não pode ter memória infinita; o demônio ficará sem fita algumas vezes e você no final terá de apagar memória para dar espaço para novas medições. Por um tempo, o demônio pode funcionar, preenchendo a sua memória de informações, mas assim que ele ficar sem fita, produzirá mais entropia ao liberar calor no universo do que remove ao separar átomos quentes de átomos frios na sua caixa. Bennett provou que o demônio sempre tem de reduzir entropia no recipiente a um custo: um custo de memória, e depois ao custo de aumentar a entropia do universo. Não há carona grátis, não existe máquina de moto-contínuo. O demônio de Maxwell morreu aos 111 anos.

O maior paradoxo da termodinâmica foi, na verdade, um paradoxo sobre a manipulação de bits de informação. Shannon não se dispôs a solucionar o paradoxo do demônio de Maxwell ou calcular o consumo de energia de uma máquina Turing, mas as conexões entre termodinâmica, computadores e informação eram muito mais fortes do que Shannon imaginara quando fundou a disciplina da teoria da informação.

Era muito mais profundo do que até Brillouin, que clamorosamente argumentou que as entropias de Shannon e Boltzmann estavam intimamente relacionadas, podia saber. Como Landauer escreveu em 1996:

> Informação não é uma entidade abstrata sem corpo; ela está sempre associada a uma representação física. Ela é representada por uma inscrição numa laje de pedra, uma rotação, uma carga, um orifício num cartão perfurado, uma marca num papel ou qualquer outro equivalente. Isso associa a manipulação de informação a todas as possibilidades e restrições do

nosso mundo físico real, suas leis da física e o seu repertório de partes disponíveis.[12]

As leis da informação já haviam solucionado os paradoxos da termodinâmica; de fato, a teoria da informação consumiu a termodinâmica. Os problemas da termodinâmica podem ser resolvidos reconhecendo-se que ela é, na verdade, um caso especial de teoria da informação. Agora que vemos que a informação é física, estudando as leis da informação podemos decifrar as leis do universo. E assim como toda matéria e energia estão sujeitas às leis da termodinâmica, toda matéria e energia estão sujeitas às leis da informação. Inclusive nós.

Embora seres vivos pareçam inerentemente diferentes de computadores e caixas de gás, as leis da teoria da informação ainda se aplicam. Nós, seres humanos, armazenamos informação nos nossos cérebros e nos nossos genes assim como os computadores armazenam informação em seus discos rígidos. E, de fato, parece que o ato de viver pode ser visto como o ato de replicar e preservar informação apesar das tentativas da natureza de dissipá-la e destruí-la. A teoria da informação está revelando a resposta à velha questão: O que é a vida? Essa resposta é bastante perturbadora.

---

[12] Citado em Leff and Rex, eds., *Maxwell's Demon 2*, p. 335.

CAPÍTULO 4

Vida

Em vez de perguntar quem nasceu primeiro,
o ovo ou a galinha, de repente parecia que a galinha
era a ideia do ovo para obter mais ovos.

– MARSHALL MCLUHAN, *Understanding Media*

Em 1943, no meio da Segunda Guerra Mundial, um eminente físico, Erwin Schrödinger, deu uma série de palestras no Trinity College, em Dublin. Schrödinger era famoso por derivar as leis fundamentais do reino quântico. Você provavelmente já ouviu falar do gato de Schrödinger, que é um aparente paradoxo baseado na diferença entre as leis quânticas do reino subatômico e as leis clássicas do mundo cotidiano. Entretanto, o tema das palestras de Schrödinger não era a excentricidade da mecânica quântica, nem o comportamento da matéria nuclear, um tópico já de grande interesse para os cientistas de Los Alamos, Novo México. Schrödinger, o físico, falou sobre um assunto que parecia muito distante da física quântica que o tornara famoso. Ele falou sobre a resposta à questão fundamental da biologia: O que é vida?

O que torna um rato ou uma bactéria diferentes de uma pedra ou uma gota d'água? Apesar de milênios de tentativas, filósofos e cientistas fracassaram, repetidas vezes, em descobrir uma resposta satisfatória. Nas suas palestras, Schrödinger tentou resolver a questão porque via uma profunda conexão entre as áreas aparentemente não relacionadas da teoria quântica e a filosofia da natureza da vida. A terminologia ainda não havia sido inventada – a teoria de Shannon estava meia década distante –, mas Schrödinger sentia que essa conexão tinha a ver com o que seria conhecido como informação.

Olhando pela perspectiva de um físico, Schrödinger notou que um organismo vivo está continuamente combatendo a decadência. Ele mantém sua ordem interna apesar de um universo que está sempre aumentando sua entropia. Ao comer, ao consumir energia que basicamente vem do sol, o organismo consegue se manter longe do equilíbrio: longe da morte. E embora Schrödinger não usasse as expressões que os teóricos da informação usam – ele estava falando antes do nascimento da teoria da informação, afinal de contas –, ele explicou que a vida era uma dança delicada de energia, entropia e informação. Ele, como todos os outros cientistas da época, não sabia o que essa informação era ou onde ela residia, mas sentia que a função essencial dos seres vivos é o consumo, o processamento, a preservação e duplicação de informações.

Essa informação de vida é muito mais do que algo responsável pela consciência e a informação que está sendo triturada em nossos cérebros. A informação é responsável por toda a vida na Terra. As leis da informação guiam todas as criaturas vivas, desde as bactérias mais inferiores e as menores partículas vivas no mundo. Cada célula nos nossos corpos está repleta de informações. Nós comemos para podermos processar essa informação. E todo o nosso ser é cooptado para transmitir informações de geração em geração. Somos escravos das informações dentro de nós.

Para compreendermos o que é a vida e como ela se originou, devemos compreender o que essa informação está nos dizendo. A teoria de Shannon nos diz como medir e manipular essa informação – e a que leis ela deve obedecer quando armazenada dentro de um organismo vivo. A teoria da informação de Shannon tornou o problema da vida uma questão para físicos tanto quanto para biólogos, filósofos e teólogos.

Quando Schrödinger deu palestras em Dublin, em 1943, os cientistas não sabiam muita coisa sobre o código genético. Demorou uma década inteira para James Watson e Francis Crick descobrirem a estrutura de dupla-hélice do DNA. Os biólogos sabiam que os traços eram transmitidos de geração para geração. Sabiam que os traços eram de algum modo codificados em unidades chamadas *genes*, e que *alguma coisa* nas células, algum tipo de molécula, era de alguma forma responsável por esses genes. Biólogos e físicos sabiam mais ou menos onde estavam essas moléculas, e mais ou menos qual o seu tamanho.

A maioria dos cientistas da época — Schrödinger inclusive — pensava que as proteínas eram as moléculas em questão, os veículos de informação genética. Eles estavam errados. Biólogos e físicos agora sabem que o DNA, ácido desoxirribonucleico, é a molécula antes misteriosa que carrega o código genético. É uma molécula cujo propósito é armazenar informações, protegê-las da dissipação e duplicá-las quando necessário. Mas as palestras de Schrödinger eram a respeito da mensagem, não do meio, e sobre isso ele estava correto. E embora Schrödinger fosse obrigado a falar sobre o código genético em termos dos pontos e traços de um código Morse, nós podemos falar dele em termos de informação.

Mesmo que Schrödinger estivesse confuso sobre qual molécula armazena informações nas nossas células, e mesmo que não tivesse a linguagem da teoria da informação para expressar a sua aula, a essência da sua mensagem — frustração — ainda é válida. Pois Schrödinger estava tendo dificuldade para compreender a espantosa permanência e flexibilidade da informação armazenada em nossas células. Mesmo que ela seja duplicada repetidas vezes, transmitida de geração para geração, essa informação muda muito pouco com o tempo. A informação é preservada, mantida a salvo da dissipação.

Não é assim que a natureza se comporta em geral. A entropia cresce naturalmente num sistema que é deixado por sua própria conta. Uma caixa de gás entra rapidamente em equilíbrio. A informação tende a se dissipar; informação armazenada acaba por se difundir pelo universo. As informações se espalham, especialmente em sistemas quentes, grandes e complexos como criaturas vivas. E quando uma criatura morre, ela imediatamente começa a apodrecer; sua carne se desfaz e o mesmo acontece com as moléculas que compunham a sua carne. Com elas, o código genético da criatura, com o passar do tempo, se dispersou no vento. De algum modo, estar vivo permite aos seres preservar suas informações, aparentemente zombando da entropia por um breve tempo. Quando uma criatura morre, entretanto, essa habilidade se perde para sempre, e a entropia vence à medida que as informações da criatura se dispersam.

Os cientistas agora sabem muito mais do que Schrödinger sabia. Em 1953, Watson e Crick mostraram que o nosso código genético está gravado em longas, filamentosas, moléculas de DNA de dupla fita. A parte mais importante da molécula, com relação a informações, é onde as duas fitas se unem no meio. É ali que cada fita contém a sua mensagem. Essa mensagem não está escrita em código binário; não é um código de 0s e 1s ou Vs e Fs. É um código quaternário, um código que tem quatro símbolos. Cada símbolo é uma das quatro substâncias químicas, ou bases: adenina, timina, citosina e guanina. Se você fosse uma criatura de tamanho molecular e descesse em rapel agarrado a uma fita de DNA, veria uma sequência dessas substâncias químicas numa ordem bem definida, digamos, ATGGCGGAG. Presa a essa fita, base tocando base, você veria outra fita igual e oposta à primeira.

Adenina e timina são substâncias químicas que se complementam e se unem uma à outra; citosina e guanina também são complementares e se unem. A outra fita, que, de fato, corre na direção oposta à da primeira, substitui cada substância química na primeira fita pelo seu complemento. Portanto, no nosso exemplo, a fita complementar, *antissentido*, tem a sequência TACCGC CTC, que se une perfeitamente à sequência ATGGCGGAG como:

→ A T G G C G G A G →
| | | | | | | | |
← T A C C G C C T C ←

Visto que as duas fitas podem ser separadas uma da outra, a molécula de DNA efetivamente tem duas cópias da mesma informação. Informação é a palavra adequada, porque, de fato, o DNA está armazenando informação no sentido de Shannon. A teoria de Shannon se aplica a qualquer sequência de símbolos e, como quaisquer outros símbolos, o código quaternário do DNA pode ser reduzido a uma sequência de bits, de 0s e 1s – dois bits para cada substância química. (Por exemplo, podemos representar **A, T, C e G** por **00, 11, 01** e **10** respectivamente.) Por mais importante que isso seja para a vida, do ponto de vista da teoria da informação, o DNA não é diferente de qualquer outro meio que possa armazenar informações. Se você descobre como manipular as informações numa fita de DNA, pode usá-la como a "fita" numa máquina de Turing; se você sabe ler e gravar em fitas de DNA, pode transformá-la num computador. De fato, isso tem sido feito muitas vezes.

Por exemplo, em 2000, Laura Landweber, bióloga de Princeton, criou um "computador DNA" que solucionou um famoso enigma da ciência computacional conhecido como o problema do cavalo. Com um tabuleiro de xadrez de um certo tamanho – no caso de Landweber três casas x três casas –, de quantas formas possíveis você pode colocar os cavalos (que se movem em L) no tabuleiro impedindo que se ataquem mutuamente?

Landweber explorou várias ferramentas que os biólogos haviam criado ao longo dos anos para manipular o DNA e uma molécula contendo informações da mesma família conhecida como RNA (ácido ribonucleico). Os cientistas haviam desenvolvido procedimentos – usando enzimas e substâncias químicas – para ler o código inscrito nas moléculas de DNA, gravar qualquer conjunto desejado de símbolos numa determinada fita de DNA, e duplicar essa informação muitas vezes. Eles também tinham funções para dividir e destruir moléculas que contivessem uma sequência indesejada de símbolos. Essas são as operações que manipulam informação. De fato, essas operações são o bastante para criar um computador primitivo a partir do DNA. Landweber fez isso usando uma estratégia de "força bruta". Primeiro, ela sintetizou 18 trechos de DNA, cada um consistindo em 15 pares de bases. Cada trecho representava um bit para um espaço em particular – um "cavalo" ou "vazio", um **1** ou um **0**, para cada uma das nove posições no tabuleiro. (Por exemplo, **CTCTTACTCAATTCT** significava canto superior esquerdo vazio.) Ela então criou uma "biblioteca" de milhões de fitas de DNA representando todas as configurações possíveis do tabuleiro – isto é, todas as permutações possíveis de cavalos e vazios. Landweber então metodicamente eliminou as permutações em que um cavalo poderia capturar outro, picando todas as moléculas que não carregavam soluções com enzimas de clivagem.[1]

O procedimento era equivalente a uma série de operações lógicas num computador. Depois de pegar porções de DNA grudento, gravar informações nelas e manipular a informação nas moléculas de tal modo que o DNA executasse um programa lógi-

---

[1] O algoritmo enzimático era fácil de executar porque o problema do cavalo pode ser reduzido a um conjunto de afirmativas lógicas simples. Uma afirmativa poderia ser: "*Ou* o canto superior esquerdo está vazio, *ou* os dois quadrados que um cavalo ameaça dessa posição devem estar vazios." Para satisfazer essa afirmativa, Landweber dividiu a biblioteca em duas. Numa caneca ela derramou uma enzima que tinha como alvo a sequência que significava "tem um cavalo no canto superior esquerdo". Para a outra caneca ela acrescentou duas enzimas que tinham como alvo a sequência que sinalizava a presença de um cavalo nas duas posições ameaçadas. Depois que todos os fragmentos quebrados foram eliminados, nenhuma das canecas continha uma fita que incluísse sequências que tivessem *tanto* um cavalo no canto superior esquerdo *quanto* um cavalo em alguma das posições que o cavalo ameaçava. Depois, Landweber combinou as canecas: a biblioteca não continha mais nenhuma sequência com um cavalo no canto superior esquerdo e um cavalo em alguma das duas posições ameaçadas. Ela então repetiu o procedimento para todos os quadrados – ou não havia cavalo no quadrado 1 ou não havia nenhum cavalo nos quadrados 6 e 8; ou não havia cavalo no quadrado 2 ou não havia nenhum cavalo nos quadrados 7 e 9; e assim por diante. Depois de todas as divisões, clivagens e combinações, não restou nenhuma fita onde um cavalo ameaçasse outro.

co, Landweber tinha um béquer cheio de fitas de DNA que continham soluções para o problema do cavalo, com tanta certeza quanto um computador que houvesse executado a lógica teria uma resposta no seu banco de memória. Quando ela leu e decifrou o código de 43 dessas fitas – o equivalente a pedir ao computador para imprimir o conteúdo de seu banco de memória –, descobriu que 42 tinham soluções válidas para o problema. (Uma tinha uma solução incorreta: uma mutação.) Landweber havia executado um algoritmo de computador numa fita de DNA.

Segundo os padrões da natureza, entretanto, os métodos de Landweber eram muito grosseiros e desajeitados; a sua caixa de ferramentas só tinha um pequeno número de meios com os quais ela podia manipular a informação no DNA. Ela podia forçar moléculas que contivessem informações a se reproduzirem; podia dividi-las em duas e destruí-las; podia escrever um código em particular numa fita de DNA como quisesse. Mas ela não podia fazer outras funções básicas que uma máquina Turing deveria ser capaz de realizar. Por exemplo, embora ela pudesse construir um código desde o início, depois de gravado não podia editá-lo – não podia tirar, digamos, um C de uma fita e substituí-lo por um A. Ela não podia corrigir erros de informação – mutações – que ocorriam durante o processamento.

A natureza tem ferramentas para fazer tudo isso. Enzimas – proteínas na célula – monitoram continuamente as moléculas de DNA, procurando mutações e eliminando-as na edição. Cada célula no nosso corpo abriga milhares dessas proteínas, que manipulam a informação no nosso DNA – duplicando, gravando, lendo, editando, transferindo para outros meios e executando instruções gravadas nele. E as instruções para fazer e regulamentar essas proteínas estão codificadas no DNA também. De certo modo, no centro de cada uma das nossas células existe um computador que executa as instruções contidas na molécula de DNA. Mas, se um computador está marcando a passagem do tempo em cada uma das nossas células, executando o programa armazenado no nosso DNA, o que esse programa faz?

Existe um esforço enorme para decifrar os códigos genéticos de todos os tipos de organismos – para ler os detalhes desses programas de computador. Mas, mesmo sem conhecer os detalhes precisos de todos esses programas, muitos biólogos evolucionistas já suspeitam que todos os programas estão fazendo exatamente a mesma coisa. Eles estão executando um comando simples. Reproduzir. Duplicar a sua informação. Certamente, os programas realizam essa tarefa de muitos modos diferentes, mas a meta é sempre a mesma. Reprodução. Tudo o mais é decoração – decoração que ajuda o programa a alcançar o seu objetivo final. Corpos – e seus braços, pernas, cabeças, cérebros, olhos, presas, asas, folhas e cílios – são apenas embalagens para informações contidas nos genes de um organismo, embalagens que tornam mais provável que a informação nelas contida tenha uma chance de se replicar.

Esse é um modo incrivelmente reducionista de ver as criaturas vivas. É provável que seja diferente daquele que você aprendeu nas aulas de biologia, em que a evolução é retratada como *indivíduos* tentando se reproduzir – em que os *organismos* mais aptos sobrevivem e a função dos genes é tornar os seus organismos mais aptos. Nem todos os cientistas veem a genética assim, mas muitos biólogos argumentam que os genes de um organismo, a informação nas suas células, não estão "tentando" tornar um organismo mais apto: estão simplesmente tentando se duplicar.

É uma questão sutil. Não é o indivíduo que está guiando a reprodução; é a informação no indivíduo. A informação num organismo tem o objetivo de se replicar. Embora o corpo do organismo seja um subproduto, uma ferramenta para alcançar esse objetivo, ele é apenas o veículo para transportar a informação, abrigando-a e ajudando-a a se reproduzir. O fato de o *organismo* se reproduzir é apenas um subproduto da informação se autoduplicando... às vezes.

A informação de um organismo pode ocasionalmente se reproduzir *sem* fazer o seu organismo veículo se reproduzir. Veja as formigas, por exemplo. Uma colônia de formigas típica tem apenas um organismo fértil – a rainha. Apenas ela está reproduzindo; apenas ela está botando ovos. Todos os outros milhares e milhares de formigas na colônia são (mais ou menos) estéreis e incapazes de se reproduzir. Mas estas formigas estéreis cuidam dos ovos da rainha e os criam até a idade adulta. Mesmo não sendo os pais dos ovos, elas cuidam da ninhada da rainha. Quase nenhum dos organismos nessa colônia jamais produzirá prole. Eles abdicam da sua capacidade reprodutiva e são totalmente subjugados para criar os filhos de outros indivíduos. Mas a informação gravada em seus genes os instrui a obedecer à rainha e frustrar as suas esperanças de reprodução. Se, de fato, o *indivíduo* está no controle, se o indivíduo é o que está tentando se reproduzir, essa estratégia não faz sentido. Mas, se a *informação* no organismo está no controle e é a entidade tentando se reproduzir, o comportamento da formiga estéril começa a parecer racional.

Se você é uma formiga operária na colônia, a sua mãe é a rainha, e os genes da sua mãe contêm quase todo o seu material genético – inclusive o gene "obedeça à rainha".[2] Toda a prole dela – as suas irmãs – também tem o gene "obedeça à rainha" no seu DNA. Portanto, ao seguir as instruções no programa, ao obedecer à rainha e cuidar da prole, a formiga operária estéril está ajudando o gene "obedeça à rainha" a prosperar. Do ponto de vista do indivíduo, ele tem falhado em reproduzir, mas do ponto de vista do gene "obedeça à rainha" o gene teve êxito; ele consegue se reproduzir, mesmo que a maioria dos indivíduos que o carregam não consigam. Portanto, a esterilidade faz sen-

---

[2] O gene "obedeça à rainha" é uma ficção conveniente. Com muitos traços e comportamentos, tais como "obedeça à rainha", nenhum gene isolado, individual, pode ser definido como a causa. Eles são os produtos de interações complexas de instruções no código genético junto com pistas do ambiente. Não obstante, o argumento geral que estou construindo permanece o mesmo, seja o programa um gene simples, isolado ou algo consideravelmente mais complexo. Por conseguinte, vou me referir a coisas como um gene "obedecer à rainha", mesmo que os comportamentos e traços de que estou falando sejam raramente controlados por algo tão simples como um gene isolado.

tido para a informação nos genes da formiga, mesmo que não faça sentido para cada formiga individual.

Esse é um exemplo de como os efeitos que os genes têm sobre seus organismos veículos não "pretendem" tornar os organismos mais aptos. Uma formiga estéril é menos apta, num sentido darwiniano, do que uma que não é. Entretanto, os genes com frequência *têm* esse efeito. Genes para veneno e presas provavelmente ajudam a cascavel a passar os seus genes para veneno e presas; ao ter um efeito benéfico em seus hospedeiros, esses genes aumentam a probabilidade de que o organismo hospedeiro – e a informação que ele contém – se reproduza. Mas nem todos os genes têm um efeito benéfico sobre seus organismos hospedeiros. Alguns são totalmente prejudiciais – mais ainda do que a esterilidade –, no entanto, eles, como outros genes, estão tentando se replicar.

Existe um gene que às vezes aparece em camundongos, conhecido como o gene *t*. O gene *t* não tem nenhum efeito benéfico aparente; de fato, quase sempre é fatal. Se acontecer de um camundongo ter duas cópias de *t* na sua programação genética, ele morre ou é incapaz de se reproduzir. Mas, se um camundongo tem uma única cópia de *t*, nada acontece – bem, quase nada.

O gene *t* tem uma propriedade peculiar: ele é *realmente* bom em conseguir se replicar. De alguma maneira, durante as divisões de células que levam à produção de esperma, o gene *t* força para chegar à linha de frente e se insere em quase todo o esperma do camundongo. Os genes do camundongo comum tendem a ir parar em 50% das células de esperma do camundongo, mas o gene *t* consegue entrar em 95% do esperma. O gene *t* é uma quantidade de informações que são particularmente boas em se reproduzirem, e fazem isso espontaneamente.

Se uma mutação cria um gene *t* num camundongo macho, o gene *t* se replica repetidas vezes à medida que o camundongo e a sua progênie se reproduzem. Ele vai parar nos filhos do camundongo. E nos filhos dos filhos. E nos filhos dos filhos dos filhos. O gene *t* se espalha depressa por toda a família do camundongo e depois por toda a população de camundongos. Mas, como o gene *t* executa o seu programa repetidas vezes, ele começa a destruir a população de camundongos que carregam a sua informação. O gene rapidamente se torna ubíquo numa população de camundongos, de modo que depois de poucas gerações dois genitores camundongos provavelmente terão o gene. Isso significa que é muito provável que seus filhos terão duas cópias do gene *t* e morrerão. Segundo o biólogo Richard Dawkins, há evidências de que o gene *t* até tenha causado a extinção de populações de camundongos.[3]

Tudo com que o gene *t* "se preocupava" era em se replicar, mesmo que executar o seu programa "replique-se!" fosse danoso para os organismos que carregavam essa informação. Com o tempo, o gene *t* acaba com a população de camundongos – e consigo mesmo –, mas o gene é incapaz de parar de executar o seu programa ou de amenizar o seu inexorável impulso para se reproduzir, reproduzir, reproduzir. O gene *t* é realmente egoísta; ele se replica apesar do grande perigo a que expõe o seu organismo hospedeiro.

De certo modo, os genes estão constantemente lutando uns contra os outros, tentando conseguir se reproduzir. Mas essa é uma batalha complexa; com frequência, colaboração dá mais resultado do que competição. Muitos genes adotaram uma "estratégia" de mútua cooperação. Genes para presas e veneno tendem a estar associados com genes que permitem ao organismo digerir outro animal; raramente se vê um herbívoro com uma arma ofensiva como uma mordida venenosa. Embora a informação para presas e a informação para uma digestão carnívora não estejam conscientes da presença uma da outra, cada uma intensifica a chance da outra de se reproduzir se estiverem juntas. Por conseguinte, os dois genes "cooperam" um com o outro.

---

[3] Dawkins conta a história do gene *t* (assim como várias outras razões para se acreditar que os organismos devam ser considerados como veículos para a informação dentro deles) no seu famoso livro *O gene egoísta*.

(Claro, genes não são entidades conscientes, portanto realmente não podem "cooperar" ou "lutar", nem "pretender". Mas, visto que esses programas têm uma espécie de "objetivo" – reprodução – e vários meios diferentes de alcançar o objetivo do programa – ao dar a um organismo hospedeiro presas venenosas ou garantir a sua transmissão no esperma –, antropomorfizar um gene é uma forma simplificada de descrever os tipos de interações que diferentes genes podem ter uns com os outros ao executarem os seus programas.) Mas nem todos os genes cooperam. O gene *t*, por exemplo, reduz a viabilidade do organismo hospedeiro, o camundongo, ao diminuir as chances de todos os genes no camundongo se reproduzirem. Dentro de cada organismo existe uma batalha complexa entre genes à medida que cada um deles tenta conseguir se replicar, e do ponto de vista do gene um organismo é apenas um veículo que permite ao gene alcançar a sua meta. Na verdade, para a informação que existe dentro de nós, os veículos poderiam ser descartáveis; muitos genes acabam abandonando o seu veículo original por outro, mais conveniente. Muitos genes em criaturas dos tempos modernos são meramente caronas que os organismos recolheram no meio do caminho.

Aninhada em um de nossos cromossomos – um dos 23 pares de embalagens de informação genética nos núcleos de nossas células – está uma sequência de código genético que foi plantada ali por exatamente um desses caronas. Em algum momento no passado, esse carona nos infectou, forçou a sua entrada em nossas células, dividiu o nosso código genético e inseriu ali as suas próprias instruções. Em 1999, biólogos descobriram os traços dessa antiga infecção. Era um código estrangeiro – as instruções para um vírus fóssil inteiro – que força nossos corpos a produzirem proteínas que o vírus deseja, e não as que nossas células precisam.

De fato, as informações em cada uma de nossas células estão crivadas de genes fósseis, que pegam carona. Nossos corpos produzem esses *retrovírus endógenos humanos*, HERVs, porque o código foi inserido no nosso genoma, não porque ele tenha algum efeito benéfico sobre o próprio organismo. Há milênios, os genes vírus viajam de graça; conforme os humanos se reproduzem, os genes vírus também se reproduzem. O organismo humano é meramente uma ferramenta para esse invasor viral. Não obtemos nenhum benefício aparente do carona, e existem algumas evidências de que ele pode ser nocivo.

Felizmente, alguns desses caronas têm um efeito benéfico; devemos a nossa existência cheia de energia a um antigo carona. Cada uma de nossas células – na verdade, cada célula vegetal e animal – tem várias centrais elétricas, pequenos elementos conhecidos como mitocôndrias. Não poderíamos viver sem elas. As mitocôndrias são responsáveis por extrair de substâncias químicas quase toda a energia de que nossas células precisam e converter essa energia numa forma utilizável. Existem evidências positivas de que as mitocôndrias são na verdade caronas bacterianas que de algum modo se injetaram nos nossos organismos progenitores unicelulares bilhões de anos atrás. Por exemplo, as mitocôndrias têm um conjunto de DNA totalmente distinto daquilo que está armazenado no centro de nossas células; elas carregam um conjunto de instruções totalmente diferente daquelas no núcleo da célula.[4] Cada célula em nossos corpos – células de pele, células nervosas, células do fígado, células dos rins – é uma criatura dupla, esquizofrênica, por causa das mitocôndrias internas. Todas as vezes que uma célula se divide, ela transmite DNA mitocondrial assim como o seu próprio DNA. DNA mitocondrial pega carona.

As criaturas originais que nos deram esses fragmentos de informação e os injetaram nas células de nossos ancestrais – o vírus responsável pelo gene HERV e a criatura semelhante a uma bactéria responsável por nosso DNA mitocondrial – estão extintas,

---

[4] Como as mitocôndrias viajam de carona, podem prescindir de criar algumas das proteínas importantes que são responsáveis pelo mecanismo celular. O DNA mitocondrial humano contém cerca de 33 mil bits de informação, consideravelmente menos do que está contido na sequência de letras que compõem este capítulo.

pelo que os cientistas sabem. Mas a informação que elas carregavam ainda está conosco. A informação pulou de veículo e, quando o organismo original morreu, a informação sobreviveu.

Isso leva ao argumento talvez mais forte de que a informação em nossos genes – não o organismo que protege essa informação – é o elemento fundamental que está reproduzindo e sobrevivendo no jogo da vida. Esse argumento é a imortalidade. A informação em nossas células é essencialmente imortal, mesmo que cada uma de nossas células isolada, até aquelas ainda não nascidas, esteja morta em menos de cem anos. Boa parte da informação em nossos genes tem bilhões de anos de idade, transmitida de organismos que flutuavam na sopa primordial que cobria a Terra quando ela ainda era jovem. A informação não só pode sobreviver à morte do indivíduo no qual ela reside, como pode também sobreviver até a *extinção* do seu organismo hospedeiro. Essa pode ser a resposta à eterna pergunta: Por que devemos morrer? Somos imortais. A dificuldade aqui é que o "nós" em questão não são os nossos corpos ou nossas mentes; são os bits de informação que residem em nossos genes.

Embora essa linha de argumentação pareça aproximar-se mais da resposta à pergunta: O que é vida?, ela não aborda a frustração de Schrödinger. A entropia degrada um equipamento que armazena informações clássicas: discos rígidos de computadores se corrompem, livros desbotam e até gravações em pedra se desgastam. A natureza tenta pegar informações e espalhá-las pelo universo, tornando-as inacessíveis e inúteis. Mas as informações em nossos genes são capazes de resistir às devastações do tempo e à entropia, a seta do tempo. Foi isso que assombrou Schrödinger e o fez ficar imaginando qual seria a natureza da vida. A imortalidade requer proteção da entropia, mas as leis da termodinâmica dizem que a entropia é inexorável. Como, então, pode existir vida?

Num nível puramente físico, não é um enigma assim tão difícil. Assim como um refrigerador pode usar o seu motor para reverter a entropia – localmente – mantendo o seu interior mais frio do que o aposento em que ele está, a célula tem motores biológicos usados para reverter a entropia – localmente – mantendo intactas as informações nas células. Existem milhares de enzimas em cada célula que manipulam as informações no núcleo da célula. Existem duplicadores, editores e verificadores de erros, executando as funções que você esperaria que um computador típico fosse capaz de fazer. De fato, a estrutura de dupla-hélice do DNA é um meio de armazenagem muito bonito e estável para informações porque existem duas cópias delas, uma em cada fita. A maioria dos erros podem ser captados comparando-se as duas fitas; se houver uma incompatibilidade, então deve ter ocorrido um erro. Talvez uma substância química A foi acidentalmente trocada por uma substância química C, ou talvez uma dessas bases tenha sido duplicada por engano. As enzimas em nossas células, as pequenas máquinas moleculares, continuamente esquadrinham as fitas de DNA em busca de uma incompatibilidade ou algum outro erro. Quando os encontram, cortam fora o segmento ofensor e o substituem.[5]

As sondagens aleatórias da natureza, tais como expulsar moléculas estranhas da dupla-hélice ou irradiá-las com vários tipos de fótons, tendem a fazer com que as informações no DNA se dissipem. Esses eventos despojam elétrons e átomos do DNA, provocam nós, dobras e incompatibilidades, e causam outros tipos

---

[5] Esses conferidores de erros são muito bons, mas não são perfeitos. De vez em quando falham em captar um erro, que acaba sendo duplicado quando a célula se divide. Isso é uma mutação. Muitas vezes, as mutações são nocivas, causando um efeito indesejado, talvez até matando o organismo que apresenta a mutação. Em certo sentido, esse é o mecanismo conferidor de erros final. As transmissões de mutações em genes essenciais para a sobrevivência do organismo são improváveis (porque elas provavelmente bagunçam essa função essencial), mas mutações em informações não essenciais (tais como as substâncias viajando de carona ou cópias extras de genes) não têm esse último conferidor de erro. Isso significa que a informação não essencial é menos estável de geração em geração; ela tem mais probabilidade de conter uma mutação. E, numa rara ocorrência em que uma mutação tenha uma efeito *benéfico*, ela se torna mais provável de ser transmitida, porque o organismo hospedeiro se beneficia da expressão do gene.

de danos. Não obstante, os mecanismos conferidores de erros em nossas células são em grande parte responsáveis por manter intactas as informações. A um custo. Um custo energético. Assim como um refrigerador precisa de energia para afastar os efeitos da entropia para manter parte de um aposento frio e parte quente –, os motores moleculares precisam, em algum ponto, de consumir energia para operar. Por exemplo, uma enzima, que detecta uma barriga numa fita de DNA causada por duas timinas vizinhas associando-se uma com a outra, em vez das adeninas em sua fita complementar, é ativada absorvendo um fóton de luz ultravioleta. Outras enzimas consomem energia de modos diferentes, mas a produção, manutenção e operação dessas máquinas moleculares requerem energia, porque essas máquinas produzem trabalho. Elas mantêm as informações em nossas células a salvo das destruições da entropia, assim como um refrigerador mantém o seu interior frio apesar das tentativas da natureza de trazê-lo de volta para a temperatura ambiente. Nossas células são motores de preservação de informações e funcionam às mil maravilhas. Nossas informações genéticas permanecem virtualmente sem serem perturbadas após gerações e gerações de duplicações.

Em 1997, os cientistas conseguiram um exemplo gráfico de como são boas as nossas máquinas de preservação de informações. Um grupo de biólogos analisou o DNA mitocondrial de um esqueleto com nove mil anos de idade encontrado em Cheddar, Inglaterra. Eles extraíram informações genéticas de um de seus molares e analisaram algumas tiras de DNA razoavelmente intactas. (Quando o organismo hospedeiro morre, as informações nele se degradam devido às devastações da entropia, mas a polpa no centro do molar por sorte havia permanecido intacta o suficiente para fornecer algumas amostras de DNA.) Os biólogos analisaram um segmento de DNA mitocondrial que não parece codificar nada de essencial, portanto deve ser uma tendência para mutação comparada com partes mais essenciais do genoma. (Isto é, uma mutação não mataria o seu organismo hospedeiro, portanto um erro nessa tira de DNA não ativaria o mecanismo conferidor de erros básico, a morte.) Mas ainda que essa fosse uma região do DNA mitocondrial propensa a erro, quando os cientistas analisaram amostras de DNA mitocondrial de moradores locais de Cheddar encontraram um par quase perfeito. Adrian Targett, professor de história de uma escola próxima, tinha quase exatamente as mesmas informações no seu DNA mitocondrial que estavam armazenadas no esqueleto de nove mil anos. Na tira de quatrocentos As, Ts, Gs e Cs, que os biólogos analisaram, o DNA mitocondrial de Targett casava-se com o DNA do esqueleto, símbolo por símbolo, exceto por uma única mutação. Havia apenas uma diferença de dois bits nos oitocentos bits de informação no DNA mitocondrial dos dois homens.

Não há como um par quase perfeito acontecer por uma coincidência; as chances em contrário são astronômicas. Talvez Targett fosse um descendente do irmão ou da irmã do esqueleto; talvez fossem parentes mais distantes. Mas é bastante claro que mesmo regiões comparativamente propensas a erro de nosso genoma são muitos estáveis conforme a informação se duplica repetidas vezes. Depois de nove mil anos de duplicação, Targett estava carregando quase a mesma sequência que o esqueleto possuía.

Tiras de DNA mais essenciais – que matam um organismo se forem alteradas – conservam-se por mais tempo ainda. Em maio de 2004, um grupo de cientistas publicou um artigo em *Science* descrevendo cinco mil sequências relativamente grandes que apareceram, 100% idênticas, em humanos, ratos e camundongos; porções dessas sequências encontram-se bastante intactas nos genomas de outros mamíferos como cães, assim como em outros vertebrados, tais como galinhas e peixes baiacus. Se, como acreditam os cientistas, a informação foi transmitida de geração em geração a partir de uma única fonte em vez de surgir independentemente nesses organismos, então a informação deve ter estado ali antes que a árvore da família dos mamíferos se separasse de outros vertebrados há dezenas de milhões de anos, e antes mesmo que os peixes se separassem do ramo que evoluiu em répteis e pássaros há centenas de milhões de anos. Durante todo esse tempo, depois de bilhões de replicações, a informação permanece mais ou menos intacta, surpreendentemente bem protegida das devastações de tempo e entropia.

Mas isso não significa que nossas células estejam isentas da segunda lei da termodinâmica. Embora nossas enzimas mantenham a salvo as informações de nossas células – consertando-as e revertendo a entropia localmente –, essas proteínas consomem energia e produzem trabalho. Isso quer dizer que a entropia do universo deve aumentar, mesmo que a entropia da célula seja mantida constantemente baixa. (Isso não é diferente do caso do refrigerador. Mesmo que ele mantenha o seu interior frio reduzindo a sua própria entropia, deve expelir calor e aumentar a entropia do universo no processo.) Em certo sentido, nossas células estão comendo energia, e a sua excreção é entropia.

Por sorte, nossas células têm uma fonte de energia. O Sol é a fonte da maior parte da energia disponível para as criaturas na Terra; ele derrama mais de um milhão de bilhões de megawatts-hora por ano sobre o nosso planeta na forma de luz. Alguns organismos usam essa luz diretamente, explorando a energia nos fótons para produzir açúcares a partir de dióxido de carbono e água. Alguns usam a luz indiretamente – comendo os organismos que a usam de forma direta. Ou comendo os organismos que comem os organismos que usam a luz diretamente. Ou comendo os organismos que comem os organismos que comem os organismos... você já percebeu.[6]

Mas e a entropia? Os organismos devem não só consumir energia, como também descartar entropia – ou, mais precisamente, devem de algum modo aumentar a entropia do seu ambiente se vão reverter a assustadora degradação que a segunda

---

[6] Um pequeno número de organismos não depende do sol como a sua fonte de energia. Certas criaturas são capazes de usar o calor do interior da Terra (que vem, hoje em dia, em grande parte do decaimento radioativo de elementos) e as substâncias químicas vomitadas do interior quente da Terra. Não importa realmente de *onde* vem a energia, mas ela deve existir de alguma forma utilizável para que haja vida.

lei da termodinâmica exerce sobre as informações em suas células. Felizmente para nós, a Terra é um ótimo lugar para despejar entropia. Ela é um sistema em desequilíbrio, como um gás que está principalmente num dos lados de uma caixa. Se a Terra fosse um planeta em equilíbrio, seria quase a mesma em todas as partes da sua superfície. Teria aproximadamente a mesma temperatura por toda parte: o Saara não seria diferente da tundra no Ártico. A atmosfera teria a mesma pressão em qualquer lugar; não haveria vento, chuva nem tempestades, não haveria sistemas de pressão alta e baixa, ondas oceânicas, dias quentes, dias frios, calotas polares e trópicos. Mas isso não é a Terra. O nosso planeta é um lugar dinâmico que muda dia a dia. A pressão do ar flutua conforme frentes de tempestade se movem e o ar fustiga o globo. Viaje ao redor da Terra e você verá muitos ambientes diversos: desertos, oceanos, calotas glaciais – lugares que são úmidos ou secos, quentes ou frios, ou tudo isso em diferentes épocas do ano. Isso não é equilíbrio, de jeito nenhum.

Visto que a Terra está em desequilíbrio, temos muito espaço para aumentar a sua entropia, aproximando-a um pouco mais do equilíbrio. Humanos, por exemplo, consomem energia de uma forma utilizável, bastante acessível – tal como Big Macs –, mas, visto que energia não pode ser criada ou destruída, estamos simplesmente convertendo-a numa forma menos utilizável tal como desperdício de calor (sem falar do produto amarronzado contendo energia que é bem menos apetitoso do que um Big Mac). Estamos constantemente pegando a energia do Sol e, direta ou indiretamente, tornando-a menos usável. Ao fazermos isso, estamos aumentando a entropia do nosso ambiente – e o nosso ambiente é a Terra. Com o tempo, se não houvesse um jeito de a Terra se livrar dessa entropia, nosso planeta iria lentamente se aproximar do equilíbrio. Seria cada vez mais difícil para os organismos se livrarem de sua entropia aumentando a entropia do ambiente, e a vida aos poucos se extinguiria conforme a Terra se aproximasse do seu estado máximo de entropia. Mas isso não acontece, graças, de novo, ao Sol.

Se você observar a Terra de longe, notará que ela brilha – não tão intensamente como o Sol, não há dúvida, mas ela está irradiando luz. Parte dessa luz é apenas um reflexo direto do Sol, mas parte não é. A Terra, como um sistema, absorve luz e a irradia numa forma alterada. Por exemplo, o Sol emite raios gama, raios e radiação ultravioleta que jamais chegam à superfície da Terra. Esses fótons com altos níveis de energia e de temperatura batem nas moléculas na atmosfera – tais como as do ozônio – e as quebram. A energia dos fótons quebra as ligações das substâncias químicas e fazem os átomos na atmosfera se moverem mais rápido. Ela aquece o ar por cima de nós. E coisas quentes irradiam energia na forma de fótons.

Entretanto, a atmosfera é muito mais fria do que a fonte de raios, raios gama e radiação ultravioleta. Em vez de irradiar fótons quentes, de alta temperatura, ela irradia fótons frios, de baixa temperatura, luz como irradiação infravermelha. Os organismos ajudam no processo, também: as plantas convertem luz visível em açúcares, e animais convertem plantas em calor desperdiçado e radiação infravermelha. Em resumo, os organismos da Terra convertem a luz visível, que é criada por objetos que estão a milhares de graus de temperatura, em luz infravermelha, que é criada por objetos a poucas dezenas de graus. A Terra e suas criaturas converteram fótons quentes em frios, e a radiação infravermelha fria flui para o espaço. Essa é uma maneira de se livrar da entropia, reduzindo a entropia da Terra às custas do seu ambiente.

O espaço profundo é muito quente. A radiação de fundo que enche o universo está três graus Celsius acima do zero absoluto. Se o universo como um todo estivesse em equilíbrio, a sua temperatura não estaria muito acima disso. O cosmo inteiro estaria a apenas poucos graus de ser tão frio quanto fisicamente possível. Qualquer coisa que seja mais quente do que esse frígido equilíbrio de temperatura, qualquer coisa que seja dezenas ou centenas ou milhares de graus acima do zero absoluto, não está no nível de equilíbrio do universo. Quanto mais quente um objeto for, mais distante do equilíbrio do universo está. E quanto mais desequilibrado um objeto estiver, mais entropia você pode descarregar nele, tornando-o mais frio e aproximando-o mais do equilíbrio universal. Isso é exatamente o que a Terra e seus habitantes estão fazendo. Ao pegar a energia do Sol quente, resfriá-la e voltar a irradiá-la, nosso planeta e os organismos que nele vivem estão cuspindo entropia em direção ao sistema solar e além dele. Pegaram a fonte de energia e a tornaram menos usável. Nas unidades termodinâmicas de entropia, a Terra está reduzindo a sua entropia em pouco menos que um trilhão de trilhões de joules por graus Celsius por ano, enviando-a toda para os pontos mais longínquos do espaço.

Assim, em resumo, a informação em nossas células é imortal por causa dessa intrincada troca de energia, entropia e informação. Máquinas moleculares em nossos corpos estão seguindo as instruções que a nossa informação genética proporciona: elas duplicam e mantêm a informação em nossas células, consumindo energia e criando entropia. Elas podem fazê-lo porque o próprio organismo tira a energia do Sol, direta ou indiretamente, e libera entropia na atmosfera ou no mar – no ambiente da Terra. A Terra libera a entropia por causa da iluminação do Sol. A energia entra, a entropia sai, e a informação em nossas células se preserva.

Esse ciclo pode continuar desde que o Sol brilhe e a Terra exista. Se o Sol de repente se apagar, a Terra resfriará depressa. Os oceanos congelarão, a atmosfera se acalmará e todo o planeta se aproximará rápido de uma temperatura equilibrada a uns meros graus acima do zero absoluto. Toda a vida cessará. Mas, desde que exista uma fonte de energia e um modo de se livrar da entropia, a informação pode se duplicar e se manter relativamente livre de erros – e reverter as devastações do tempo. A informação pode ser imortal, apesar das tentativas da entropia de dissipá-la.

Embora os cientistas não tenham uma boa resposta para a pergunta: O que é vida?, essa dança complexa de duplicar e preservar informação deve ser uma parte importante da resposta. A informação detém uma boa porção do segredo para compreender a natureza da vida. Não só isso, ela tem as chaves para outra pergunta sem resposta: De onde viemos? Aqui, também, a informação está produzindo respostas surpreendentes para esse antigo enigma.

A informação em nossas células é transmitida de geração em geração, e escrita no nosso código genético está a nossa história como uma espécie – nossas migrações, nossas batalhas – desde o próprio nascimento da humanidade. E até antes. Naturalmente, então, os cientistas podem usar a informação para olhar para trás no tempo.

Decifrar um genoma humano é como ler um longo livro escrito por todos os seus ancestrais. Cada genoma traz a assinatura de cada um dos seus predecessores, cada programa genético que veio antes dele na cadeia da reprodução. Ler a informação no genoma de cada pessoa pode revelar uma história interessante que não está acessível de outro modo.

Um exemplo interessante vem do Zimbábue, onde uma tribo – os lembas – conta uma história difícil de acreditar. A lenda, contada de pais para filhos inúmeras vezes, fala de um homem chamado Buba, que, três mil anos atrás, liderou os lembas em direção ao sul saindo das terras que hoje compõem o estado de Israel. Os lembas alegam ser uma tribo perdida da Judeia: eles se dizem judeus. Depois de uma longa jornada que os levou através do Iêmen, da Somália, e ao longo da costa oriental da África, eles finalmente se instalaram no Zimbábue.

Poucos acreditavam na história dos lembas. Pouco havia para associar a tribo com o antigo povo judeu. Verdade que, como os judeus, os lembas observam o sabá, recusam-se a comer carne de porco e circuncidam seus filhos. Por outro lado, tradições orais não são confiáveis, e dificilmente uma razão para se aceitar uma reivindicação de descendência tão extraordinária. Além do mais, o mito de tribos perdidas de Israel é extremamente comum no mundo inteiro; muitos povos declararam ser uma tribo perdida. No entanto, cientistas encontraram pelo menos um grão de verdade na lenda de três mil anos de idade, graças à informação que os lembas carregam em seus genes.

Em 1998, geneticistas nos Estados Unidos, Israel e Inglaterra analisaram o cromossomo Y dos lembas do sexo masculino. (O cromossomo Y é o conjunto de genes que dá a uma criança do sexo masculino a sua masculinidade. Ele é transmitido de pai para filho para neto. As mulheres não possuem um cromossomo Y; em vez dele, elas têm uma segunda cópia de um cromossomo X.) O cromossomo Y é particularmente interessante, porque pode conter um forte marcador de uma herança do povo judaico – o gene sacerdotal.

Segundo a tradição judaica, a classe sacerdotal, os *cohanim*, era um grupo intimamente relacionado de pessoas; de fato, segundo a lenda, todos eles descendiam de um único homem, Aarão, irmão de Moisés. O título de sacerdote, ou *cohen*, passou de pai para filho, daí para neto, bisneto e tataraneto desde tempos imemoriais. Assim como o cromossomo Y. Passar o ofício de *cohen* de geração para geração era o mesmo que passar o cromossomo Y de geração em geração. Todos os sacerdotes judeus, se a lenda era verdade, deveriam ter o mesmo cromossomo Y: aquele que o próprio Aarão possuía.

A realidade não é tão simples assim. Nem todos os cromossomos Y dos *cohen* são idênticos. Mas, em 1997, cientistas encontraram um marcador genético de sacerdócio judeu no cromossomo Y. Descobriram que o cohanismo moderno compartilhava características genéticas que eram razoavelmente distintas; até judeus não *cohen* não possuíam os mesmos tipos de genes em seus cromossomos Y. Como os judeus transmitem o sacerdócio junto com o cromossomo Y, todos os membros do sacerdócio tinham informações semelhantes no cromossomo Y, mesmo que a população judaica estivesse espalhada por todo o globo e misturasse os seus genes com os de outros povos. Os *cohen* fielmente transmitiram a sua informação genética distintiva de milhares e milhares de anos atrás, e todos os povos judaicos que mantiveram a sua classe de *cohanim* tinham uma parte da população que carregava os marcadores desse sacerdócio. Os lembas não eram exceção. Ainda que estivessem separados de suas raízes judaicas, tinham uma classe *cohen* que também compartilhava a informação genética do sacerdócio. Esses marcadores genéticos indicavam que os sacerdotes lembas eram do mesmo tronco dos outros sacerdotes judeus ao redor do mundo – mostrando que os lembas, também, tinham uma herança judaica. Era um sinal garantido; a probabilidade de que pudessem ter desenvolvido esse marcador em particular por si mesmos, através de mutação aleatória, é indescritivelmente mínima.

Não havia registros escritos da partida dos lembas da Judeia, mas seus genes mostravam um quadro mais preciso dessa migração do que qualquer historiador teria conseguido fazer. Geneticistas usaram as informações em nossas células para reconstruir outras migrações humanas também. Ao comparar quais as populações que compartilham informação genética distintiva – tal como os genes para o tipo sanguíneo –, os geneticistas conseguiram mapear como os povos antigos migraram, mudaram e procriaram entre si. Também revelaram como a espécie humana quase foi destruída.

No final da década de 1990, geneticistas da Universidade da Califórnia, em San Diego, analisaram a diversidade genética de diferentes primatas; isto é, viram como sequências de DNA de indivíduos diferem umas das outras. Populações de chimpanzés e gorilas são geneticamente diversas – a marca de uma grande espécie, saudável –, mas a raça inteira de humanos tem menos diversidade genética do que um grupo médio de dezenas de chimpanzés. O que poderia ter causado essa incrível falta de diversidade genética?

Se os geneticistas estão certos, cerca de 500 mil a 800 mil anos atrás alguma coisa quase extinguiu nossos ancestrais. Doença, guerra ou alguma outra desgraça destruiu a maior parte da população humana, reduzindo-a a meros mil indivíduos mais ou menos. Esse pequeno grupo de humanos conseguiu sobreviver, reproduzir e reconstruir a espécie a partir de seu minúsculo número, mas seus descendentes – nós – têm pouca diversidade genética. Nossos ancestrais foram forçados a passar por um gargalo genético; todos nós somos filhos e filhas desse pequeno grupo de primatas. Como uma espécie, nós humanos sofremos um terrível cruzamento endogâmico por causa desse desastre há centenas de milhares de anos.[7] A única testemunha dessa quase catástrofe é a informação contida em nossos genes.

Essa técnica se aplica à informação não apenas em humanos, mas em outras espécies. Ao examinar como o genoma humano é diferente do genoma do chimpanzé, e o genoma do chimpanzé é diferente do genoma do peixe baiacu, chegando até a diferença do genoma da tênia com relação ao genoma da cianobactéria, os geneticistas são capazes de reconstruir como a informação se propagou ao longo dos tempos em organismos após organismos, desde muito antes de os ancestrais do chimpanzés e nossos ancestrais humanos se separarem, mais ou menos há seis milhões de anos. Cientistas podem investigar as origens da informação passando pela era dos mamíferos, pela

---

[7] Cientistas são capazes de descobrir as datas de ocorrências significativas na história genética – tais como um gargalo genético ou a criação de um novo ramo na árvore da vida – porque a informação nos genes está equipada com um relógio. Mutações. Embora exista muita incerteza inerente na técnica, e consideráveis controvérsias quanto à precisão desses relógios, os cientistas podem obter uma estimativa aproximada do tempo que já se passou desde que esses eventos ocorreram, observando como as mutações se propagaram através dos genes humanos. Se você tem uma compreensão da frequência com que essas mutações ocorrem, pode calcular desde quando dois povos, ou duas espécies, se dividiram. Ao comparar tiras semelhantes de informação nos genomas dos dois grupos e ver como são diferentes – quantas mutações ocorreram desde que as duas tiras eram idênticas –, você tem uma noção grosseira de quando a divisão ocorreu.

era dos dinossauros até quase a primeira forma de vida flutuar na sopa primordial da antiga Terra. A informação em nosso genoma foi testemunha do nascimento da vida na Terra. Ela traz todas as marcas da sua passagem ao longo das eras, todas as cicatrizes da sua herança evolucionária.[8] Ela pode até ter sinais de um tempo quando o meio para carregar informações nos organismos não fosse o DNA. Muitos cientistas acreditam que, num determinado momento, a informação da vida pode ter sido armazenada numa molécula relacionada, porém mais frágil: RNA. Alguns biólogos até acreditam que a informação era armazenada num meio diferente antes disso. Mas, qualquer que seja o meio original da informação da vida (e como essa informação veio a se replicar pela primeira vez), está claro que a informação de vida tem uma história quase tão velha quanto a do nosso planeta, e grande parte dessa história está preservada em cada uma de nossas células.

Os cientistas não sabem exatamente como a vida começou, mas a quase imortalidade da informação preservou uma história que data dos primórdios da vida.

É um quadro sinistro: a vida poderia ser nada mais do que um artifício da informação para se duplicar e preservar. Mas mesmo que isso seja verdade, não fornece o quadro inteiro. A vida é extremamente complexa, e a nossa existência não é totalmente determinada por nossos genes. O ambiente também exerce a sua influência sobre o desenvolvimento de um organismo –

---

[8] Mesmo que a informação seja testemunha da evolução, os criacionistas tentam usar a teoria da informação para *atacar* a evolução. Na verdade, a teoria da informação é supostamente um baluarte do movimento "projeto inteligente", mas os seus argumentos para a teoria da informação têm sérias falhas. Por exemplo, eles dizem que é uma violação das leis da termodinâmica um genoma recolher mais informações ao longo do tempo, mas o fato é que a energia do Sol e a liberação da entropia da Terra permitem que organismos preservem, dupliquem e modifiquem seus genomas, muitas vezes aumentando a quantidade de informações que os genomas contêm. A teoria da informação não abala a evolução; a situação é bem ao contrário.

como faz a pura sorte. E humanos, mais que qualquer outra espécie no planeta, têm a capacidade de transcender as imposições da informação gravadas em cada célula. Nós temos cérebros espetaculares.

Somos seres capazes de nos comunicarmos e aprender uns com os outros. Podemos transmitir conhecimento de geração a geração e aumentá-lo. Com a ajuda de séculos de trabalho, cientistas estão prestes a conseguir alterar o nosso próprio código genético, mudando a informação dentro de nós. Como podemos ser escravos da informação se talvez em breve sejamos capazes de alterá-la à vontade?

A humanidade está aprendendo a compreender e manipular o nosso código genético, mas fazemos isso *por causa* da informação, não a despeito dela. Nossos cérebros, maravilhosos, são máquinas para manipular e armazenar informações. Mesmo assim, durante milênios, os humanos foram incapazes de preservar essa informação contra a danosa influência do tempo. Antes de haver um método para transmitir informações que existem dentro de nossas cabeças de uma pessoa para outra – a linguagem – e um modo de preservá-la contra as mãos deformadoras e nocivas do tempo – a escrita –, esse conhecimento se perdia sempre que um indivíduo morria. O conhecimento de um único humano não basta para permitir que ele quebre o código genético. Mas a linguagem e a escrita permitiram à humanidade preservar o seu conhecimento coletivo acumulado, e preservá-lo mesmo quando todos os indivíduos que acumularam esse conhecimento já morreram. E uma vez que a informação estava preservada, era aumentada pelas gerações seguintes. Só quando os humanos descobriram um método para transmitir e preservar informações, puderam entrar no caminho para derrotar nosso indiferente e implacável programa genético para transmitir e preservar informações.

Claro, isso parece um paradoxo, mas não é. A informação em nossos genes é de um tipo muito diferente daquela informação que processamos em nossos cérebros ou a informação que preservamos na nossa linguagem ou escrita.[9] Mas as mesmas leis se aplicam. A escrita é uma série de símbolos – letras – que podem ser reduzidos a bits; a linguagem falada, também, é uma série de símbolos audíveis, sons conhecidos como fonemas, que também são redutíveis a bits. A teoria da informação de Shannon se aplica à escrita e à linguagem como faz com qualquer sequência de bits. De fato, estudos da escrita e a ferramenta ainda mais antiga da linguagem estão dando resultados semelhantes aos das análises genéticas de humanos. (Infelizmente, a linguagem data só de dezenas de milhares de anos em vez de centenas de milhões.)

Veja os lembas, por exemplo. A informação em sua linguagem sugeria a sua herança judaica mesmo antes que os cientistas pudessem decifrar a informação em seus genes. Embora os lembas falassem um idioma banto – um grupo de línguas africanas que inclui suaíli e zulu –, algumas das suas palavras cheiravam a uma terra estrangeira. Alguns de seus clãs tinham nomes com sons semíticos como "Sadiqui". (A palavra *sadiq* significa "justo" em hebraico, e nomes como Sadiqui são encontrados nas regiões judaicas do Iêmen.) Visto que a linguagem é um meio de armazenamento menos confiável para informações do que o nosso genoma, a evidência do passado dos lembas é menos aparente em sua linguagem do que em seus genes. Mas, não obstante, a evidência, a informação sobre a sua ancestralidade, existe.

Existem evidências de outras ocorrências históricas também. A informação na linguagem, como a informação em nosso genoma, mostra as cicatrizes de importantes eventos na história humana – de batalhas, invasões e migrações. A língua inglesa, por exemplo, mostra as marcas de uma ocupação estrangeira. Até o século XI, o inglês antigo era puramente uma língua germânica. Uma tradução literal, preservando a ordem das pala-

---

[9] Embora não precisasse ser. Se alguém assim o desejasse, poderia usar um vírus para inserir, digamos, uma passagem de *Viagens de Gulliver* no seu genoma, e ela estaria preservada por muitas e muitas gerações.

vras, da primeira frase do poema do século X "A Batalha de Maldon" poderia ser assim:

> *Commanded he his men each his horse to leave,*
> *fear to drive away and forth to go,*
> *to think to their hands and to courage good.**

Note como a estrutura dessa frase parece estranha. Os verbos tendem a ficar no final da frase, e não no início. Quando comparado com o inglês moderno ("*He commanded each of his men to leave his horse, to drive away fear and to go forth*" – Ele comandou a cada um de seus homens que deixasse o seu cavalo, afastasse o medo e seguisse em frente), o inglês do século X parece uma grande confusão. De fato, era quase idêntico em estrutura ao alemão moderno, que muitas vezes coloca os seus verbos no final de uma frase,[10] e está mais perto do alemão moderno do que do inglês moderno.

Em 1066, uma batalha mudou a evolução da língua inglesa para sempre. O Duque da Normandia, William, invadiu a Inglaterra com sucesso. Francês, ele subjugou o reinado anglo-saxônico e logo seus camaradas que falavam francês se tornaram a nova nobreza da Inglaterra. O idioma da corte era o francês; a língua dos camponeses era o inglês. Esse estado de desequilíbrio não durou muito e, conforme as populações de língua francesa e de língua inglesa se fundiram, o mesmo aconteceu com as duas línguas. Em três séculos, o inglês antes germânico assimi-

---

* Comandava ele seus homens cada seu cavalo deixar,
medo afastar e para a frente ir,
pensar para suas mãos e encorajar bom. (N. da T.)

[10] Mark Twain ofereceu essa descrição no final do século XIX: "Você observa a que distância esse verbo está da base de operações do leitor...", ele escreveu. "Bem, num jornal alemão eles colocam o seu verbo longe lá na página seguinte; e eu soube que às vezes, depois de se alongarem por excitantes preliminares e parênteses por uma ou duas colunas, ficam com pressa e têm de chegar à gráfica sem terem chegado ao verbo." Mark Twain, *A Tramp Abroad* (Nova York: Penguin, 1997), p. 392.

lou uma quantidade considerável de elementos da gramática francesa, inclusive a ordem das palavras. (Nós ingleses tendemos a colocar o verbo no meio da frase, como em francês, e não no final, como costuma acontecer em alemão.) O inglês adotou também uma grande parte do vocabulário francês, e uma análise atenta usando apenas os vocabulários francês e alemão pode dizer a um linguista que lado venceu a batalha de Hastings. Veja as palavras para coisas que a gente come. *Beef* (boi) vem de uma palavra francesa (*boeuf*), enquanto *cow* (vaca) vem do inglês antigo. *Mutton* (carneiro) é francês (*mouton*), enquanto *sheep* (ovelha) é inglês antigo. *Pork* (porco), francês (*porc*); *pig* (porco, leitão), inglês. Os servos de fala inglesa, que perderam a batalha, cuidavam dos animais. A nobreza francesa, que venceu a batalha, os comiam. A língua inglesa está coberta de cicatrizes milenares desde a batalha de Hastings. A informação preservada na nossa língua registra a nossa história, assim como a informação em nossos genes.

Língua e escrita são uma coisa; nossos cérebros são outra. Parece difícil acreditar que a informação em nossos cérebros seja semelhante à informação em nossos genes. Por exemplo, ao contrário da informação genética, que tenta permanecer inalterada pelo ambiente, nossos cérebros estão constantemente adquirindo informações que recolheram do ambiente, e a elas se adaptando. O cérebro humano é uma máquina tanto de aquisição quanto de processamento de informações.

Mas a diferença é acadêmica, no que diz respeito à teoria da informação. Qualquer máquina processadora de informações deve obedecer às leis da teoria da informação. Se a máquina tem uma quantidade finita de memória (como nossos cérebros), então deve gastar energia para realizar seus cálculos, ou vai parar. (Como a nossa. Embora o cérebro constitua apenas uns poucos por cento da massa de um humano adulto, ele consome cerca de 20% da energia do que comemos e do oxigênio que respiramos.) A informação em nossas cabeças – e qualquer sinal em nossos cérebros, não importa como ele é armazenado ou transmitido – pode ser reduzida a uma série de bits e analisada com a teoria de Shannon.[11]

É um conceito perturbador. Do ponto de vista da teoria da informação, os relaxados circuitos carregadores de informações no cérebro não são diferentes dos transistores ou tubos a vácuo, lâmpadas ou bandeiras sinalizadoras. Eles são o meio, não a mensagem, e é a mensagem que conta. Verdade, o cérebro é muito, muito mais complicado do que qualquer outro equipamento processador ou de armazenagem de informações que conhecemos, mas essa complexidade não invalida as leis da informação. As regras aplicam-se às mensagens independentemente da forma em que elas estão. Embora saibamos apenas um pouco sobre como o cérebro codifica e transmite informações, e saibamos ainda menos sobre como o cérebro as processa, sabemos que essas informações seguem as leis de Shannon. E uma delas é que a informação pode ser expressa em bits.

Num laboratório não muito longe de Princeton, Nova Jersey, o biólogo William Bialek passou anos tentando decifrar como os cérebros dos animais codificam informações – com algum sucesso. A maior parte do seu trabalho tem a ver com moscas. Em experimentos que lembram uma versão minúscula de *Laranja mecânica*, Bialek imobiliza as moscas, enfia agulhas em seus nervos ópticos e as força a assistir a filmes. Mas esses experimentos que parecem horripilantes têm um objetivo. Bialek e seus colegas registram os sinais no cérebro de cada mosca quando ela vê coisas diferentes, e isso, por sua vez, revela quanta informação está codificada no cérebro.

Cérebros de moscas, como cérebros humanos, são compostos de células especializadas conhecidas como neurônios. Esses neurônios estão conectados uns aos outros numa rede enorme. Se você excitar um desses neurônios corretamente, ele "dispara". Por um complicado processo eletroquímico, íons de sódio

---

[11] Existe uma única exceção possível para isso, que será descrita mais adiante neste livro: a informação nas nossas cabeças é uma informação *quântica* e não *clássica*.

e potássio em lados opostos da membrana celular trocam de lugar. O neurônio vai de 0 a 1, depois de uma pequena fração de segundo troca de lugar de novo, revertendo para um 0. Embora neurônios tenham sistemas intrincados para transmitir mensagens uns para os outros, para aumentar e diminuir o volume em seus terminais de entrada e saída, o disparo do neurônio é essencialmente radical: ou dispara ou não dispara. É muito parecido com uma decisão binária, e você nem precisa invocar o argumento mais avançado de Shannon para imaginar que sinais neurais podem ser reduzidos a bits e bytes.[12] Um neurônio é aparentemente um canal clássico de informação.

Bialek vem tentando descobrir como a mosca codifica mensagens nesse canal. Com os sensores localizados nos nervos ópticos de uma mosca, Bialek mostra a ela filmes de imagens muito primitivas: uma barra branca, uma barra escura, uma barra movendo da esquerda para a direita e assim por diante. Ele registra que sinais estão passando pelo nervo óptico até o cérebro. Ao decifrar esses sinais, Bialek vem descobrindo o "alfabeto" básico de sinais neurais que o cérebro da mosca usa para codificar informações visuais. Ele vem tentando entender quanta informação esses sinais codificam. Embora exista alguma discussão a respeito dos números exatos, um neurônio do cérebro de uma mosca parece ser capaz de transmitir, no seu auge, cerca de cinco bits de informação por milissegundo. O trabalho de Bialek está confirmando que até algo tão complicado quanto uma imagem visual numa retina é reduzido ao equivalente de bits e bytes e transmitido para o cérebro. Quando uma mosca vê um pedacinho de salada de batatas e decide se aproximar, seu cérebro está simplesmente recebendo uma sequência de bits de informação de seus olhos, processando esses bits e enviando

---

[12] A conversão para bits, no entanto, não é tão direta quanto parece superficialmente. Os sinais de um neurônio são 0s e 1s, mas o esquema de codificação no cérebro faz uso da *sincronia* desses 0s e 1s, em vez de tratá-los simplesmente como uma sequência de bits. Não obstante, a teoria de Shannon diz que esse código, por mais complicado que seja, pode se reduzir a uma sequência de bits.

sinais para seus músculos – também quantificáveis em bits – para voarem até a comida. Mesmo sendo uma máquina processadora de bits extraordinariamente complexa, o cérebro da mosca não deixa de ser uma máquina processadora de bits. E, segundo a teoria da informação clássica, o nosso também é.

Esse quadro é ainda mais sinistro do que o anterior. Mesmo que sejamos capazes de transmitir informações de geração a geração e de usar nossos cérebros para criar coisas tão sublimes quanto a *Odisseia*, e tão fascinantes quanto a teoria de campo quântico, no que diz respeito aos cientistas somos máquinas processadoras de informação. Incrivelmente complexas, capazes de tarefas que nenhuma outra dessas máquinas executa, mas não obstante máquinas processadoras de informação.

Parece que está faltando alguma coisa nesse quadro. Afinal de contas, somos seres inteligentes, sensíveis, conscientes de nós mesmos. Somos conscientes – e outras máquinas processadoras de informação não vivas, tais como os computadores, não parecem ser. O que é que nos separa de calculadoras e computadores? É mera escala ou existe mais alguma coisa?

Alguns cientistas e filósofos (sem falar em líderes religiosos) pensam que existe. Entretanto, se você concorda que informação é o que está sendo transferido em nossos neurônios, não há muito como fugir de conclusões sombrias e reducionistas da clássica teoria da informação.

Mas talvez haja uma saída. A teoria da informação, conforme imaginada por Shannon, não está completa. Embora ela descreva a informação que pode ser armazenada ou transmitida por computadores e telefones, por fios telefônicos ou cabos de fibra óptica, as leis da teoria da informação estão baseadas na física clássica. E, no século XX, duas revoluções encerraram a era clássica da física: a relatividade e a teoria quântica.

A teoria da relatividade e a teoria quântica mudaram o modo como os físicos percebiam o universo. Eles baniram o universo mecânico ingênuo, baseado no senso comum, substituindo por outro que é muito mais intricado e muito mais perturbador, filosoficamente falando. Ao mesmo tempo, a relatividade e a teoria quântica alteraram a disciplina da teoria da informação assim como alteraram o resto da física. A relatividade, que descreve efeitos impressionantes que acontecem quando objetos movem-se muito rápido ou são submetidos a intensos campos gravitacionais, colocou um limite na velocidade com que a informação pode ser transmitida de um lugar para outro. A teoria quântica, que trata das propriedades contraintuitivas de objetos muito pequenos, mostrou que informação é mais – pelo menos na esfera subatômica – do que bits e bytes. Mas, ao mesmo tempo, a teoria da informação alterou essas duas revoluções de uma forma que os cientistas estão apenas começando a compreender. Examinando a relatividade e a teoria quântica em termos de teoria da informação, os físicos estão obtendo as chaves para os problemas mais importantes na ciência. Mas, para obter essas respostas, temos de mergulhar tanto na teoria quântica quanto na relatividade – ambas, fundamentalmente, teorias da informação.

CAPÍTULO 5

Mais rápido do que a luz

*Era uma vez uma jovem chamada Radiante,
Cuja velocidade era mais rápida do que a luz;
Ela partiu um dia,
De um modo relativo,
E voltou na noite anterior.*

– A. H. REGINALD BULLER, *Relativity*

Assim como a era clássica terminou com a queda de Roma no final do século V, do mesmo modo, a física "clássica" chegou ao fim com o desenvolvimento das teorias da mecânica quântica e da relatividade no início do século XX. À primeira vista, nenhuma dessas revoluções – cada uma delas com a participação de um jovem cientista chamado Albert Einstein – envolve informação. Mas as aparências enganam.

Mesmo que a relatividade e a mecânica quântica sejam anteriores à teoria de Shannon, ambas na verdade são teorias da informação. É um pouco complicado de ver de início, mas os fundamentos da teoria da informação encontram-se sob a superfície dessas duas teorias. E a teoria da informação pode muito bem ser a chave para desvendar os mistérios da relatividade e da mecânica quântica, e o perturbador conflito entre elas. E se for, será o auge do triunfo da física moderna; cientistas podem muito bem ter uma "teoria de tudo", um conjunto de equações matemáticas que descrevem o comportamento de todos os objetos no universo, desde as menores partículas subatômicas até os maiores aglomerados galáticos. A revolução que começou numa tentativa de descobrir quantos telefonemas cabem num cabo de cobre pode muito bem levar a uma compreensão fundamental de todos os objetos no cosmo.

Para compreender como a informação pode ter uma tão ampla e profunda importância, temos de ir além da termodinâmica e da "clássica" teoria da informação de Shannon. Temos de explorar os reinos tanto da relatividade quanto da teoria quântica, e isso levará à atual compreensão da informação pelos cientistas – e como ela molda o universo.

Tanto a teoria quântica como a relatividade estão intimamente relacionadas com a entropia e a informação. Albert Einstein, que disparou a centelha da relatividade e da teoria quântica, fez isso em parte devido ao seu interesse anterior por entropia, termodinâmica e mecânica estatística. De fato, a primeira das revoluções de Einstein, a relatividade, é uma teoria que está diretamente envolvida com a troca de informações: sua ideia central é que a informação não pode viajar mais rápido que a velocidade da luz. Não obstante, isso não impede os físicos de construírem artefatos e máquinas do tempo mais velozes do que a luz. Alguns de fato funcionam.

Einstein era uma figura improvável para revolucionar a física – mas não tanto quanto alguns escritores o fazem parecer. Ao contrário da lenda, ele jamais fracassou em matemática na escola; todos os relatos o pintam como um talentoso aluno de matemática. E, embora fosse um mero funcionário de um escritório de patentes de nível inferior, Einstein era formado em física matemática. (Seu professor de física de mentalidade tacanha deu a todos os seus outros colegas de turma cargos de professores assistentes, mas, graças a um conflito de personalidades, Einstein ficou sem um lugar na universidade quando se formou.)

Depois de procurar uma colocação numa universidade e trabalhar por pouco tempo como professor substituto, Einstein aceitou o emprego num escritório de patentes em 1902 para garantir o seu orçamento. Foi uma coisa sensata, porque em um ano ele estava casado e pouco depois era pai. Mesmo batalhando no escritório de patentes, entretanto, ele não era apenas um funcionário de nível inferior. Ele era um físico com experiência chegando ao auge da sua autoridade, e completou a sua dissertação, publicando vários artigos científicos num tempo muito curto. Levaria ainda alguns anos para ele formular a teoria que lhe deu fama; de 1902 até 1905, ele esteve obcecado com outra área da física: a termodinâmica e a mecânica estatística – coisas de Boltzmann.

Em 1902, Einstein publicou um artigo sobre entropia no *Annalen der Physik*, e no ano seguinte deu sequência a ele escrevendo sobre processos reversíveis e irreversíveis. Em 1904, escreveu um artigo sobre a medição da constante de Boltzmann, o k que aparece na sua equação de entropia. Nenhum desses ensaios teve muita influência, em parte porque ele não estava totalmente familiarizado com tudo que Boltzmann havia escrito.

Einstein também investigou as implicações do movimento aleatório, estatístico, da matéria: estudou o movimento browniano, e sua tese de doutorado tratava do uso de métodos estatísticos para determinar os raios de moléculas. Esses estudos em breve estariam encerrados, pois Einstein estava prestes a chegar ao seu ano milagroso, 1905, quando se voltaria para trabalhos mais importantes e viraria a física de cabeça para baixo.

A fama de Einstein vem da sua teoria da relatividade. Um de seus artigos cruciais, em 1905, era sobre uma versão limitada da relatividade. Mas essa primeira versão não funcionava em todas as condições; ela não se aplicava quando os objetos estavam em aceleração ou sob a atração de um campo gravitacional, por exemplo. Mas esse artigo, que introduzia a *teoria especial da relatividade*, era simples, profundo e correto. Ela solucionava um persistente problema que havia anos perturbava os físicos, e parecia não estar relacionado com os problemas da informação e da termodinâmica. Não obstante, a solução para esse problema revelou-se relacionado com a teoria da informação; a teoria da relatividade de Einstein, na sua essência, é uma teoria de como a informação pode ser transferida de um lugar para outro. Mas para chegar a essa compreensão, temos que voltar à essência do problema, que foi descoberto muito antes que os cientistas começassem a pensar em termos de informação.

O problema: a luz estava se comportando mal. Esse é um grave dilema, visto que os físicos pensavam ter descoberto as propriedades fundamentais da luz no início e meados dos anos 1800. Eles pensavam que sabiam o que era a luz, e pensavam que compreendiam as equações que governavam como a luz se comporta. Os físicos estavam errados em ambas avaliações.

Um intenso debate sobre a luz vinha de séculos antes de Einstein nascer. Isaac Newton, fundador da física moderna, estava convencido de que a luz era um conjunto de minúsculas partículas que viajavam instantaneamente de um lugar para outro. Outros cientistas, como Christiaan Huygens, inventor do relógio de pêndulo, argumentava que a luz não era uma partícula; era mais como uma onda de água do que um único, discreto, objeto. Os argumentos iam e vinham sonoramente, com a maioria dos físicos inclinando-se para a ideia de Newton de que a luz era um corpúsculo – uma partícula –, mas, na realidade, acreditar que a luz era uma partícula ou uma onda era uma questão de fé. Ninguém conseguia apresentar um experimento definitivo que dissesse que lado tinha razão. Ninguém, isto é, até 1801, quando o médico e físico inglês, Thomas Young, concebeu um experimento que, segundo as aparências, respondia à pergunta e resolvia a questão de uma vez por todas.

A experiência de Young era muito simples. Ele fez passar um feixe de luz por uma barreira com duas ranhuras. Na extremidade mais distante da barreira, a luz criava um padrão de faixas finas claras e escuras – um padrão de interferência. Essas faixas eram muito familiares aos estudiosos de ondas.

Padrões de interferência são criados por todos os tipos de onda. Você provavelmente já as viu antes, mesmo que não estivesse atento ao fenômeno. Quando você joga uma pedra num lago, cria ondulações circulares na água. A pedra ao bater na superfície do lago levanta uma série de cristas e cavados alternantes que se espalham afastando-se rapidamente. A pedra faz um padrão circular de ondas. Agora, se em vez de uma única pedra, você deixar cair duas pedras uma ao lado da outra ao mesmo tempo, o padrão é muito mais complicado. Cada pedra levanta o seu próprio padrão de cristas e cavados. As cristas e cavados espalham-se e esbarram uns nos outros – e interferem. Quando uma crista encontra um cavado, ou um cavado encontra uma crista, as duas ondinhas se anulam, deixando no seu lugar uma superfície perfeitamente calma. Se você jogar duas pedras num lago calmo, talvez até consiga ver onde a superfície ondulante está marcada com linhas de água parada, calma. Essas linhas são regiões onde as cristas de uma pedra sempre anulam os cavados da outra pedra e vice-versa. As linhas são um padrão de interferência, exatamente o que Young estava vendo na sua experiência com a luz.

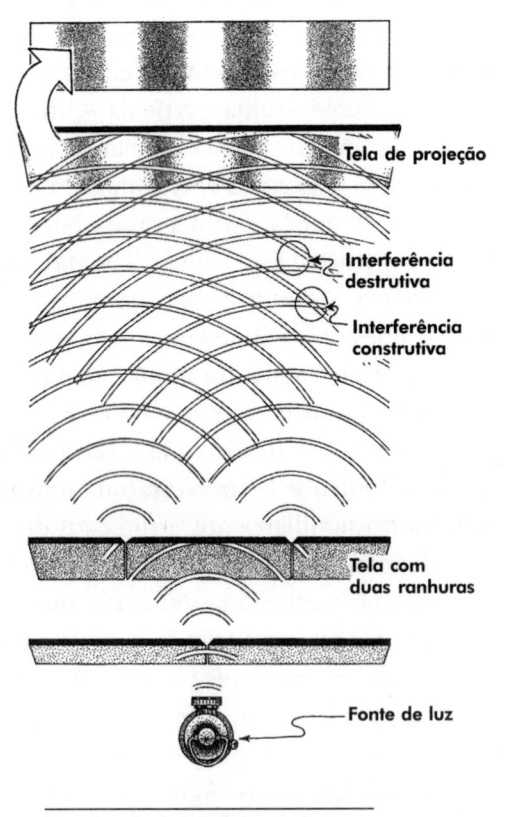

Experimento de interferência de Young

A luz que passa por duas ranhuras numa parede é exatamente como duas pedras batendo na água ao mesmo tempo. Assim como acontece com as ondas na água, as cristas e cavados da luz passam pelas ranhuras e depois se afastam rapidamente da barreira. Assim como as ondulações na superfície de um lago, cada crista ou cavado de luz que passa pela ranhura da esquerda está constantemente esbarrando nas cristas e cavados que passaram pela ranhura da direita. Quando crista encontra crista ou cavado encontra cavado, os dois se reforçam; entretanto, quando crista encontra cavado, os dois se anulam. Vistas de cima, as regiões de anulação formam um padrão de faixas escuras – onde a luz se anula – idênticas ao padrão listrado da água calma criado pelas duas pedras jogadas no lago. Mas, com a luz, você não pode ver essas linhas de cima; você as projeta numa tela na extremidade oposta da sala. Young viu que quando a luz bate na tela depois de passar pelas duas ranhuras, deixa uma série de faixas claras e escuras. Ela cria um padrão de interferência.[1]

A descoberta de Young – a detecção de padrões de interferência na luz – mostrou que a luz se comportava como uma onda, pois interferência é uma propriedade inerente das ondas. Os físicos não podiam explicar os padrões de interferência por meio de partículas que colidem e ricocheteiam, mas foi fácil explicá-los, detalhadamente, por meio de ondas que passam e interferem umas com as outras. A luz parecia ser uma onda, não uma partícula, e Young realizou vários outros experimentos que reforçaram essa noção. Ele viu que a luz faz outras coisas típicas

---

[1] O modo mais fácil de ter um bom padrão de interferência é acender um apontador a laser paralelo ao espelho do banheiro – fazer um ponto na parede perpendicular ao espelho. Quando você olha para o reflexo desse ponto no espelho, verá um padrão de linhas escuras e claras, um padrão de interferência fácil de ser visto. Esse padrão é causado por fenômenos um pouco mais complicados do que o das duas ranhuras: ele é devido ao reflexo da luz laser no espelho interferindo com a luz laser refletida do vidro que cobre o espelho. Não obstante, o princípio é o mesmo do experimento com as duas ranhuras.

de onda, tal como a difração. Ela se curva ligeiramente quando atinge uma aresta afiada – ela difrata –, algo que as ondas tendem a fazer e corpúsculos, não. O veredicto parecia bastante claro para os físicos na época: a luz era uma onda e não uma partícula.

O caso da luz-onda encerrou-se na década de 1860 quando James Clerk Maxwell – o do demônio – derivou um conjunto de equações que explicavam o comportamento de campos elétricos e magnéticos. A luz, que é um fenômeno eletromagnético, também segue as regras definidas nessas equações. Para matemáticos e físicos, as equações de Maxwell pareciam muito semelhantes às equações que descrevem como as ondas se propagam através de um meio: elas eram "ondulantes", e descreviam como a luz se move com grande precisão. De fato, as equações ditam a velocidade da luz; aplique Maxwell da maneira correta e você saberá exatamente qual é a velocidade da luz. O argumento foi devastador para os físicos do século XIX. A luz era uma onda. Mas uma onda de quê?

Quando você ouve uma onda sonora, está ouvindo o ar batendo no seu tímpano. Quando você bate palmas, você bate moléculas de ar, que batem em outras moléculas de ar, que batem em outras moléculas de ar. Essa bateção de ar é a onda sonora, que se propaga em direção à sua orelha e faz estremecer o seu tímpano. Similarmente, uma onda de água são as pancadas de água; moléculas de água se empurram mutuamente conforme uma crista e um cavado correm em direção à margem. Em cada caso, as moléculas individuais na onda não se movem muito para longe; elas ficam vibrando por ali um pouquinho. O padrão global no meio – água ou ar – pode viajar a grandes distâncias, e é esse padrão que compõe a onda.

Se a luz é uma onda, o que está sendo empurrado? Qual é o meio através do qual a luz se propaga? No século XIX, os físicos não tinham muita ideia do que esse meio poderia ser, embora concordassem que ele deveria existir. Eles o chamaram de meio hipotético, o veículo das ondas de luz, o éter luminífero.

Em 1887, dois físicos americanos, Albert Michelson e Edward Morley, tentaram detectar esse éter com uma técnica que explorava o movimento da Terra. Conforme o nosso planeta gira em torno do Sol, e o Sol gira em torno do centro da nossa galáxia, a Terra deveria estar arremessando-se violentamente através desse éter como uma lancha a motor sobre a superfície do oceano. Isso significa que a Terra deveria ser açoitada por um "vento" de éter que muda de velocidade conforme ela gira em torno do Sol. Por conseguinte, um feixe de luz indo contra o vento deveria estar se movendo a uma velocidade diferente daquela de um feixe que estivesse indo a favor do vento, ou cruzando o caminho do vento. Michelson e Morley, portanto, raciocinaram que, se eles enviassem feixes de luz em diferentes direções com relação ao vento de éter, os dois deveriam viajar a velocidades diferentes.

Os dois montaram um experimento muito criativo para encontrar essa diferença de velocidade. No seu núcleo havia um dispositivo hoje conhecido como o interferômetro de Michelson, que explora a natureza da luz semelhante à onda para fazer medições muito precisas de distância ou velocidade. O interferômetro divide um feixe de luz e o envia por dois caminhos diferentes do mesmo tamanho. Quando uma crista da onda bate no divisor de feixe, ele a divide em duas cristas, que em seguida disparam em direções diferentes, ricocheteiam nos espelhos e são recombinadas num detector – talvez uma tela. Visto que os caminhos têm o mesmo tamanho, as cristas deveriam chegar ao mesmo tempo – se ambos os feixes se moverem à mesma velocidade. Crista reforçará crista formando uma grande crista, e os experimentadores veriam um ponto brilhante na tela onde os feixes se recombinam. Se, por outro lado, o vento de éter retarda um dos feixes com relação ao outro, então uma crista se atrasará. De fato, se o instrumento for montado da maneira correta, então a crista chegará a partir de um feixe exatamente na hora em que um cavado chegar vindo de outro. Quando os dois feixes se recombinam, em vez de reforçarem-se mutuamente, crista com crista, eles se anulam, crista com cavado, e o feixe brilhante se torna um ponto escuro. Portanto, com um interferômetro de Michelson os físicos podiam detectar o sutil efeito do vento de éter. Eles só precisavam medir como a mudança da orientação do seu aparelho com relação ao vento fazia o ponto luminoso aparecer ou desaparecer.[2] Entretanto, por mais que os dois experimentadores tentassem, a velocidade da luz era a mesma em todas as direções – estivesse a luz indo contra o vento, a favor do vento ou de lado. Em 1904, Morley até tentou o experimento no topo de um morro para ter certeza de que o laboratório não estava de algum modo protegendo o interferômetro do vento de éter. Não fazia diferença. A velocidade da luz era a mesma em todas as direções, independentemente do movimento da Terra. Não havia éter.[3] O experimento de Michelson-Morley expôs um enorme problema com a teoria do éter, e deu a Michelson o Prêmio Nobel de Física em 1907.[4]

Essa era metade do problema com a luz – explicar a propagação da luz sem o éter para transportar a onda –, mas persistia ainda outra questão. Eram as equações de Maxwell. As equações fizeram um trabalho espetacular descrevendo como

---

[2] Visto que os físicos modernos sabem que a velocidade da luz é uma constante, eles usam um interferômetro de Michelson para medir distância e não velocidade. Se os dois braços forem de comprimentos ligeiramente diferentes, então você pode obter um ponto escuro e não um ponto luminoso.

[3] Houve um outro experimento que, em retrospectiva, parecia contradizer a ideia de um éter. Em meados do século XIX, o físico francês Armand Fizeau mediu a velocidade da luz em correntes de água, esperando que o éter fosse arrastado no fluxo. Mas não viu nada disso. Na verdade, parece que Einstein foi menos influenciado pelo experimento de Michelson-Morley do que pelos experimentos e observações de Fizeau sobre a mudança das posições aparentes das estrelas dependendo da órbita da Terra, fenômeno conhecido como aberração estelar devida à velocidade finita da luz.

[4] É interessante notar que, ainda estudante, Einstein ignorava o experimento de Michelson-Morley e propôs realizar um teste semelhante para o éter. O já mencionado professor de mentalidade tacanha, Heinrich Weber, recusou a permissão para o jovem Einstein executar a experiência. Aparentemente, Weber não tinha em alta conta a mirabolante física da época.

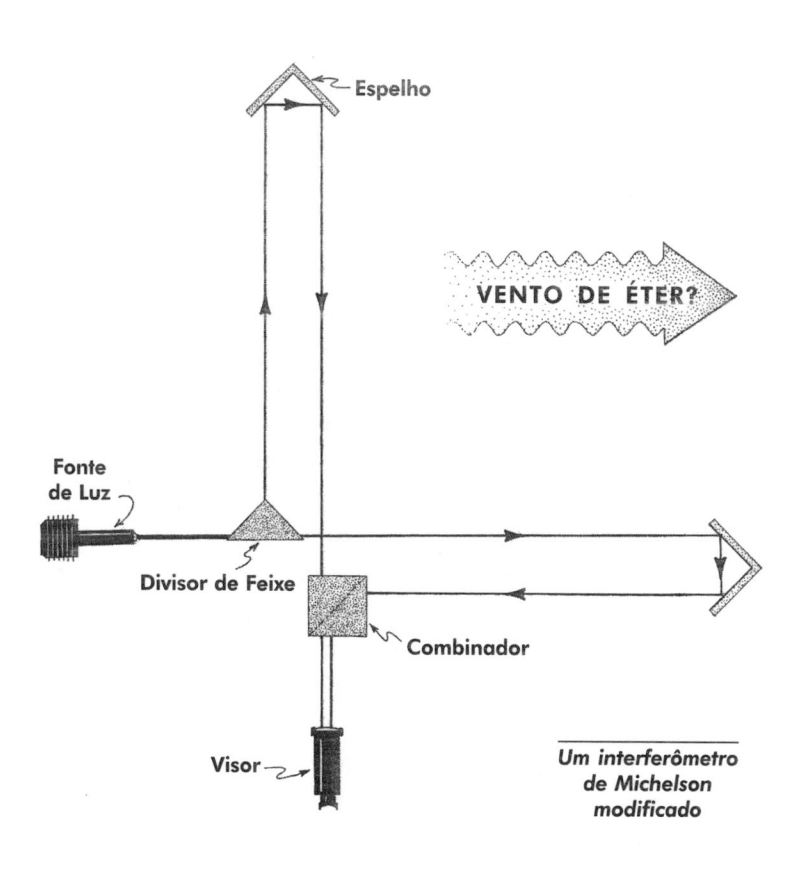

Espelho

VENTO DE ÉTER?

Fonte de Luz

Divisor de Feixe

Combinador

Visor

Um interferômetro de Michelson modificado

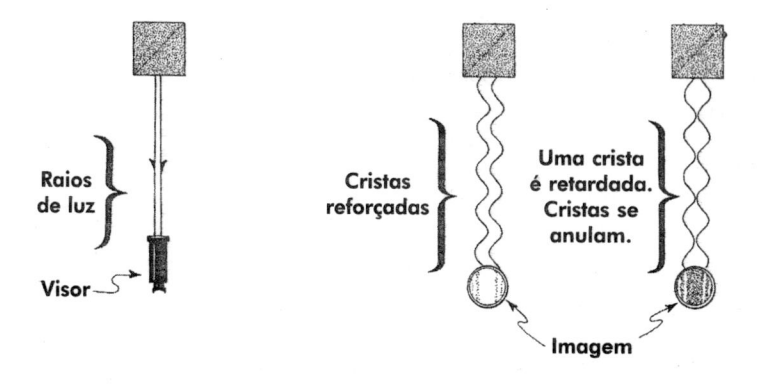

Raios de luz

Visor

Cristas reforçadas

Uma crista é retardada. Cristas se anulam.

Imagem

campos elétricos e magnéticos – e a luz – se comportavam. Elas foram, indiscutivelmente, o maior triunfo da física do século XIX; embrulharam a misteriosa natureza de campos magnéticos numa linda embalagem para presente, com um laço de fita em cima. Infelizmente, havia uma falha. Mexa um pouquinho e as equações se rompem totalmente. Explicando melhor, as equações de Maxwell só funcionavam para um observador que estivesse parado. Se alguém estivesse num trem passando pelo experimento e tentasse descrevê-lo do seu ponto de vista, do seu "sistema de coordenadas", seria incapaz de fazer isso com a teoria de Maxwell. As equações de Maxwell simplesmente não funcionavam a partir de um sistema de coordenadas em movimento: os campos elétricos começavam a virar campos magnéticos e vice-versa, e quando um observador em movimento somasse as forças que estavam atuando numa partícula, teria com frequência a resposta errada. Um físico dentro de um trem poderia concluir que a partícula se move em direção ao céu, enquanto um físico parado talvez concluísse que a partícula desce para o chão.

Isso não fazia sentido. As mesmas leis da natureza deveriam se aplicar não importa como um observador se move. Um observador que está se movendo num trem e usa as equações de Maxwell para calcular como uma partícula se comporta deveria ter a mesma resposta que um observador parado. De fato, essa ideia – que as leis da física não dependem do movimento do observador – é a primeira das duas hipóteses – chave da teoria da relatividade. Em 1905, Einstein afirmou que esse "princípio da relatividade", que deu o seu nome à teoria, *tem* que ser verdade. As leis da natureza não podem depender do movimento de um observador. E embora o princípio da relatividade seja bastante fácil de compreender, ele é sutil; dá um pouco de trabalho ver como o universo poderia ser de outro modo. A segunda hipótese de Einstein, por outro lado, era tão sutil quanto uma marreta.

Michelson e Morley mostraram que a velocidade da luz não era afetada pelo movimento da Terra. Einstein supôs que a velocidade da luz não era afetada por *nenhum* movimento, explicando instantaneamente o experimento de Michelson-Morley. Não importa como você está se movendo, irá sempre medir um feixe de luz se movendo a 300 milhões de metros por segundo: *c*, a velocidade da luz. Entretanto, aparentemente, essa hipótese parece absurda.

Se você está andando pela rua e uma mosca de repente bate no seu nariz, você mal chega a piscar. Uma minúscula mosca só consegue voar a poucos quilômetros por hora, e com a sua pequenina massa, não importa em que circunstância, ela só pode causar um minúsculo impacto se bater em você. Mas se você estiver dirigindo numa estrada, num dia de verão, de vez em quando ouvirá uma boa e sonora "pancada" quando uma pobre mosca se esmigalhar no para-brisa do seu carro. Em velocidade de autoestrada, se essa mosca batesse no seu rosto, poderia causar algum dano. Poderia derrubar os seus óculos ou até fazer o seu nariz sangrar. Isso porque o seu movimento afeta o modo como você percebe a velocidade da mosca: o movimento relativo da mosca é muito diferente se você está parado ou está passando acelerado dentro de um carro. Se uma mosca se move a 16 quilômetros por hora, quando você está parado ela vai bater em você a 16 quilômetros por hora. Isso significa muito pouco impacto. Mas, se a mosca o acerta quando você está se movendo a 128 quilômetros por hora, para o seu nariz é como se ela estivesse se movendo a $128 + 16 = 144$ quilômetros por hora, e resultará numa batida muito maior. Na física clássica, e no nosso mundo cotidiano lógico, velocidades são cumulativas. Se você se move com relação a um objeto, você soma a sua velocidade com a dele, e essa é a velocidade com que esse objeto parece estar se movendo, visto da sua perspectiva. Tudo no mundo com que estamos acostumados funciona assim.

Um policial com um radar, por exemplo, tem que levar em conta a sua própria velocidade quando acompanha um motorista dirigindo com excesso de velocidade. Um radar que acompanha um carro veloz movendo-se a 160 quilômetros por hora com relação ao chão fará uma leitura diferente se o radar estiver se movendo. Se o policial estiver parado, o seu radar obviamente captará uma velocidade de 160 quilômetros por hora quando flagra o carro. Entretanto, se ele estiver se movendo junto com o trânsito a, digamos, 96 quilômetros por hora, o radar verá apenas a diferença de 64 quilômetros por hora na velocidade entre o policial e o motorista em excesso de velocidade. Do ponto de vista do carro da patrulha, o infrator está afastando-se a apenas 64 quilômetros por hora. Inversamente, se o policial estiver viajando na direção oposta a 96 quilômetros por hora, o radar mostrará impressionantes 256 quilômetros por hora. O motorista em excesso de velocidade está se movendo a 256 quilômetros por hora com relação ao carro da polícia, mesmo que o infrator esteja movendo-se apenas a 160 quilômetros por hora com relação ao chão. O que o radar mostra quando ele mede a velocidade do carro do infrator depende de como o policial estiver se movendo: o resultado da medição depende do sistema de coordenadas do policial.

Se você substituir o motorista em excesso de velocidade por um feixe de luz, a hipótese da velocidade-da-luz-constante de Einstein é mais ou menos a mesma coisa que dizer que o infrator está *sempre* cronometrado em 160 quilômetros por hora, não importa como o policial estiver se movendo. Um policial parado veria o motorista acelerado aproximando-se a 160 quilômetros por hora e depois afastando-se a 160 quilômetros por hora. Um policial movendo-se na mesma direção do infrator ainda o veria aproximar-se a 160 quilômetros por hora e depois afastar-se em disparada a 160 quilômetros por hora. Um policial movendo-se em direção ao infrator também o veria passar acelerado por ele a 160 quilômetros por hora e afastar-se a 160 qilômetros por hora. É como se o motorista ignorasse totalmente o movimento do policial. Obviamente, isso não acontece na vida real, senão nenhum de nós seria multado por excesso de velocidade – o radar seria totalmente duvidoso!

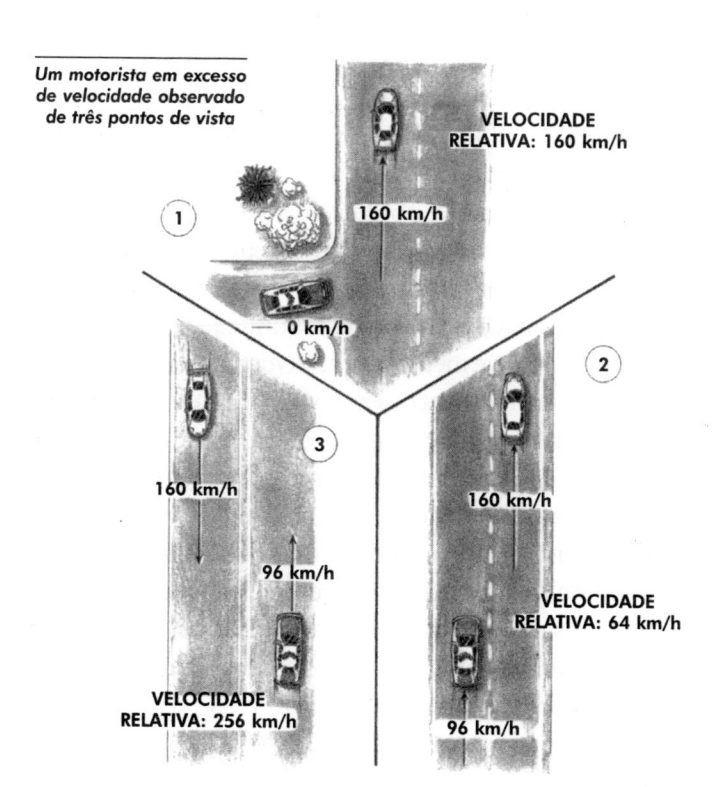

Um motorista em excesso de velocidade observado de três pontos de vista

(1) 160 km/h
VELOCIDADE RELATIVA: 160 km/h
0 km/h
(2)
(3)
160 km/h
160 km/h
96 km/h
VELOCIDADE RELATIVA: 64 km/h
VELOCIDADE RELATIVA: 256 km/h
96 km/h

Considerada junto com o princípio da relatividade, a hipótese da velocidade da luz constante parece insustentável. Se você tivesse três policiais, todos movendo-se de diferentes modos, medindo o mesmo feixe de luz ao mesmo tempo, a hipótese da velocidade da luz constante afirma que, apesar de seus diferentes movimentos, todos eles medem a mesma velocidade para o feixe de luz: 300 milhões de metros por segundo. Como podem três observadores movendo-se de maneiras diferentes captar as mesmas medidas e, ao mesmo tempo, segundo o princípio da relatividade, estarem todas corretas? Parece impossível.

Mas é possível, e é coerente. Os três observadores medem todos a mesma velocidade da luz, e todos estão corretos. Medições modernas confirmam isso com muita precisão. Não importa se um satélite está se aproximando de você ou se afastando, o sinal dele sempre se dirige velozmente para você na mesma velocidade: 300 milhões de metros por segundo. Como, então, contornar a contradição? A resposta está no conceito de velocidade – e informação. Velocidade é simplesmente a distância percorrida durante uma determinada quantidade de tempo. Mas você não consegue intuir como por um milagre a velocidade com que uma coisa está se movendo: você tem de medir essa velocidade de algum modo. Você tem de colher informações sobre distância e tempo – digamos, você mede a distância que o objeto percorre (usando um metro) em um segundo (usando um relógio). Se três policiais estão medindo a velocidade de um feixe de luz, cada um deles, independentemente, está na verdade colhendo informações sobre tempo e distância com referência aos seus próprios metros e relógios. A única saída para a aparente contradição causada pelas duas hipóteses de Einstein é supor que os relógios e os metros sejam afetados pelo movimento. Isso rejeita suposições milenares sobre tempo e distância. Eles não podem mais ser considerados quantidades objetivas, fixas, imutáveis. Tempo e distância são relativos. Eles mudam, dependendo do nosso sistema de coordenadas. E quando os seus conceitos de tempo e distância mudam, eles afetam como você mede velocidades.

De volta ao motorista em excesso de velocidade. Suponha, por enquanto, que ele seja um feixe de luz. Três superpoliciais, movendo-se de modos diferentes (digamos, um parado, e dois movendo-se em direções opostas a três quintos da velocidade da luz, ou $0,6c$), medem a velocidade do infrator, e todos obtêm a mesma resposta: a velocidade da luz, c, é 300 milhões de metros por segundo. Por que isso? Porque cada policial tem de medir tempo e distância, e seus metros e relógios estão confusos. Quando o policial parado olha para o seu metro, vê que é do comprimento normal; ele ouve o seu relógio, que está batendo no ritmo usual. Entretanto, se ele olhar para os policiais que estão cada um deles movendo-se a $0,6c$, vê que os seus metros encolheram 20%:

cada um tem 80 centímetros de comprimento em vez dos 100 totais! Além disso, ele vê que os relógios dos dois policiais em movimento estão atrasando. Quando o policial parado conta dez segundos no seu relógio, percebe que os relógios dos policiais em movimento bateram cada um deles apenas oito segundos.

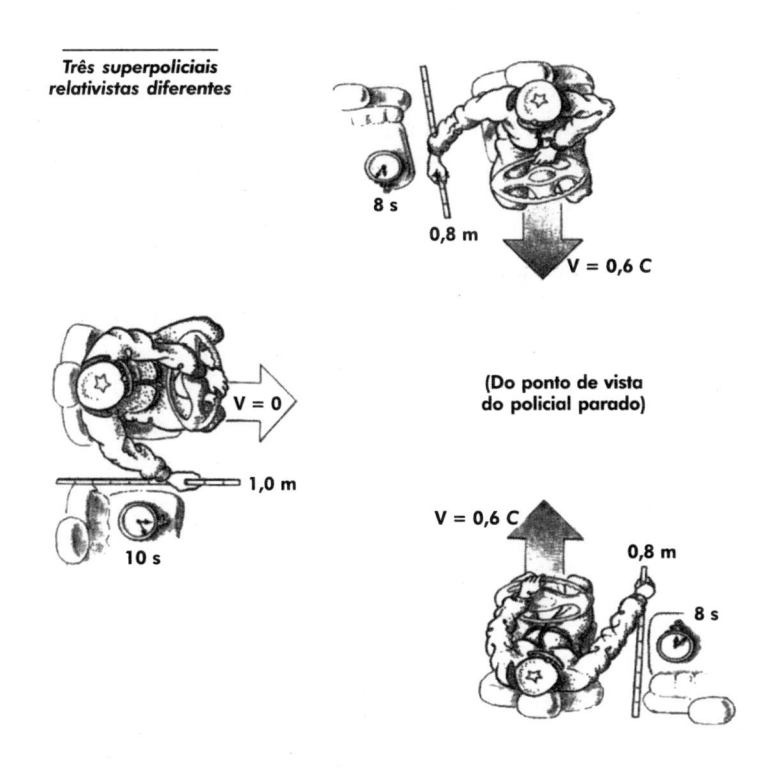

Três superpoliciais relativistas diferentes

8 s
0,8 m
V = 0,6 C

V = 0

(Do ponto de vista do policial parado)

1,0 m
10 s

V = 0,6 C
0,8 m
8 s

"Ah-ah! Aqui está o problema", pensa o policial parado. "Quando eu meço a velocidade da luz, tenho a resposta correta porque o meu metro e o meu relógio estão funcionando corretamente. Mas os dois policiais em movimento têm medidas incorretas porque a sua noção de distância e tempo está distorcida."

Acontece que essa distorção de espaço e tempo – a percepção de que os relógios dos policiais em movimento estão mais lentos e seus metros mais curtos – faz todas as três medidas estarem de acordo: o policial parado mede o infrator movendo-se a c, como fazem os dois policiais em movimento com seus metros curtos e relógios lentos.[5] Assim, do ponto de vista do policial parado, os dois policiais em movimento têm a resposta certa, c, mas apenas depois que a distorção de seus metros e relógios é considerada.

Estranhamente, nenhum dos policiais em movimento nota o encolhimento do seu metro ou que o seu relógio está atrasando. De fato, quando cada um dos policiais em movimento olha para o seu metro e o seu relógio, tudo parece normal, mas quando cada um deles olha para os metros e relógios dos *outros* policiais, vê que os metros encolheram e os relógios estão mais lentos. Assim, cada um dos policiais em movimento pensa: "Ah-ah! Aqui está o problema!", e culpa os metros e relógios errados de seus colegas por estarem obtendo a resposta certa da maneira errada.

Metros que encolhem? Relógios que atrasam? Parece tolice, mas tem sido observado. Por exemplo, físicos de partículas veem relógios atrasando o tempo todo. Certas partículas subatômicas, como o muon ou o tau, irmãs mais pesadas do elétron, têm apenas uma vida curta antes de espontaneamente decaírem em outras partículas mais estáveis. (O muon, por exemplo, vive em média cerca de dois milionésimos de segundo.) Num acelerador de partículas, entretanto, um muon muitas vezes viaja a mais de 99% da velocidade da luz, e consequentemente o seu relógio interno fica atrasado com relação ao relógio do laboratório. Isso significa que o muon vive muito mais do que se estivesse em repouso. Receptores de GPS – o sistema de posicionamento global – que são sensíveis aos sinais de relógio de satélites

---

[5] Os números *dão* certo, mesmo que isso não seja óbvio. A matemática usada para trocar as perspectivas é conhecida como a transformação de Lorentz, e é ligeiramente mais complicada do que a simples soma das conversões de velocidade corriqueiras a que estamos acostumados.

orbitando a Terra, têm de levar em conta relógios relativistas atrasando quando calculam a sua posição. De forma ainda mais direta, em 1971 dois cientistas colocaram quatro relógios atômicos a bordo de aviões comerciais. Devido ao movimento deles com relação à Terra, os relógios discordavam depois da viagem. Contração de comprimento e dilatação de tempo, assim como outros estranhos efeitos relativistas, tais como um aumento da massa em altas velocidades, são um fato. Eles foram observados, e concordam maravilhosamente com a teoria de Einstein.

As duas hipóteses de Einstein, o princípio de relatividade e uma velocidade constante da luz, tiveram muitas consequências curiosas, mas a teoria tem uma bela simetria. Observadores talvez tenham visões muito diferentes do mundo – podem discordar a respeito de comprimento, tempo, massa e muitas outras coisas fundamentais –, mas, ao mesmo tempo, todos os observadores estão corretos.

Em outras palavras, a teoria de Einstein, na sua raiz, diz que você não pode separar percepção – a informação que você recebe do seu ambiente – de realidade. Se um observador coleta informações precisas sobre alguma coisa (a velocidade com que um infrator no trânsito está se movendo, por exemplo), essa informação estará correta, mas com um porém: ela está correta apenas do seu ponto de vista. Observadores diferentes, fazendo a mesma medição e recolhendo a mesma informação, com frequência terão respostas diferentes. Todos podem ter valores diferentes para a velocidade com que um objeto está se movendo, para o comprimento de um objeto, para o seu peso ou para a rapidez com que um relógio está batendo. Entretanto, nenhuma informação de um observador é mais ou menos correta do que qualquer informação dos outros observadores. A informação de todos é igualmente correta, mesmo que as respostas para as perguntas sobre massa, comprimento, velocidade e tempo pareçam se contradizer. Parece difícil de aceitar, mas as equações da relatividade geral funcionam muito bem. Se você sabe como cada observador está se movendo, pode usar as equações para prever exatamente o que cada um deles vê; em outras palavras, você é capaz de pegar a informação que colheu e usar as equações para calcular o que os outros observadores estão vendo. Essa é a chave para compreender a relatividade. Observadores diferentes podem fazer as mesmas perguntas a respeito dos mesmos fenômenos e obter respostas aparentemente diferentes. Mas as leis da relatividade governam as leis de como a informação é transferida de observador para observador e lhe dizem como diferentes observadores interpretarão o mesmo fenômeno de diferentes maneiras.

A elegância das equações, sem falar das observações que elas explicavam, convenceram os físicos de que Einstein estava correto. No início da década de 1920, espalhou-se um boato de que um experimento do tipo Michelson-Morley mais sensível havia detectado leves traços de um éter luminífero, invalidando portanto a teoria da relatividade. A famosa resposta de Einstein foi: "Sutil é o senhor, mas malicioso ele não é." Einstein, como muitos outros físicos da época, estava absolutamente convencido de que a teoria estava certa. A relatividade era bela demais para estar errada.

Entretanto, tem uma coisa de que os físicos gostam mais do que construir uma bela teoria – e essa coisa é acabar com a bela teoria de alguém. Muita gente tentou destruir a de Einstein. Visto que testes experimentais da relatividade são difíceis de fazer (e algumas previsões de relatividade geral ainda não foram testadas por causa dessa dificuldade), acadêmicos atacaram a teoria de Einstein com uma ferramenta diferente: o experimento imaginário.

Num experimento imaginário, um físico monta um cenário e tenta solucioná-lo usando as leis da teoria que está testando. Se a teoria tem um furo e o físico é bastante esperto, ele pode montar um cenário que provoque uma contradição interna, um ponto em que a teoria discorde de si mesma. Se isso acontece, se a teoria é inconsistente, então ela deve estar errada. Mas, se a teoria é consistente, o cenário que parece paradoxal terá uma explicação coerente, e tudo funciona no final. (O demônio de Maxwell era essencialmente um experimento imaginário, e causou problemas sem fim para a termodinâmica.) O próprio Einstein adorava experimentos imaginários e os usava para tentar destruir as teorias dos outros (como o próximo capítulo vai demonstrar). Com a relatividade, a situação se inverteu. Einstein tinha de competir com os experimentos imaginários de outros cientistas. Um dos mais astuciosos foi o que chamaremos de paradoxo da lança no celeiro.

Imagine um velocista com uma lança de 15 metros de comprimento. Ele corre em direção a um celeiro com 15 metros de comprimento e com duas portas, uma porta da frente e outra dos fundos. Para começar, a porta da frente está aberta e a porta dos fundos está fechada.

O velocista é muito bom. De fato, ele consegue atingir 80% da velocidade da luz, e corre para o celeiro. Do ponto de vista de um observador estacionário, sentado nos caibros do telhado, a lança do velocista está encolhida (por causa do efeito relativista sobre o metro do corredor). De fato, a lança de 15 metros de comprimento tem apenas nove metros. Se o observador nos caibros tirasse uma foto da lança ou a medisse de alguma outra maneira, veria que ela tem apenas nove metros de comprimento, mesmo enquanto o celeiro parado permanece do seu tamanho original de 15 metros.

Em outras palavras, se um observador estacionário tenta obter informação sobre o comprimento da lança, descobrirá que ela tem nove metros de comprimento. E como diz a teoria de Einstein, informação é realidade. Se o seu instrumento de medição (preciso) revela que a lança tem nove metros de comprimento, então ela tem nove metros de comprimento – não importa se ela começou como uma lança de 15 metros de comprimento.

Uma lança de nove metros de comprimento cabe perfeitamente no celeiro de 15; um sensor eletrônico pode fechar a porta assim que a lança estiver totalmente dentro do celeiro. Por um momento, ela está totalmente encerrada no celeiro, que está com as duas portas fechadas. Então, assim que a ponta da lança atinge a extremidade do celeiro, outro sensor abre a porta dos fundos, deixando sair o velocista. Até agora, tudo bem.

O paradoxo da lança no celeiro de um ponto de vista estacionário

Mas as coisas realmente ficam esquisitas se você olhar o que está acontecendo do ponto de vista do velocista. Da sua perspectiva, o celeiro está correndo na sua direção a 80% da velocidade da luz. Se ele fosse colher informações sobre o comprimento do celeiro, veria que tem apenas nove metros de comprimento – e percepção é realidade. Mesmo que a sua lança pareça ter os 15 metros totais de comprimento, a informação do velocista diz que o *celeiro* tem apenas nove metros de comprimento, portanto a lança não cabe no celeiro! Como, então, as duas portas podiam estar fechadas ao mesmo tempo?

A resposta se esconde na última palavra da pergunta. A solução para o paradoxo tem a ver com tempo, mas é um pouco mais complicada do que o simples atraso de um relógio. Um dos efeitos colaterais da relatividade é que o conceito de simultaneidade – que duas coisas podem acontecer ao mesmo tempo – se desmonta. Observadores diferentes podem discordar se os dois eventos se deram ao mesmo tempo, ou se um acontece antes do outro.

Nesse caso, os eventos em questão são (1) a porta da frente fechando e (2) a porta dos fundos abrindo. Do ponto de vista do observador estacionário nos caibros, o velocista entra correndo no celeiro, (1) o sensor dianteiro fecha a porta de entrada, com o velocista lá dentro, e em seguida (2) o sensor traseiro abre a porta dos fundos, deixando sair o velocista. Mas, do ponto de vista do velocista, a ordem dos acontecimentos é invertida. Ele entra correndo no celeiro e (2) a porta dos fundos se abre quando a ponta da lança chega à extremidade do celeiro e aciona o sensor traseiro. Ele continua, e aí (1) a porta da frente se fecha assim que a base da sua lança atravessa a soleira da porta da frente, acionando o sensor dianteiro.

O velocista e o observador nos caibros discordam quanto à ordem dos acontecimentos, mas matematicamente as duas observações são coerentes. Os dois sensores são independentes, e não há nenhum motivo para que um seja acionado antes do outro. Em um sistema de coordenadas, o sensor dianteiro aciona primeiro, e em outro sistema de coordenadas é o sensor traseiro que aciona primeiro. Mais uma vez, é tudo uma questão de transferência de informações.

O paradoxo da lança no celeiro de um ponto de vista em movimento

A informação não vai de um lugar para outro instantaneamente; no máximo ela pode viajar à velocidade da luz. Isso significa que o conceito de "simultâneo" na verdade não quer dizer nada, porque você tem de levar em consideração o fato de que leva tempo para a informação viajar até os seus observadores. E o movimento de um observador afetará a ordem em que a informação chega até ele. A informação de que a porta da frente está fechada e a informação de que a porta dos fundos está aberta talvez chegassem a um observador ao mesmo tempo; para outro observador, a informação de que a "porta da frente está fechada" poderia chegar primeiro. Para outro ainda, a informação de que a porta dos fundos está aberta poderia chegar primeiro. Os três observadores discordarão se a porta da frente fechou primeiro, a porta dos fundos abriu primeiro, ou se ambas as coisas aconteceram ao mesmo tempo. Qual deles está certo? Todos estão.

A teoria da relatividade de Einstein diz que um evento só "ocorre" da sua perspectiva quando a informação sobre a ocorrência dele chega até você. Um evento não acontece *realmente* até que essa informação viajando à velocidade da luz percorra a distância do evento até você. De novo, percepção – e informação – é realidade. Isso é que faz com que a simultaneidade desabe; visto que os três observadores obtêm a informação numa ordem diferente, então na verdade os eventos que eles estavam observando *ocorrem* numa ordem diferente para cada um dos três observadores. É um estranho conceito, mas a desintegração da simultaneidade na teoria da relatividade é algo com que os físicos são obrigados a conviver; ela não viola nenhum princípio mais do que a contração de comprimento e dilatação de tempo. Crise evitada.

Ou será? Podemos usar essa desintegração da simultaneidade para propor um cenário impossível? Podemos sem dúvida tentar. Por exemplo, podemos modificar ligeiramente o experimento imaginário para tentar forçar uma contradição. Em vez de termos dois sensores, um na frente e outro nos fundos do celeiro, cada um acionando a sua respectiva porta, imagine que haja apenas um sensor na frente. Quando o sensor percebe que a base da lança cruzou a soleira, ele fecha a porta da frente e só então sinaliza para a porta dos fundos se abrir. Por uma fração de segundo, tanto a porta da frente como a porta dos fundos *devem* estar fechadas ao mesmo tempo antes que a porta dos fundos se abra. Os eventos não são mais independentes porque pode-se dizer que o fechamento da porta da frente causa a abertura da porta de trás. Trocar a ordem desses dois eventos *seria* uma violação das leis da física.

Isso acontece porque a *causalidade* precisa ser preservada, mesmo no mundo invertido da relatividade. Imagine que um assassino atire num general. A bala atinge o general e o mata; se a arma não tivesse disparado, o general não morreria. Mas se houvesse um observador próximo, movimentando-se rapidamente e assim visse a bala atingir antes que a arma disparasse, ele poderia tirar a arma da mão do assassino antes que ela disparasse. Ele poderia ter conseguido impedir o assassinato que acabou de ver! É como se ele voltasse no tempo e mudasse o passado. Isso não faz sentido, mesmo no estranho domínio da física moderna.

Há um limite para a reordenação de eventos na relatividade. Se um evento (1) *causa* um evento (2), não há como um observador poder ver (2) antes de ele ver (1). Esses dois eventos são chamados de *causalmente conectados*. Mesmo levando em conta a distorção de tempo da relatividade, um viajante movendo-se próximo à velocidade da luz jamais verá uma inversão de eventos causalmente conectados. Ele jamais verá o seu nascimento antes de ver o da sua mãe; o nascimento da sua mãe deve vir antes do seu, porque a existência da sua mãe *causa* o seu nascimento. Similarmente, no paradoxo da lança no celeiro modificado, o fechamento da porta da frente causa a abertura da porta de trás. Portanto, de qualquer ponto de vista – de um observador parado ou do velocista – a porta de trás deve abrir depois da porta da frente. Com o sensor modificado, vamos reprisar o cenário.

Do ponto de vista do velocista, a porta de trás só abre quando o sensor dianteiro é acionado – quando a base da lança cruza a soleira. A parte da frente da sua lança, que tem 15 metros de comprimento, vai se chocar com a porta de trás antes de acionar o sensor que fecha a porta da frente. O resultado é uma colisão, pelo menos do ponto de vista do velocista.

Ah-ah! Agora parece que colocamos Einstein numa enrascada porque, como antes, do ponto de vista do observador estacionário parece possível que a lança caiba dentro do celeiro, dando tempo suficiente para abrir a porta e evitar a colisão. Em um sistema de coordenadas, há uma pancada, e em outro, nada! Isso é uma contradição. Ou assim pareceria. Existe uma saída, uma sutileza adicional que temos de levar em conta. E é aqui que a teoria da informação começa a se revelar.

O sensor na frente do celeiro tem de sinalizar para a porta de trás abrir. Ele tem de transmitir informação – o comando para abrir – da frente para os fundos do celeiro. Pelo menos um bit de informação deve viajar da frente para a parte de trás do celeiro, e informação não pode viajar de um lugar para outro instantaneamente, porque informação tem uma presença física. Transmitir o bit leva tempo. No sistema de coordenadas do observador parado, o sensor dianteiro fecha a porta e envia uma mensagem para a porta de trás. Entretanto, a ponta do bastão do velocista tem uma vantagem de nove metros e está disparando em direção à porta dos fundos a 80% da velocidade da luz. É uma vantagem dura de superar. De fato, a não ser que a mensagem viaje *mais rápido* do que a velocidade da luz, não há como completar a distância com rapidez suficiente. O sinal para a porta de trás chega lá tarde demais: a lança bate na porta antes que a mensagem chegue. Então, mesmo do ponto de vista do observador estacionário há uma forte colisão. Ambos observadores concordam; um choque ocorre. Paradoxo evitado. Evitado, isto é, desde que a informação possa viajar não mais rápido do que a velocidade da luz.

A teoria de Einstein se mantém – mas só quando existe um limite para a velocidade com que a informação pode viajar. Se, de algum modo, a informação puder viajar mais rápido do que a velocidade da luz, a causalidade se desfaz; você poderia enviar uma mensagem para o passado e afetar o futuro. Desde que a informação se comporte e se mova à velocidade da luz ou abaixo dela, a teoria de Einstein é totalmente coerente.

É isso que está por trás da famosa máxima "nada pode ser mais rápido do que a velocidade da luz", mas, de fato, essa máxima é uma supersimplificação. Algumas coisas *podem* ser mais rápidas do que a velocidade da luz. Até a própria luz pode romper a velocidade da luz, em certo sentido. A verdadeira regra é que *informação* não pode viajar mais rápido do que velocidade da luz. Você não pode pegar um bit de informação, transmiti-lo, e fazer com que chegue ao receptor mais rápido do que um feixe de luz é capaz de cobrir a mesma distância, senão a causalidade se desfaz. A ordenação dos eventos no universo não faria mais sentido; você poderia construir uma máquina do tempo e nascer antes da sua mãe.

Os aparentes paradoxos da relatividade dependem da transferência e movimento da informação; relatividade, no fundo, é uma teoria sobre informação. Às vezes as suas regras são incrivelmente sutis, mas se mantiveram, a despeito de legiões de cientistas que durante o século passado tentaram encontrar furos. O enigma da viagem mais rápida que a luz é um enigma da informação. Assim é o problema da viagem no tempo.

Em um modesto laboratório em Nova Jersey, cientistas construíram a primeira máquina do tempo. Lijun Wang, físico do NEC Research Institute nos arredores de Princeton, enviou um pulso de luz mais rápido do que a velocidade da luz – e o forçou a sair de uma câmara antes de ter entrado.

Não é piada. Foi publicado na revista *Nature* em 2000, revisado por profissionais da área e replicado por um punhado de laboratórios em todo o país. Não é um experimento assim tão difícil de realizar: só requer uma câmara cheia de gás, um laser e um cronômetro muito preciso. E embora o trabalho de Wang seja o exemplo mais expressivo de rompimento da velocidade da luz, não é o único. Nem um mês antes do experimento de Wang, físicos italianos usaram uma engenhosa construção geométrica para fazer um feixe de raio laser exceder c, a velocidade da luz. Meia década antes disso, Raymond Chiao, um físico da Universidade da Califórnia, em Berkeley, usou uma propriedade bizarra da mecânica quântica chamada *tunelamento* para fazer uma luz pulsar mais rápido do que c.

O experimento mais rápido que a luz mais fácil de compreender é o que foi realizado na Itália em 2000. Nele, Anedio Ranfagni e colegas no Conselho Nacional de Pesquisas Italiano, em Florença, passou um feixe de micro-ondas, passou-o por um anel e depois o fez ricochetear num espelho curvo para criar o que é chamado de *feixe Bessel* de luz de micro-ondas. Visto de cima, um feixe Bessel tem planos de ondas que se inter-

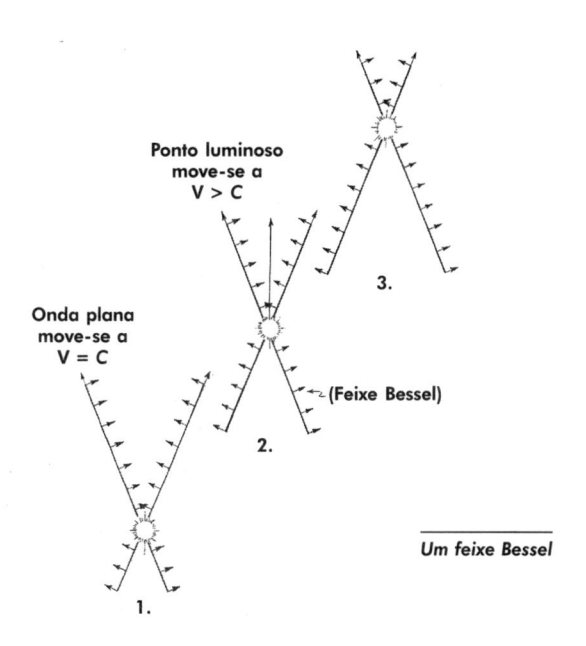

Ponto luminoso
move-se a
$V > C$

Onda plana
move-se a
$V = C$

3.

(Feixe Bessel)

2.

1.

Um feixe Bessel

ceptam como um X. Os cientistas observaram a interseção desse X movendo-se mais do que 7% acima da velocidade da luz; era como se estivessem enviando algo – a interseção – mais rápido do que *c*. (Uma maneira fácil de ver o que está acontecendo é fazer um X com seus dois dedos indicadores quase paralelos um ao outro. Afaste as mãos lentamente e você verá que a interseção movimenta os seu dedos para cima a uma velocidade que é muito maior do que a velocidade com que suas mãos estão se afastando.) Mas o que acontece se você tentar enviar uma mensagem com esse esquema? Ela pode ir mais rápido do que a luz?

Einstein se sentiria aliviado: a resposta é não. Imagine, por exemplo, que Alice seja uma sentinela em Júpiter. Quando ela vê uma força invasora de criaturas com olhos de insetos vindas de Alfa Centauro, precisa enviar a notícia para a Terra. Por sorte, uma linha de comunicação de feixe Bessel já está montada entre Júpiter e a Terra; ela precisa usá-la para enviar um único bit de informação, um alerta. Uma súbita mudança no sinal – o feixe piscando de repente, por exemplo – bastaria; quando o feixe pisca uma vez, sinaliza a transmissão de um bit de informação. Isso significa que os casacas vermelhas alienígenas estão chegando.

Alice pode partir o feixe pondo a mão no centro do feixe, absorvendo a luz e fazendo o ponto de interseção escurecer. Visto que a interseção se move mais rápido do que a velocidade da luz, o ponto escuro não deveria, também, passar acelerado pelo feixe mais rápido do que a velocidade da luz? Bem, não. Por causa do modo como o feixe está montado – as ondas planas movem-se em ângulo, mesmo que a interseção se mova direto para a Terra – o ponto escuro se afasta do centro do feixe, e a própria interseção permanece luminosa. Alguém monitorando o feixe na Terra não veria o centro do feixe piscar; não importa como Alice brinque com a interseção do feixe em Júpiter, ele jamais piscará na Terra. O bit se perdeu, enviado pelo espaço à velocidade da luz, e ninguém na Terra jamais receberá a mensagem de Alice. Embora a interseção se mova mais rápido do que a velocidade da luz, ela não pode carregar um bit. Ela não carrega nenhuma informação.

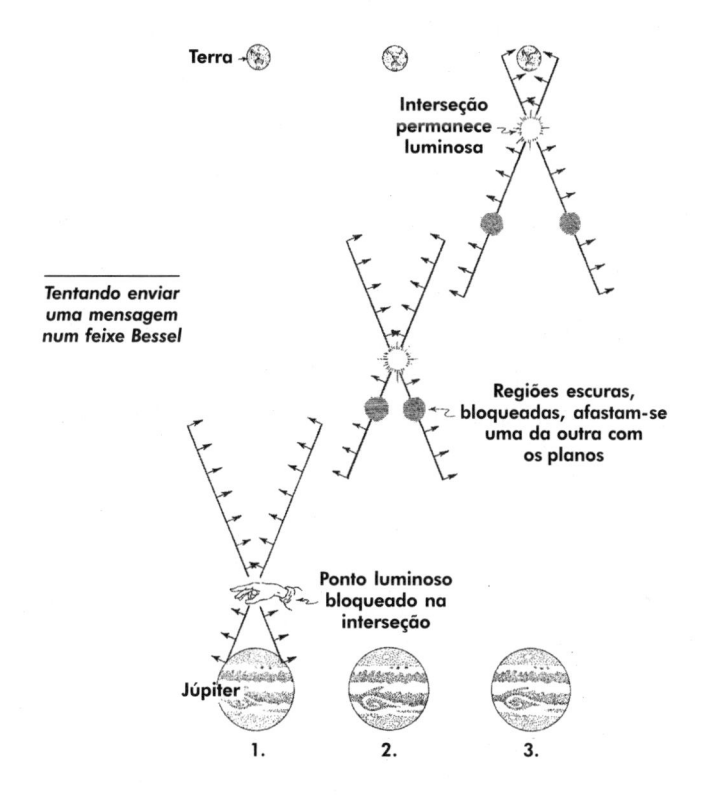

Terra

Interseção permanece luminosa

Tentando enviar uma mensagem num feixe Bessel

Regiões escuras, bloqueadas, afastam-se uma da outra com os planos

Ponto luminoso bloqueado na interseção

Júpiter

1.   2.   3.

Mas existe outra opção para Alice. Ela pode bloquear os dois pontos no feixe que acabam se interceptando na Terra. Nesse caso, conforme as ondas de luz se movem, os dois pontos se aproximam cada vez mais à medida que viajam em direção à Terra, acabando por convergir no receptor, que de repente vê o feixe se apagar. Nesse caso, a Terra receberia um bit de informação – mas essa informação só se move à mesma velocidade da luz. Lembre-se que as próprias ondas planas só se movem tão rápido quanto c; a interseção é o único "objeto" que se move mais rápido do que a velocidade da luz. Os pontos bloqueados no feixe viajariam à velocidade da luz em direção à Terra. A mensagem de Alice viaja à velocidade da luz – não mais rápido. Por conseguinte, o experimento italiano com feixe Bessel foi nada mais do que um truque geométrico. Não há realmente nada movendo-se mais rápido do que a velocidade da luz. Por outro lado, não é tão fácil descartar o experimento de Lijun Wang. Na verdade, a sua incrível montagem, em que um pulso de luz existe numa câmara de gás antes de entrar, parece uma máquina do tempo autêntica.

O núcleo da máquina do tempo de Wang é um recipiente de seis centímetros de comprimento cheio de gás césio. O césio é um metal reativo, um pouco parecido com o sódio que é usado em postes de iluminação pública. Quando montado de forma adequada, a câmara de gás césio tem uma propriedade muito peculiar que é conhecida como *dispersão anômala*. É esse efeito que transforma a câmara num dispositivo mais rápido do que a luz.

No vácuo, frequências diferentes de luz – cores do arco-íris diferentes – viajam à mesma velocidade. Velocidade da luz, é claro. Mas não é esse o caso quando a luz viaja através de um meio, como ar ou água. Nesse caso, a luz se move mais devagar que a velocidade da luz no vácuo. Na maioria dos casos, diferentes cores reduzem a velocidade em diferentes graus. Luz mais vermelha – luz de frequência mais baixa – tende a sentir os efeitos da matéria menos do que a luz mais azul de energia e de frequência mais altas. Isso significa que a luz avermelhada tende a se mover por uma caixa de ar ou um copo de água ligeiramente mais rápido do que a luz azulada. Esse efeito é conhecido como *dispersão* e é importante por causa da parte semelhante à onda da natureza da luz. (É também a causa da separação das cores num arco-íris.)

Qualquer objeto semelhante à onda, tal como um pulso de luz, pode ser dissecado em suas partes componentes – no caso da luz, em feixes de luz de diferentes frequências.[6] Na maioria das regiões do espaço, esses feixes se anulam mutuamente, mas em uma região os feixes de diferentes frequências se reforçam uns aos outros, criando um pulso de luz. O pulso se move porque os feixes individuais de luz estão se movendo a c; suas regiões de reforço e anulação deslocam-se para a frente à velocidade da luz, fazendo o pulso se mover para a frente à velocidade da luz, também. Pelo menos é isso que acontece num vácuo. É um pouquinho mais complicado num meio dispersivo, como ar.

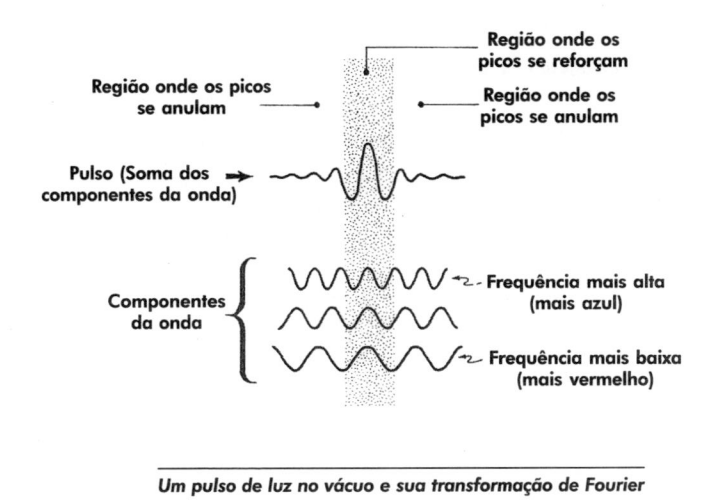

Um pulso de luz no vácuo e sua transformação de Fourier

Visto que o ar desacelera a luz avermelhada um pouco menos do que a luz azulada, ele atrapalha um pouco a anulação. Conforme um pulso se aproxima mais de uma câmara cheia de ar, a anulação deixa de ser perfeita; o pulso se espalha um pouco

---

[6] Esta técnica é conhecida como uma transformação de Fourier, o nome do seu inventor, Jean-Baptiste-Joseph Fourier. Fourier quase foi mandado para a guilhotina em 1794, durante o Reinado do Terror na França, e acabou sendo um conselheiro de Napoleão para ciências.

conforme as ondas de alta frequência desaceleram com relação às de baixa frequência. O pulso na câmara vai engordando conforme se move, e depois emerge no extremo oposto da câmara muito mais gordo do que quando entrou. O pulso ficou distorcido pelo meio.

Entretanto, a história fica realmente estranha se o meio não for dispersivo no modo comum, desacelerando a luz azul mais do que desacelera a luz vermelha. Se em vez de dispersão ordinária ele causa dispersão anômala, onde o oposto acontece, a luz vermelha desacelera mais do que a luz azul, e o resultado é uma máquina do tempo.

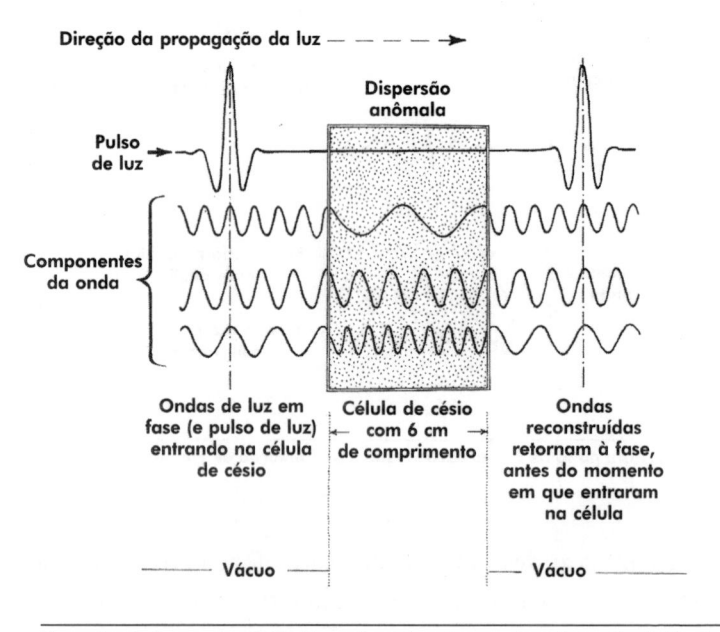

Um pulso de luz num meio de dispersão anômala e sua transformação de Fourier

Como antes, quando um pulso se aproxima da câmara de gás césio, o meio atrapalha a bela anulação. No exemplo anterior com ar, em que a luz azul viajou mais devagar do que a luz vermelha, a anulação foi destruída perto do pulso, fazendo o pulso se espalhar. Na câmara de césio, por outro lado, em que a luz vermelha viaja mais devagar do que a azul, a anulação é atrapalhada muito longe do pulso. É como se o pulso de repente aparecesse muito longe dali: como se ele se movesse mais rápido do que a velocidade da luz. De fato, se o efeito da dispersão anômala é suficientemente pronunciado, o pulso pode emergir da câmara antes de ter entrado! Isso é difícil de visualizar, mas é uma consequência das propriedades da luz. Não há truques; o pulso emerge da câmara antes de entrar porque se move mais rápido do que a velocidade da luz atravessando a câmara. No experimento original de Wang, o pulso moveu-se a trezentas vezes a velocidade da luz e deixou o gás césio cerca de 62 nanossegundos antes de entrar.

O experimento de Wang e as variações a partir dele foram reproduzidos muitas vezes desde então. Existem poucas controvérsias; a maioria dos físicos concorda que o pulso efetivamente viaja mais rápido do que a velocidade da luz. Por exemplo, Daniel Gauthier, físico da Duke University, e dois colegas repetiram o experimento com vapor de potássio na câmara em vez de césio, e com certeza um pulso saiu da câmara 27 nanossegundos mais rápido do que aconteceria se ele estivesse viajando à velocidade da luz; ele quebrou o limite universal de velocidade, c, em mais de 2%.

Gauthier e seus colegas não ficaram satisfeitos em fazer pulsos se moverem mais rápido do que a luz; eles tentaram enviar informação nesses pulsos. E para enviar informação, você precisa enviar um bit. A equipe de Gauthier aparelhou o feixe de laser para ficar mais luminoso depois de um breve intervalo (codificando um 1) ou ficar mais escuro depois do mesmo intervalo (codificando um 0). Em seguida, na outra extremidade da câmara eles colocaram um detector que registrava o momento em que era capaz de distinguir um pulso 1 de um pulso 0 com uma determinada confiança. Se a câmara realmente fazia a informação viajar mais rápido do que a velocidade da luz, então o detector deveria ser capaz de registrar um pulso 1 ou 0 mais rápido do que poderia se o pulso simplesmente viajasse à velocidade da luz; o pulso mais rápido do que a luz depositaria a sua informação no detector mais rápido do que o faria um pulso à velocidade da luz. O que eles descobriram foi exatamente o contrário. Embora o pulso à velocidade da luz emergisse da câmara depois do pulso mais rápido do que a luz, ele depositou a sua informação antes do pulso mais rápido do que a luz. Mesmo que o feixe acelerado alcançasse o detector primeiro, a sua informação atrasou-se um pouco. Einstein, mais uma vez, podia descansar em paz. Como o aparelho de feixe Bessel, a máquina do tempo câmara de gás não pode transmitir *informação* mais rápido do que a velocidade da luz. Entretanto, a razão é um tantinho mais sutil do que no caso do equipamento de feixe Bessel. Ela tem a ver com o formato do pulso.

Quando um pulso passa através de um meio dispersivo como ar, césio ou potássio, fica um pouco distorcido. Às vezes fica mais gordo; às vezes mais magro. Ele fica mais alto em certos lugares, e mais baixo em outros. No experimento de Gauthier, o pulso 0 e o pulso 1 ficaram distorcidos de modos ligeiramente diferentes. O pulso 0 original foi planejado para escurecer de repente, mas depois da distorção causada por sua passagem através da câmara, ele escureceu um pouco menos abruptamente. O pulso 1, por outro lado, ficou mais luminoso menos abruptamente depois de atravessar a câmara de césio. Um 0 apagando-se mais lentamente e um 1 iluminando-se mais lentamente significava que as duas possibilidades não podiam ser distinguidas tão rápido; era mais difícil ver a diferença entre o pulso 0 e o pulso 1. Mesmo que os pulsos atravessassem a câmara mais rápido do que a velocidade da luz, levava mais tempo para o detector distingui-los por causa dessa distorção – mais do que compensando a aceleração desse pulso. Em resumo, o lugar onde fica a informação no pulso – o lugar onde se encontra o bit no pulso – sempre se move mais lentamente do que a velocidade da luz, mesmo quando o próprio pulso rompe o limite de velocidade.

Esse mesmo efeito atrapalha as tentativas de transmitir informação com mais uma técnica mais rápida que a luz que explora uma característica bizarra do mundo subatômico conhecida como tunelamento quântico. No mundo clássico, jogue uma bola numa parede de concreto e ela ricocheteia na mesma hora. No mundo quântico, jogue uma partícula como um fóton em direção a uma barreira impenetrável e ela ricocheteará imediatamente. Na maioria das vezes. Raramente – essa probabilidade depende da natureza da barreira e da partícula – a partícula atravessa a barreira. Um fóton, por exemplo, pode "tunelar" atravessando uma parede de uma caixa selada, mesmo que as regras clássicas da física proíbam qualquer luz de entrar ou sair. Essa é uma consequência da matemática da mecânica quântica, e tem sido observada inúmeras vezes. De fato, o processo de decaimento radioativo é uma forma de tunelamento; por exemplo, uma partícula alfa (um conglomerado de dois prótons e dois nêutrons) está efetivamente presa dentro da caixa de um núcleo atômico instável como urânio-238. A partícula alfa chacoalha de um lado para outro dentro desse núcleo durante anos e anos (em média, mais ou menos quatro bilhões e meio de anos), e aí, de repente, ela irrompe através da lateral da caixa e sai voando. A partícula alfa em fuga então causa um estalido ao bater num detector sensível de radiação.

O que torna o tunelamento interessante para a turma do mais rápido do que a luz é que o processo ocorre incrivelmente rápido, talvez até instantaneamente. Ela pode de repente tunelar através de uma barreira – pá! – sem levar um tempo para atravessar a barreira.[7] É como se a partícula desaparecesse e aparecesse em outro lugar, tudo no mesmo momento.

---

[7] Sim, isso parece incrível, mas é uma consequência das leis da mecânica quântica, que serão explicadas com mais detalhes no próximo capítulo.

Raymond Chiao, físico da Universidade da Califórnia, montou um experimento onde ele enviava fótons em direção a uma barreira relativamente grossa, uma fatia de silício revestida. De vez em quando, um fóton atravessava a barreira. Com certeza, Chiao mediu a velocidade com que os fótons atravessavam a barreira e descobriu que eles estavam, na verdade, movendo-se mais rápido do que a velocidade da luz. Entretanto, Chiao percebeu que esses fótons não podiam ser usados para transmitir informação mais rápido do que a velocidade da luz. Assim como no dispositivo da câmara de gás, a "forma" do fóton muda ao passar pela barreira. Um fóton não é diferente de um pulso na visão do mundo pela mecânica quântica; tanto quanto uma partícula, ele se comporta como um pacote de ondas. E esse pacote de ondas muda de forma e se reconstrói ao atravessar a barreira. De fato, somente a extremidade frontal do pacote de ondas de fótons passa pela barreira; na outra extremidade, o pacote de ondas é muito menor, e a parte frontal adquiriu uma nova forma, de modo que qualquer bit que você codificar nesse pulso de luz é mandado de volta pelo processo de reconstrução. Einstein, mais uma vez, se sentiria aliviado. A informação não viaja mais rápido do que a luz, ainda que o fóton o faça. A teoria da relatividade resistiu a todas as tentativas de transmitir informação mais rápido do que a velocidade da luz.

Entretanto, existe mais uma ameaça à relatividade proposta pelas leis da mecânica quântica. Foi uma ameaça que o próprio Einstein descobriu, e que o fez rejeitar a teoria que ajudou a criar. Aqui, também, a chave para compreender é a informação.

CAPÍTULO 6

Paradoxo

Natura non facit saltus. (A natureza não dá saltos.)
– GOTTFRIED WILHELM LEIBNIZ

A relatividade é uma teoria que lida com informação. As equações de Einstein ditam um limite de velocidade para a transferência de informação pelo espaço: a velocidade da luz. Elas também explicam por que diferentes observadores obtêm respostas aparentemente contraditórias ao fazerem as mesmas perguntas – mesmo quando todos estão colhendo informações sobre os mesmos eventos. A relatividade mudou o modo como os cientistas veem o universo, e como os objetos interagem uns com os outros a grandes distâncias, em altas velocidades e sob condições de gravidade muito forte. Foi o maior triunfo de Einstein. Mas não lhe daria um Prêmio Nobel.

O Nobel de Einstein veio *apesar* do seu trabalho sobre a teoria da relatividade, que, ao mesmo tempo em que foi adotada por muitos dos maiores pensadores da época, foi rejeitada por alguns dos membros mais rígidos e conservadores da comissão premiadora. Não obstante, Einstein ganhou um Nobel em 1921, por uma de suas outras grandes ideias: a teoria quântica da luz.

Ironicamente, não obstante o Prêmio Nobel, Einstein veio a desprezar a teoria quântica que havia ajudado a criar. Com boas razões. Os desafios mais rápidos que a luz da teoria quântica são brincadeira de criança comparados com aqueles originados diretamente das leis da teoria quântica. O próprio Einstein se encontrou com um desses grandes desafios – um truque teórico-quântico que parecia abrir um furo na sua linda teoria da relatividade. Horrorizado, ele identificou o que parecia ser uma brecha lógica na mecânica quântica; à primeira vista, era como se os físicos pudessem explicar essa brecha para explorar informações mais rápido do que a velocidade da luz. Se verdade, ela permitiria aos engenheiros construir o equivalente a uma máquina do tempo. As leis da teoria quântica, pelo visto, dariam aos cientistas a capacidade de alterar o passado e mudar o futuro.

Einstein pensava que essa brecha, esse misterioso sistema de envio de mensagens cósmicas, provaria que a teoria do mundo quântico era absurda e teria de ser descartada. Ele estava errado. Inúmeras vezes os físicos viram a misteriosa "ação fantasmagórica" quântica ligar duas partículas. Se essas partículas podem de algum modo se comunicar, elas devem fazer isso a vários milhares de vezes a velocidade da luz. O pesadelo de Einstein é real.

As estranhas proezas da natureza com objetos quânticos têm sido observadas, e as previsões mais extraordinárias da teoria quântica têm sido verificadas. Os paradoxos informacionais da mecânica quântica afastaram Einstein da teoria quântica, e ele jamais os veria solucionados. Eles ainda são os aspectos mais perturbadores da teoria quântica, e só agora, quase um século depois, os cientistas estão começando a compreendê-los, graças à ciência da informação.

Embora Einstein amasse a relatividade e odiasse a teoria quântica, ambas são suas filhas. As irmãs vieram da mesma fonte: as duas estão ligadas à termodinâmica e à informação, e ambas nasceram na luz.

Como a relatividade, a história da teoria quântica data do experimento de Young, de 1801, que parecia encerrar o debate sobre a luz ser uma partícula ou uma onda. Young mostrou que a luz faz um padrão de interferência quando um feixe passa por duas fendas simultaneamente. Isso é o que as ondas fazem. Não o que as partículas fazem.

Com o experimento de Young, você pode deixar o feixe de luz cada vez menos luminoso, mas não importa o quanto ele esmaecer, o padrão de interferência permanece. Se a luz fosse, de fato, composta de partículas, em algum ponto – quando o feixe está suficientemente fraco – apenas uma partícula de luz passaria pelas fendas por vez. Mas se você repetisse o experimento várias vezes, jamais veria esse único elétron bater em certos lugares da tela: existe sempre um padrão de interferência. Mesmo com uma única partícula passando pelas fendas no mesmo tempo, ela de alguma maneira interfere consigo mesma, impedindo a si mesma de atingir certas regiões do detector.

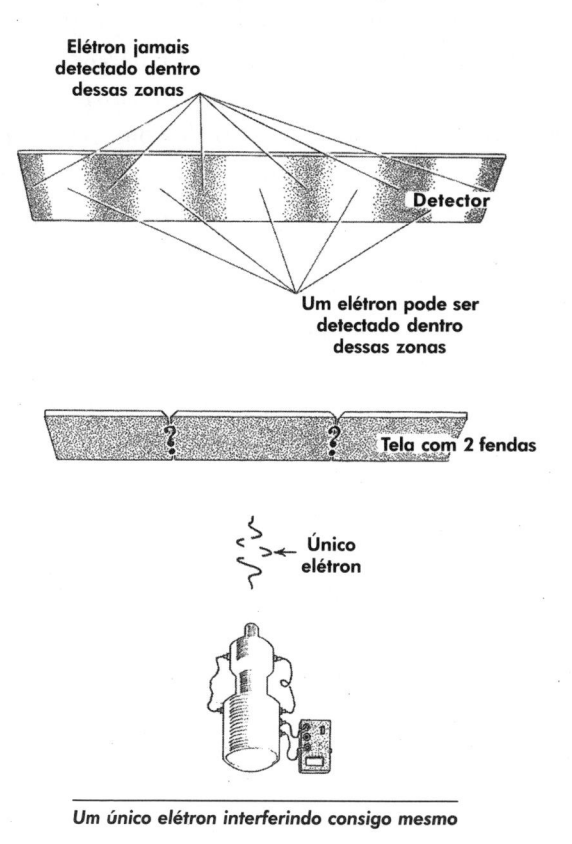

Elétron jamais detectado dentro dessas zonas

Detector

Um elétron pode ser detectado dentro dessas zonas

Tela com 2 fendas

Único elétron

Um único elétron interferindo consigo mesmo

Como uma única partícula poderia causar um padrão de interferência? Como seria possível um corpúsculo indivisível interferir consigo mesmo? O bom-senso diz que não pode. Se a luz fosse uma partícula, o padrão de interferência deveria desaparecer de repente quando o feixe ficasse muito esmaecido. Não é o que acontece. O padrão de interferência permanece; portanto, os cientistas concluíram, a luz deve ser uma onda e não uma partícula. As equações de Maxwell, que são muito semelhantes às equações que mostraram como uma onda de água se propaga no oceano, reforçavam a ideia. A luz se comporta como uma onda; ela é descrita por uma matemática adequada à onda; portanto, deve ser uma onda e não uma partícula. Caso encerrado.

Bem, não *totalmente* encerrado. Existem alguns problemas quando se supõe que a luz é uma onda. O mais importante deles surgiu em 1887, quando o físico alemão Heinrich Hertz descobriu um fenômeno curioso: quando ele colocava uma placa de metal num feixe de luz ultravioleta, ela faiscava. A luz arrancava elétrons do metal. Esse *efeito fotoelétrico* não podia ser explicado pela teoria de onda da luz assim como as franjas de interferência não podiam ser explicadas pela teoria de partícula da luz. O fracasso da teoria da onda em explicar as faíscas de Hertz tem a ver com energia. As faíscas no metal eram causadas pela luz afastando elétrons de átomos do metal – pela energia que a luz continha.

Pelo visto, o problema parece estar muito distante das ideias de informação e termodinâmica, mas, como acontece com a relatividade, a teoria da informação virá correndo assim que o problema estiver totalmente compreendido. Na verdade, a explicação por que os metais cintilam levaria ao maior problema filosófico na física atual, um problema que tem a ver com os papéis da medição e da informação no modo como o universo funciona.

Mas, para um físico do final do século XIX, descobrir por que um metal faísca não parecia ter muita importância. De fato, parecia ser um problema não diferente do que descobrir por que uma bola volta a cair no chão depois de ter sido lançada ao ar. Um elétron está preso ao seu átomo por uma certa quantidade de energia, assim como uma bola de beisebol está presa à Terra pela gravidade. Se você vai libertar um elétron de um átomo, terá de suprir energia para quebrar esse vínculo, assim como terá de dar à bola um impulso forte o bastante para enviá-la para fora da atmosfera. Se um impulso subatômico não tem energia suficiente, um elétron escapa do seu átomo um pouquinho, mas logo mergulha de volta, assim como uma bola de beisebol lançada para cima com pouca força deve voltar para a Terra. Entretanto, se você der ao elétron mais energia do que àquela de ligação do átomo, a força o desliga totalmente do átomo (a bola de beisebol entra em órbita).

No efeito fotoelétrico, a fonte da energia que impulsiona o elétron tem de vir da luz. Agora, por enquanto, suponha que a luz seja uma onda. Se for, ondas de luz fustigantes devem depositar a sua energia nos elétrons, dando a eles uma boa quantidade de energia. Essa energia induz os elétrons a saltarem para fora dos átomos do metal. Se as ondas não depositam suficiente energia no elétron, se a energia coletiva das ondas está abaixo do limiar, então os elétrons não sairão do lugar. Mas, se as ondas são suficientemente energéticas, então elas induzirão o metal a faiscar. Até agora tudo bem.

Na teoria da onda, entretanto, há dois modos de aumentar a energia de um punhado de ondas chegando. O primeiro é muito fácil de ver: é só aumentar as ondas. Ondas oceânicas de trinta centímetros contêm menos impulso do que ondas de noventa centímetros, e ondas de três metros podem nocautear um nadador. A altura de uma onda é conhecida como a sua *amplitude*: quanto maior a onda, maior a amplitude e mais energia ela transporta. Com ondas de água, a amplitude se traduz em altura física, mas em outros tipos de ondas pode haver uma interpretação diferente. Com ondas sonoras, por exemplo, a amplitude está relacionada com volume: quanto mais alto o som, maior a amplitude das ondas sonoras. E, com a luz, a amplitude está relacionada com luminosidade. Um feixe amarelo luminoso tem uma amplitude maior do que um feixe amarelo opaco.

O segundo modo de aumentar a energia num conjunto de ondas é um pouco mais sutil: aumentar a frequência das ondas. Se as cristas da onda estão mais próximas umas das outras – se mais ondas estão batendo na praia por minuto –, as ondas transferem mais energia para a praia. Portanto, quanto maior a frequência das ondas, mais energia elas contêm. Com a luz, frequência corresponde à cor. As luzes de frequência mais baixa – infravermelhas, vermelhas e laranja – contêm menos energia do que as amarelas, verdes, azuis ou violeta, que possuem frequências maiores. A luz ultravioleta e os raios X têm mais energia ainda, porque suas frequências são ainda maiores do que aquelas da luz visível.

Portanto, se existe um limiar de energia para retirar elétrons de um metal, deveria haver dois modos de ter luz acima desse limiar crítico. Com um feixe de uma determinada luminosidade, você pode mudar a frequência da luz de vermelho para verde, para azul, para ultravioleta, e, em algum ponto, os elétrons deveriam começar a saltar do metal. Certamente, é o que acontece. A luz vermelha não provocou faíscas na folha de metal de Hertz, nem a verde ou a azul. Mas, quando a cor da luz tornou-se uma frequência alta o suficiente – quando o feixe era ultravioleta –, as faíscas de repente começaram.

O segundo modo de fazer a luz ficar acima desse limiar de energia é fixar a frequência do feixe – mantê-la, digamos, no mesmo tom de amarelo –, mas aumentando a luminosidade do feixe. Se você começar com um feixe amarelo fraco, não terá energia suficiente para induzir os elétrons a saltarem do metal. Mas, conforme você aviva o feixe, ele fica mais e mais energético. Quando o feixe finalmente fica luminoso o suficiente, quando a amplitude do feixe fica grande o bastante, os elétrons deveriam de repente começar a se soltar e provocar as centelhas. *Não* foi isso que aconteceu.

Não importa o quanto um feixe amarelo fosse luminoso, ele jamais liberava elétrons do metal. Pior ainda, até o feixe ultravioleta mais fraco – que, segundo a teoria ondulatória da luz, não deveria ter energia suficiente no metal para liberar elétrons – causava centelhas. Assim como não fazia sentido uma única partícula de luz gerar um padrão de interferência, não fazia sentido uma onda de luz ultravioleta fraca ser capaz de liberar elétrons enquanto um feixe amarelo brilhante não conseguia. Na teoria das ondas, deveria haver um limiar de amplitude para o efeito fotoelétrico assim como havia um limiar de frequência. Mas o experimento de Hertz mostrou que apenas a frequência parecia ter importância. Isso contradizia as equações ondulatórias de luz que os cientistas tinham aceitado.

Os físicos ficaram confusos. Não conseguiam explicar a interferência com a teoria de partículas da luz, e não podiam explicar o efeito fotoelétrico com a teoria ondulatória. Demorou quase vinte anos para se descobrir o que estava errado, e quando Einstein achou a solução – no mesmo ano, 1905, em que formulou a sua teoria especial da relatividade – destruiu a teoria das ondas da luz para sempre. No seu lugar estava uma nova teoria, a teoria quântica. Foi a explicação de Einstein para o efeito fotoelétrico que lhe deu o seu Prêmio Nobel e firmou a teoria quântica no veio principal da física.

O trabalho de Einstein foi um sopro de vida para uma ideia independente que nascera cinco anos antes quando Max Planck, um físico alemão, propôs um método para resolver um dilema matemático. Esse dilema, também, tinha a ver com o comportamento da luz e da matéria. As equações que descreviam quanta radiação um pedaço quente de matéria emite – as que descrevem por que o brilho do ferro na bigorna é vermelho e o filamento numa lâmpada elétrica fica branco – não estavam funcionando. Essas equações caíam por terra em certas condições, fragmentando a teoria numa nuvem de infinidades matemáticas. Planck apresentou uma solução, mas ela tinha um preço. Planck levantou uma hipótese que parecia fisicamente absurda. Supôs que, em certas circunstâncias, a matéria só podia se mover de certos modos: ela quantizava. (Planck cunhou o termo *quantum*, do latim, para "quanto".) Por exemplo, a quantização da energia de um elétron em torno de um átomo significava que um elétron só podia absorver algumas energias e não outras. Esse tipo de coisa não acontece no dia a dia. Imagine o que aconteceria se a velocidade do seu carro fosse quantizada: se ele só pudesse andar a trinta ou quarenta quilômetros por hora, não a 33 ou 37, ou qualquer outra velocidade entre uma coisa e outra. Se você estivesse dirigindo a trinta quilômetros por hora e pisasse no acelerador, absolutamente nada aconteceria durante um certo tempo. Você continuaria se arrastando a trinta quilômetros por hora... trinta quilômetros por hora... trinta quilômetros por hora... e aí, de repente, pá! Você instantaneamente passaria a rodar a quarenta quilômetros por hora. O seu carro passaria por cima de todas as velocidades entre trinta e quarenta quilômetros. Isso obviamente não acontece. O nosso mundo é suave e contínuo, não anda aos pulos e sacolejos. O próprio Planck chamou a sua hipótese quântica de um "ato de desespero". Entretanto, por mais estranha que fosse essa ideia – a hipótese quântica –, ela bania as infinitudes que infestavam as equações de radiação.

Einstein solucionou o enigma fotoelétrico ao aplicar a hipótese quântica à luz. Contrário ao que quase todos os físicos do século anterior haviam suposto, Einstein postulou que a luz não era uma onda regular, contínua, mas partículas discretas, segmentadas, agora conhecidas como fótons. Isso apesar das evidências em contrário, incluía o experimento de interferências de Young. No modelo de Einstein, cada partícula carrega uma certa quantidade de energia proporcional à sua frequência; dobre a frequência de um fóton e você dobra a energia que ele carrega.¹ Uma vez aceitando essa ideia, você pode explicar muito bem o efeito fotoelétrico.

No quadro de Einstein, cada fóton batendo no metal pode dar ao elétron um chute, e quanto mais energia um fóton possui, maior o chute. Como antes, a energia deve satisfazer um limiar. Se a energia do fóton é pequena demais, abaixo da energia de ligação do elétron, o elétron não pode escapar. Mas, se a energia é grande o suficiente, o elétron escapa. Como aconteceu com a teoria ondulatória da luz, a hipótese de Einstein explica o limiar do comprimento de onda: se os fótons não possuem energia suficiente, então não conseguem retirar os elétrons dos átomos. Mas, diferente da teoria ondulatória, a teoria quântica da luz de Einstein também explica a *falta* de um limiar de amplitude. Isso explica por que simplesmente aumentar a luminosidade do feixe não pode fazer elétrons começarem a escapar do metal.

Se o feixe é composto de partículas de luz, aumentar a luminosidade só significa que existem mais dessas partículas no feixe. É provável que somente um fóton golpeie um átomo de cada vez e, se esse fóton não tem a energia necessária, ele não pode retirar o elétron – não importa quantos fótons existam nas adjacências. É um fóton por átomo, e se o fóton que se aproxima é muito fraco nada acontece, independentemente da luminosidade do feixe.

A teoria quântica da luz de Einstein explicou o efeito fotoelétrico em maravilhosos detalhes; a hipótese explicou totalmente as intrigantes observações experimentais que não podiam ser explicadas com a teoria ondulatória da luz.² Isso realmente

---

[1] Einstein chegou a essa conclusão ao tentar decifrar a entropia da luz que flui de um objeto teórico conhecido como corpo negro. As raízes da teoria quântica estão intimamente associadas à termodinâmica e à mecânica estatística.

[2] Ela explicava outros efeitos, também, tais como a chamada regra de Stokes para materiais fluorescentes. Se você bombardeia certos minerais, tais como algumas formas de calcita, com luz de alta energia – eles brilharão. A regra de Stokes diz que o brilho é sempre mais vermelho – uma frequência mais baixa – do que a luz que você

intrigava os físicos da época: Young mostrou que a luz se comporta como uma onda e não como uma partícula, mas Einstein mostrou que a luz se comporta como uma partícula e não como uma onda. As duas teorias batiam de frente, e não podiam estar as duas corretas. Ou podiam?

Assim como acontece com a teoria da relatividade, a informação estava na essência do problema. Na teoria da relatividade, dois observadores diferentes podem colher informações sobre o mesmo evento e obter respostas mutuamente contraditórias. Um poderia dizer que uma lança tem nove metros de comprimento, enquanto outro diria que a lança tem 15 metros, e ambos estariam certos. Na teoria quântica, existe um problema semelhante. Um observador, medindo um sistema de dois modos diferentes, poderia obter duas respostas diferentes. Faça o experimento de um modo e você poderia provar que a luz é uma onda e não uma partícula. Faça um experimento semelhante de um modo ligeiramente diferente e você pode provar que a luz é uma partícula e não uma onda. Qual dos dois está correto? Ambos – e nenhum dos dois. O modo como você colhe a informação afeta o resultado do experimento.

A teoria quântica pode ser vertida na linguagem da teoria da informação – em conversas sobre transferência de informações (incluindo os 1s e 0s das escolhas binárias) – e assim revela toda um nova profundidade para os paradoxos do mundo quântico. O conflito entre ondas e partículas é só o começo.

A teoria de Einstein colocou a hipótese quântica de Planck em evidência, e nas três décadas seguintes os melhores físicos da Europa desenvolveram uma teoria que explicou maravilhosa-

---

faz brilhar sobre o mineral. Isso é difícil de explicar com a teoria ondulatória da luz, porém fácil com a teoria quântica; quando uma partícula de luz deposita a sua energia em um átomo, o átomo emite de volta essa energia. O pacote de energia que ele emite deve ser menor ou igual à energia que ele absorve; a frequência do fóton emitido deve ser menor ou igual à frequência do fóton absorvido.

mente o comportamento do mundo subatômico. Werner Heisenberg, Erwin Schrödinger, Niels Bohr, Max Born, Paul Dirac, Albert Einstein e outros montaram um conjunto de equações que explicavam com surpreendente precisão o comportamento de luz, elétrons, átomos e outros objetos muito pequenos.[3] Infelizmente, embora esse sistema de equações – teoria quântica – sempre parecesse obter as respostas certas, outras consequências dessas equações pareciam contrariar o bom-senso.

Os princípios da teoria quântica, à primeira vista, são ridículos. As estranhas, aparentemente contraditórias, propriedades da luz são exatamente o que se poderia esperar. Na verdade, elas vêm direto da matemática da teoria quântica. A luz se comporta como uma partícula em algumas condições e como uma onda em outras; ela tem algumas das propriedades de cada uma, mas não é realmente partícula nem onda.

Não é só a luz que se comporta assim. Em 1924, o físico francês Louis de Broglie sugeriu que a matéria subatômica – partículas como elétrons – deveria ter propriedades semelhantes a ondas também. Para experimentalistas, os elétrons eram *obviamente* partículas, não ondas; qualquer observador medíocre poderia ver elétrons deixarem pequenas trilhas de vapor ao passar como um raio de uma câmara úmida para outra. Essas trilhas eram nitidamente os rastros de pequenos pedaços de matéria: partículas, não ondas. Mas a teoria quântica dribla o bom-senso.

Embora o efeito seja muito mais difícil de distinguir com elétrons do que com a luz, os elétrons mostram, *sim*, um comportamento ondulatório além de seu comportamento mais familiar de partícula. Em 1927, físicos ingleses dispararam um feixe de elétrons num cristal de níquel. Os elétrons ricocheteando em áto-

---

[3] Às vezes, a precisão é muito surpreendente. Por exemplo, a teoria prevê como um elétron gira num campo magnético. Insira os números e você descobrirá que a teoria casa com a observação com precisão de nove casas decimais. É como se a teoria previsse a distância entre a Terra e a Lua com uma variação de um metro mais ou menos.

mos regularmente espaçados e disparando por orifícios numa treliça atômica, eles se comportam como se tivessem acabado de passar pelas fendas do experimento de Young. Elétrons *interferem* uns com os outros, formando um padrão de interferência. Mesmo que você garanta que apenas um único elétron de cada vez bata na treliça, o padrão de interferência persiste; o padrão não pode ser causado por elétrons ricocheteando entre si. Esse comportamento *não* é coerente com o que você esperaria das partículas; o padrão de interferência é um sinal inconfundível de uma onda regular, contínua, e não de partículas discretas, sólidas. De algum modo, elétrons, como a luz, possuem *ambos* comportamentos semelhantes a ondas e semelhantes a partículas, mesmo que as propriedades das ondas e das partículas sejam mutuamente contraditórias.

Essa dupla natureza partícula-onda é válida para átomos e até moléculas assim como é para elétrons e luz. Objetos quânticos podem se comportar como ondas assim como partículas; eles têm propriedades de ondas e de partículas. Ao mesmo tempo, têm propriedades *incoerentes* com ser uma onda e uma partícula. Um elétron, um fóton e um átomo são ao mesmo tempo partícula e onda, e não partícula nem onda. Se você montar um experimento para determinar se um objeto quântico é uma partícula, 1, ou uma onda, 0, obterá às vezes um 1 e às vezes um 0, dependendo da montagem. A informação que você receber depende de como você colhe essa informação. Essa é uma consequência inevitável da matemática da mecânica quântica. É conhecida como dualidade partícula-onda.

A dualidade partícula-onda tem algumas consequências realmente bizarras – você pode usá-la para fazer coisas que são totalmente proibidas pelas leis da física clássica – e esse comportamento aparentemente impossível está codificado na matemática da mecânica quântica. Por exemplo, a natureza ondulatória do elétron permite que você construa um interferômetro a partir de elétrons assim como pode construir um a partir da luz. A montagem é quase a mesma em ambos os casos. No interferômetro matéria-onda, um feixe de partículas, como elétrons, é disparado em um divisor de feixes e parte em duas direções ao mesmo tempo. Quando os feixes recombinam, eles ou se reforçam ou se anulam mutuamente, dependendo do tamanho relativo dos dois caminhos. Se você sintoniza o interferômetro adequadamente, não deveria nunca, jamais, avistar um elétron no detector, porque os feixes passando pelos dois caminhos podem anular-se um ao outro totalmente. Essa anulação funciona por mais fraca que seja a luz do feixe, não importa quantos elétrons estejam atingindo o divisor de feixes. De fato, se você montar o seu aparelho corretamente, mesmo se um único elétron entrar no interferômetro e bater no divisor de feixes, você jamais detectará o elétron emergindo do outro lado.

O bom-senso lhe diria que uma partícula indivisível como um elétron teria de fazer uma opção no divisor de feixes: teria de escolher o caminho A ou o caminho B, ir para a esquerda ou para a direita, mas não ambas as coisas. Teria de ser uma decisão binária; você pode designar um 0 para o caminho A e um 1 para o caminho B. O elétron viajaria pelo caminho escolhido. Ele faria a sua escolha, 0 ou 1, e então, na extremidade oposta do interferômetro, bateria no detector. Como apenas um único elétron viaja pelo interferômetro, não deveria haver nada interferindo com ele, nenhuma outra partícula bloqueando. Independentemente de o elétron escolher o caminho A ou o caminho B, ele deveria emergir do outro lado no detector desimpedido. O padrão de interferência deveria desaparecer. Não há outras partículas que possam interferir com o elétron. Mas não é isso que acontece; o bom-senso falha.

Mesmo quando um único elétron de cada vez entra no interferômetro, há um padrão de interferência. De algum modo, alguma coisa está bloqueando o elétron. Alguma coisa impede o elétron de emergir do divisor de feixe de determinadas maneiras de atingir o detector em alguns lugares, mas o que poderia ser isso? Afinal de contas, o elétron é a única coisa no interferômetro.

A resposta para esse aparente paradoxo é difícil de aceitar, e você teria de suspender a sua descrença por um momento, pois ela parece impossível. As leis da mecânica quântica revelam o culpado. O objeto que bloqueia o movimento do elétron é o próprio elétron. Quando o elétron bate no divisor de feixes, ele pega os dois caminhos de uma vez só. Ele não escolhe pegar o caminho A ou o caminho B; em vez disso, segue por ambos os caminhos simultaneamente, mesmo que o elétron em si seja indivisível. Ele vai para a direita e para a esquerda ao mesmo tempo; a sua escolha é simultaneamente um 0 e um 1. Diante de duas escolhas mutuamente excludentes, o elétron escolhe ambas.

Na mecânica quântica, isso é um princípio conhecido como *superposição*. Um objeto quântico como um fóton, um elétron ou um átomo pode fazer duas coisas (classicamente) contraditórias ou, mais exatamente, estar em dois *estados* quânticos mutuamente excludentes, ao mesmo tempo. Um elétron pode estar em dois lugares ao mesmo tempo, pegando um caminho para a esquerda e um caminho para a direita simultaneamente. Um fóton pode ser polarizado vertical e horizontalmente ao mesmo tempo. Um átomo pode estar direito ou de cabeça para baixo ao mesmo tempo (mais tecnicamente, sua rotação ou *spin* pode estar no sentido horário ou anti-horário no mesmo momento). E em termos da teoria da informação, um único objeto quântico pode ser um 0 e um 1 simultaneamente.[4]

Esse efeito de superposição tem sido observado muitas vezes. Em 1996, uma equipe de físicos no National Institute of

---
[4] Isso *não* é o mesmo que estar a meio caminho entre 0 e 1 – digamos, 0,5. Isso é fácil de ver se você pensar em termos de direção. Se 0 está à esquerda e 1 à direita, 0,5 seria bem em frente. Mas uma superposição de 0 e 1 é esquerda *e* direita ao mesmo tempo, algo que é impossível para um objeto indivisível, clássico, como uma pessoa.

Standards and Technology, em Boulder, Colorado, liderada por Chris Monroe e David Wineland, fez um único átomo de berilo parar em dois lugares diferentes ao mesmo tempo. Primeiro, eles montaram um engenhoso sistema a laser que separava objetos com spins diferentes. Quando os lasers atingiam um átomo com um spin horário, eles o empurravam um pouquinho numa direção, digamos, para a esquerda; quando eles atingiam um átomo com um spin anti-horário, eles o empurravam na direção oposta, um fio de cabelo para a direita. Os físicos então pegaram um único átomo, isolaram-no cuidadosamente e o bombardearam com ondas de rádio e lasers, colocando-o num estado de superposição. Ele ficou tanto em estado de spin horário quanto em estado de spin anti-horário, ambos 1 e 0, ao mesmo tempo. Em seguida eles ligaram o sistema de separação a laser. Sem dúvida alguma, o mesmo átomo, spin horário e anti-horário ao mesmo tempo, moveu-se para a esquerda *e* para a direita simultaneamente! O estado de spin horário do átomo moveu-se para a esquerda, e o seu estado de spin anti-horário moveu-se para a direita: um único átomo de berilo estava em dois lugares ao mesmo tempo. Um átomo indivisível, clássico, jamais poderia ser *ambos*, 1 e 0, ao mesmo tempo, mas os dados da equipe de Colorado indicavam que o átomo estava simultaneamente em duas posições, a uma distância de oitenta nanômetros – cerca de dez larguras atômicas – uma da outra. O átomo estava num (expressivo) estado de superposição.[5]

---

[5] Existem várias interpretações para a teoria quântica; os físicos discordam a respeito do que *realmente* significa para um objeto quântico estar em dois lugares ao mesmo tempo. (Neste livro, escolhi a interpretação que a meu ver torna o texto mais claro – falarei mais sobre isso no capítulo 9.) Não obstante, todas as interpretações concordam que você não pode explicar o comportamento quântico forçando-o a se encaixar num sistema clássico. A teoria quântica realmente obriga você a descartar as ideias baseadas no bom-senso da física clássica de algum modo. Todas as interpretações têm objetos quânticos em superposição; eles apenas têm conceitos diferentes do que representa essa superposição.

A superposição explica como um único elétron pode fazer um padrão de interferência mesmo que um único objeto clássico jamais fosse capaz disso. O elétron interfere consigo mesmo. Quando o elétron bate no divisor de feixes, entra num estado de superposição; ele pega o caminho A e o caminho B ao mesmo tempo, escolhe 0 e 1. É como se dois elétrons fantasmagóricos viajassem por dois lados do interferômetro, um à esquerda e um à direita. Quando os dois caminhos voltam a se unir, os elétrons fantasmagóricos interferem um com o outro, anulando-se. O elétron entra no divisor de feixes, mas não sai, não bate jamais no detector, porque o elétron segue os dois caminhos simultaneamente e se anula.

Se este efeito já não fosse bastante estranho, ele fica ainda mais bizarro. A superposição é frágil e fugidia. Assim que você espreita um objeto superposto, que tenta obter informação sobre, digamos, se um elétron é na verdade um 0 ou um 1, o seu spin é horário ou anti-horário, ou ele pega o caminho A ou B, o elétron de repente e (aparentemente) "escolhe" aleatoriamente um caminho ou outro. A superposição está destruída. Por exemplo, se você equipar os dois caminhos de um interferômetro com um fio condutor – digamos, um feixe laser que ilumine o caminho B e envie um bit 1 para um computador quando o elétron cruzar o feixe –, o elétron não pode estar em superposição. Ele "escolhe" pegar o caminho A ou o caminho B em vez de ambos, "escolhe" ser um 0 ou um 1, e não ambos, e o padrão do interferômetro desaparece. Sem esse fio condutor, o elétron estará num estado de superposição, pegando dois caminhos ao mesmo tempo. Mas assim que você extrai *informação* sobre o caminho do elétron, tentando detectá-lo ou medi-lo, a superposição se evapora – a superposição *colapsa*.[6] Assim que a in-

---

[6] Curiosamente, isso funciona mesmo que você equipe apenas um dos dois caminhos, digamos, B, com um fio condutor. Se você enviar um elétron para o interferômetro e escolher o caminho B, o laser detecta a passagem do elétron, e você obtém um bit de

formação sobre o caminho do elétron deixa o sistema do interferômetro, o elétron no mesmo instante e de forma aleatória escolhe o caminho da esquerda ou o da direita, 0 ou 1, como se Deus resolvesse a questão num cara e coroa cósmico. O princípio da superposição é tão estranho que muitos físicos tiveram dificuldade em aceitá-lo, mesmo que ele explicasse observações que não poderiam ser explicadas de nenhum outro modo. Como podia um único elétron seguir dois caminhos simultaneamente? Como podia um fóton ter spin horário e spin anti-horário ao mesmo tempo? Como pode um objeto fazer duas escolhas mutuamente contraditórias? A resposta – que ainda não era conhecida – tinha a ver com informação; foi no ato de captar e transmitir informação que os cientistas encontraram a chave para compreender a inquietante e contraintuitiva ideia de superposição. Entretanto, nas décadas de 1920 e 1930, os cientistas ainda não estavam armados com a matemática formal da teoria da informação, mas não estavam totalmente desamparados. Quando confrontados com a ideia paradoxal da superposição, os físicos sacavam da sua arma preferida – o experimento imaginário – para tentar destruir o conceito. O mais famoso deles veio não de Einstein, mas do físico austríaco Erwin Schrödinger.

A forma moderna da mecânica quântica começou a tomar feição em 1925, quando o físico alemão Werner Heisenberg propôs um sistema teórico baseado (na época) em objetos matemáticos relativamente estranhos conhecidos como matrizes. Matrizes têm uma propriedade que é um pouco inquietante de início: elas não *comutam* quando você as multiplica umas pelas outras.

---

informação sobre que caminho ele pegou. Se ele escolhe o caminho A, você não tem nenhum equipamento montado para detectar a sua passagem, mas a inexistência do click do detector lhe diz que ele não pegou o caminho B; pegou o caminho A. Portanto, mesmo que nada passasse pelo laser, você ainda recebe um bit de informação. O fio condutor em B destruiu a superposição do elétron mesmo que o laser jamais tocasse o elétron; afinal de contas, ele pegou o caminho A e não o B.

Quando você multiplica dois números, não importa a ordem em que estiverem: 5 vezes 8 é a mesma coisa que 8 vezes 5. Em outras palavras, números comutam na multiplicação. Mas se você multiplicar matriz A pela matriz B, o resultado com frequência é bastante diferente do produto de matriz B vezes matriz A. Hoje em dia, os físicos estão à vontade com a matemática não comutativa, mas, na época, a mecânica de matrizes de Heisenberg causou uma certa sensação. Isso, em parte, porque a propriedade não comutativa das matrizes teve uma consequência muito, muito, estranha: o princípio de incerteza de Heisenberg.

Na teoria de Heisenberg, uma matriz pode representar uma propriedade de uma partícula que você pode medir: a sua posição, a energia, o momento,[7] a sua polarização ou alguma outra *observável*. Na estrutura matemática de Heisenberg, algo estranho acontece se duas dessas matrizes não se comutarem uma com a outra: a sua informação está ligada de um modo perturbador.

Posição e momento são duas dessas propriedades observáveis cujas matrizes não comutam. No idioma da física, a posição e o momento de uma partícula são *complementares*. A matemática da teoria de Heisenberg implicava que colher informações sobre um dos elementos de um par de propriedades observáveis complementares faria você perder informações sobre o outro elemento. Então, meça a posição de uma partícula – obtenha informação sobre onde ela está – e você automaticamente perde informação sobre o seu momento. Inversamente, se você obtém informação sobre o momento de uma partícula – se reduz

---

[7] Momento é a medida de quanto "entusiasmo" um objeto tem, e está relacionado com a massa e a velocidade de um objeto. Um carro movendo-se a oito quilômetros por hora tem menos momento do que outro movendo-se a cinquenta quilômetros por hora; o carro a cinquenta quilômetros vai lhe dar muito mais do que uma pancada se bater em você. Do mesmo modo, um caminhão a cinquenta quilômetros por hora tem mais momento do que um carro movendo-se na mesma velocidade.

a sua incerteza sobre quanto momento ela tem –, aumenta a incerteza sobre onde ela está. No seu extremo lógico, se você de algum modo for capaz de determinar com 100% de precisão quanto momento tem uma partícula, você não sabe *nada* sobre onde ela está. Ela poderia estar em qualquer lugar do universo. Isso é o famoso princípio da incerteza.

Para físicos clássicos, essa era uma ideia pouco atraente. Ela significava que é totalmente impossível ter informações perfeitas sobre duas propriedades observáveis complementares ao mesmo tempo. Você não pode saber a posição e o momento de um átomo simultaneamente; você pode ter informações perfeitas sobre uma, mas isso significa não ter nenhuma informação sobre o outro. É um limite inerente ao conhecimento humano.[8] E cientistas odeiam limites.

Mesmo que o sistema matemático de Heisenberg explicasse, lindamente, o estranho mundo do muito pequeno – o mundo dos objetos quânticos –, a teoria das matrizes tinha muitas violações do bom-senso. O princípio da incerteza de Heisenberg era bizarro, e a superposição era extremamente assustadora. Não é de surpreender que a teoria quântica de Heisenberg tivesse muitos inimigos. O principal deles era Schrödinger.

Schrödinger detestava tanto a mecânica das matrizes de Heisenberg que resolveu tirar umas férias – com a sua amante. Ele a levou para um chalé nos Alpes Suíços e desceu da montanha armado com uma alternativa para a teoria das matrizes de Heisenberg.[9] Ao contrário do sistema de Heisenberg, a versão da teoria quântica de Schrödinger baseava-se em objetos matemáticos com os quais os físicos estão familiarizados: equações integrais e diferenciais exatamente como as da mecânica newtoniana e das equações de Maxwell. Em vez de descrever objetos quânticos em

---

[8] De fato, ela limita a natureza também... como veremos no próximo capítulo.

[9] O matemático Hermann Weyl fez uma famosa descrição da descoberta da teoria por Schrödinger como uma "explosão erótica tardia".

termos de matrizes, o método de Schrödinger usava uma construção matemática que se comportava como uma onda. Essa construção, uma *função de onda*, descrevia todas as propriedades mecânico-quânticas de um objeto sem recorrer a exotismos matemáticos tais como matrizes. Mas remodelar a teoria quântica em termos mais familiares não eliminava a estranheza dos princípios da incerteza e da superposição. Poucos anos depois de Schrödinger propor a sua teoria alternativa, os físicos provaram que ela era matematicamente equivalente à de Heisenberg; ainda que as duas teorias usassem diferentes tipos de objetos matemáticos, não eram diferentes por baixo de todo o formalismo. Portanto toda a estranheza da incerteza e da superposição não era apenas um artefato da mecânica das matrizes de aparência estranha de Heisenberg. A teoria de Schrödinger, como a de Heisenberg, tinha grandes problemas que obcecam os físicos quânticos – inclusive o conceito de superposição. E a ideia aparentemente inevitável da superposição incomodava tanto Schrödinger que ele apareceu com um experimento imaginário para mostrar como o conceito era idiota. No processo, ele ameaçou derrubar todo o edifício que ele e Heisenberg haviam construído.

O experimento imaginário de Schrödinger começava com um objeto quântico em superposição – não importa de que tipo. Podia ser qualquer escolha binária: podia ser um átomo com spin horário/anti-horário ou um fóton polarizado na vertical e na horizontal ao mesmo tempo, qualquer coisa que force um objeto a escolher entre duas alternativas, 0 ou 1. Mas, para esse exemplo, digamos que seja um elétron que bate num divisor de feixes e pega dois caminhos ao mesmo tempo. Ambos os caminhos levam a uma caixa – com um gatinho todo enroscado lá dentro.[10] O caminho A é um beco sem saída; se o elétron viaja

---

[10] Felizmente para os físicos, a Sociedade Protetora dos Animais não fica *muito* zangada com experimentos imaginários.

por esse caminho, nada acontece: 0. Mas o caminho B leva a um detector de elétrons. Quando um elétron bate no detector, o detector envia um sinal para um motor elétrico que dispara um martelo. O martelo quebra um frasco com veneno dentro da caixa do gatinho, e o coitado morre na hora: 1. Um elétron pelo caminho A, um 0, significa que o gato vive, enquanto que um elétron pelo caminho B, um 1, significa que o gato morre.

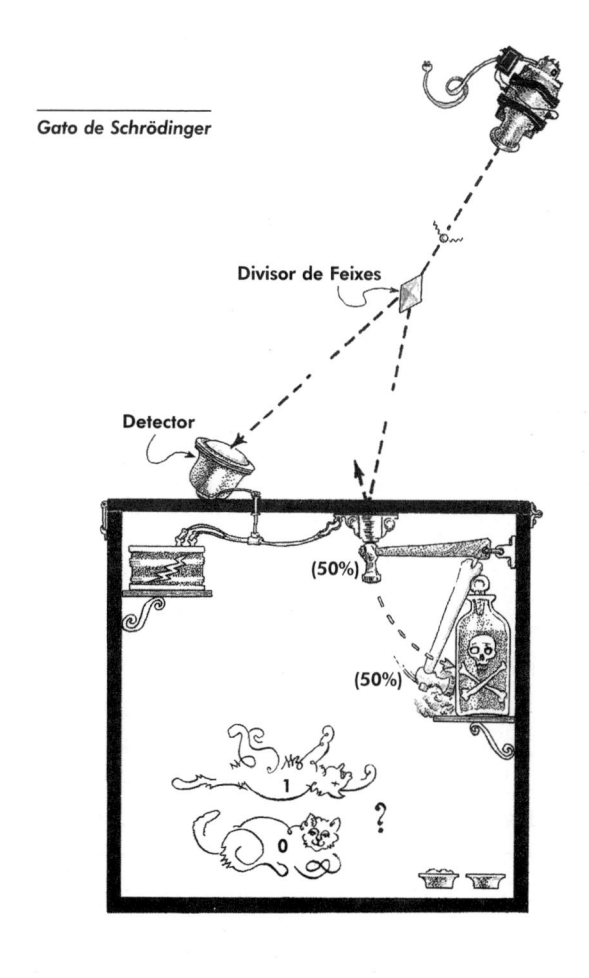

Gato de Schrödinger

Então o que acontece com o gato de Schrödinger? Graças à superposição, um elétron viajará pelo caminho A e pelo caminho B ao mesmo tempo; ele será 0 e 1 simultaneamente. Portanto o elétron bate e não bate no detector; o martelo detona e não detona; o frasco de veneno se quebra e não se quebra, tudo ao mesmo tempo. O gato morre e não morre: 0 e 1. As leis da mecânica quântica implicam que o próprio gatinho está num estado de superposição: está vivo e morto ao mesmo tempo, num estranho estado fantasmagórico tanto de vida quanto de morte. Como alguma coisa pode estar morta e viva ao mesmo tempo?

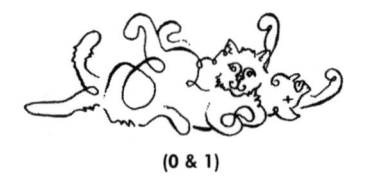

(0 & 1)

Um gato vivo e morto

Mas espere aí – está ficando mais esquisito. Esse estado de superposição pode existir desde que ninguém abra a caixa. Assim que alguém extrai informação sobre o gato estar vivo ou morto, se o gato está num estado 0 ou num estado 1, fica equivalente ao caso do fio condutor num interferômetro. Quando alguém extrai informação do sistema, a superposição – na terminologia de Schrödinger, a função de onda do gato – colapsa: o gato "escolhe" a vida ou a morte, e ele de repente escolhe um ou outro, 0 ou 1. Mas, em princípio, desde que a caixa não seja perturbada, desde que nada tenha extraído informação sobre o gato no sistema gato e caixa, a superposição do gato continua imperturbável; o gatinho está vivo e morto ao mesmo tempo. É como se o ato de observar, o ato de extrair informação, é que mata o gato. Informação pode ser mortal. Essa conclusão aparentemente absurda, pelo jeito, era uma consequência inevitável do princípio da superposição. Quando Schrödinger propôs esse experimento imaginário, sabia que a conclusão era tola. Objetos macroscópicos como gatos não se comportam como os microscópicos tipo elétrons, e é ridículo pensar que algo pode estar vivo e morto ao mesmo tempo. Mas se a matemática da teoria quântica diz que isso pode acontecer, por que não vemos pessoas semivivas, semimortas, andando nas ruas? (Alunos de pós-graduação não contam.) O que nos impede de ver superposição em objetos grandes como bolas de beisebol, carros, gatinhos e pessoas?

Alguns físicos propuseram que existe algo fundamentalmente diferente que divide o mundo quântico do clássico; alguns especularam que existe um limite especial de tamanho no qual, por um motivo ou outro, as leis da mecânica quântica deixam de funcionar e as clássicas assumem. Pelo que dizem os experimentalistas, entretanto, não existe essa barreira. Os cientistas vêm colocando objetos cada vez maiores num estado de superposição. Por exemplo, o físico Anton Zeilinger, da Universidade de Viena, vem fazendo equivalentes ao gato de Schrödinger com moléculas grandes conhecidas como fulerenos. Os fulerenos são moléculas esféricas parecidas com uma gaiola que consistem em sessenta ou mais átomos de carbono. Pelos padrões quânticos, essas coisas são absolutamente gargantuescas. Não obstante, quando Zeilinger dispara fulerenos através de uma grade, cada um deles toma múltiplos caminhos em direção a um detector. Mesmo que esses objetos sejam muito maiores do que átomos, elétrons e fótons, podem ser forçados a tomar dois caminhos ao mesmo tempo: são forçados a se superporem. Até agora, os cientistas não encontraram nenhum limite de tamanho para as leis da teoria quântica; tudo no universo deveria estar sujeito a essas leis.

Chegamos então a um paradoxo. A matemática da teoria quântica parece implicar que os cientistas seriam capazes de colocar objetos ainda maiores do que bolas de beisebol e gatos em superposição. Mas é absurdo pensar que bolas de beisebol possam estar em dois lugares simultaneamente e um gato possa estar ao mesmo tempo vivo e morto. Se as leis da mecânica quântica se aplicam a objetos macroscópicos, por que objetos macroscópicos não se comportam como quânticos? Não faz muito sentido.

Essa violação do bom-senso deveria afundar a teoria, mas não era o único paradoxo. O próprio Einstein encontrou um. Einstein detestava as feias, aparentemente contraditórias, qualidades da mecânica quântica e tentou, repetidas vezes, destruir a teoria que ajudou a criar. E quase conseguiu.

O paradoxo do gato de Schrödinger tornou-se um dos clássicos e perturbadores enigmas da teoria quântica. Entretanto, por mais estranha que fosse a superposição, não era o elemento mais incômodo da mecânica quântica – pelo menos para Albert Einstein. Ele viu uma ameaça vindo de outra direção; ela parecia abalar a sua consagrada regra de que nenhuma informação viaja mais rápido que a velocidade da luz e era como se ela fosse permitir aos cientistas construir máquinas do tempo.

Einstein e dois colegas, Boris Podolsky e Nathan Rosen, descobriram esse problema em 1935. Eles, como Schrödinger, criaram um experimento imaginário que exporia o absurdo da mecânica quântica, e era algo extraordinário. Nele, exploravam uma propriedade da mecânica quântica hoje conhecida como *emaranhamento*, que, junto com o princípio da superposição, ameaçava reduzir todo o sistema da mecânica quântica a um pacote de contradições.

O experimento imaginário de Einstein-Podolsky-Rosen começa com uma partícula flutuando delicadamente pelo espaço. De repente, a partícula decai – como as partículas costumam fazer – em duas partículas menores que disparam em direções opostas. Se as duas partículas têm a mesma massa, então devem disparar em velocidades iguais e opostas; as leis de Newton dizem isso. Se uma partícula é mais pesada que a outra, a partícula pesada deve estar se movendo lentamente e a partícula leve deve estar se movendo rápido.[11]

Só para argumentar, digamos que a nossa partícula original decaia numa partícula pesada e numa partícula leve, que dispararam para a esquerda e para a direita. Enquanto não se medir uma ou outra partícula do par criado pelo decaimento, fica-se com uma questão binária. A partícula leve e rápida disparou para a esquerda ou para a direita. Ou, vendo por outro lado, a partícula que se move para a esquerda é leve ou pesada, rápida ou lenta, 0 ou 1. Esse conjunto particular de partículas é conhecido como um par EPR, iniciais de Einstein, Podolsky e Rosen.

Agora, digamos que você meça a velocidade da partícula do par EPR que se move para a esquerda: ela ou é rápida ou é lenta, leve ou pesada, 0 ou 1. Assim que você mede a velocidade da partícula da esquerda, sabe em quais dos dois estados a partícula da esquerda está; você sabe se ela está se movendo rápida ou lentamente. Mas, ao medir a partícula da esquerda, você também obtém informação sobre a partícula da *direita*. Se medir a partícula da esquerda e descobrir que ela está se movendo rápido – é um 0 –, você automaticamente sabe que a partícula B está se movendo lentamente – é um 1 – e vice-versa. Uma única medida produzindo um único bit de informação – um 0 ou 1 – lhe diz sobre o estado de *ambas* as partículas. As duas são associadas pela teoria da informação. Isso é emaranhamento. Uma única medição de uma das duas partículas emaranhadas dá informação sobre a outra, sem que você precise fazer nenhuma medição da segunda partícula. Num sentido da teoria da informação (e num sentido mecânico-quântico) os dois objetos se comportam, de certo modo, como se fossem uma única partícula. Meça uma e você realmente está medindo ambas.

Você pode gerar um par EPR com partículas emaranhadas de outras maneiras. Por exemplo, pode criar um conjunto de partículas cujos spins sejam iguais e opostos, assim como pode

---

[11] É uma consequência da lei de conservação de momento.

criar duas cujas velocidades sejam iguais e opostas. Meça uma partícula num desses pares emaranhados e descubra que tem um spin horário, e você instantaneamente saberá que a outra tem um spin anti-horário. Você pode criar um par de fótons, um par de partículas leves, cuja polarização é igual e oposta; se você sabe que o fóton que se move para a esquerda está polarizado no plano horizontal, o fóton que se move para a direita está polarizado no plano vertical.

Até agora, isso não é nada de tão assustador. Esse tipo de coisa acontece no mundo macroscópico o tempo todo. Por exemplo, posso lhe dizer que coloco uma moeda de um centavo numa caixa e de cinco centavos na outra; quando você abrir uma das caixas e vir, digamos, cinco centavos, sabe que a outra caixa deve conter um centavo. Uma medição, produzindo um bit de informação, lhe diz em que "estado" – um ou cinco centavos – ambas as caixas estão. Entretanto, ao contrário do que acontece com moedas de um e de cinco centavos, você pode jogar superposição dentro da caixa na mistura. Quando você emaranha partículas quânticas que estão em superposição, as coisas ficam muito, muito, cabeludas.[12]

Como antes, vamos criar um par de partículas EPR. Para simplificar as coisas, vamos usar spin em vez de massa. Criamos o par de modo que as duas partículas tenham spins iguais e opostos: se uma tem spin anti-horário, a outra tem spin horário; se a partícula A está em estado 0, a partícula B está em estado 1. Mas, como estamos lidando com objetos quânticos, não precisamos forçar cada partícula a assumir imediatamente o estado 0 ou o estado 1. Podemos armar as partículas de modo que estejam em superposição de 0 e 1, spin anti-horário e spin horário ao mesmo tempo. E isso realmente estraga tudo.

---

[12] Na verdade, mesmo sem superposição, o emaranhamento *causa* problemas semelhantes. O artigo original de EPR mostrou um problema em potencial porque saber o momento e a posição de uma partícula simultaneamente contradiria o princípio da incerteza de Heisenberg. A formulação da superposição mais emaranhamento é um refinamento posterior do argumento de Einstein concebido pelo físico David Bohm.

Como o gato de Schrödinger, nenhuma partícula "escolheu" ter spin horário ou anti-horário. Cada uma tem ambos ao mesmo tempo, desde que as partículas permaneçam imperturbadas. Elas podem se afastar uma da outra por anos a fio, acabando no final em diferentes galáxias, cada uma nesse estado imperturbado de superposição. Mas o que acontece quando você mede o spin de uma das partículas? De repente, a partícula que tem ambos 0 e 1, spin horário e spin anti-horário, "escolhe" um dos estados. Quando você extrai informação de uma das partículas, a superposição indeterminada instantaneamente colapsa. E o estado se torna, digamos, spin horário, um 1. Como antes, o ato de medir muda o estado da partícula, mudando-a de uma mistura de 0 e 1 para um estado puro de 1. Mas isso é muito mais perturbador do que um simples gato de Schrödinger, graças ao emaranhamento. Visto que as duas partículas estão emaranhadas, quando medimos a partícula A e determinamos que ela é um 1, na mesma hora sabemos que a outra partícula deve ser um 0. Visto que um bit de informação descreve *ambas* as partículas, extrair informação da partícula A equivale a extrair informação – medição – da partícula B também, mesmo que ela esteja lá no meio do universo. No instante em que o ato de medir a partícula A faz com que ela mude de uma mistura de estados 0 e 1 para um puro estado 1, a mesma medição faz a partícula B mudar de uma mistura de estados 1 e 0 para um estado 0 puro. Assim que fazemos uma das partículas "escolher" spin horário, a outra deve, no mesmo instante, "escolher" spin anti-horário. De algum modo, quando a partícula A "escolhe" spin horário, a sua gêmea, bilhões de anos-luz distante, deve instantaneamente fazer a escolha igual e oposta – a sua superposição deve colapsar. E não se pode explicar esse efeito em termos clássicos; não se pode fugir da responsabilidade dizendo que as partículas "escolheram" secretamente o seu destino muito antes de ocorrer a medição. Se você quisesse, poderia fazer um experimento do tipo Monroe-Wineland com as partículas, provando que elas estão numa superposição de dois estados e não num estado 0 ou 1 puros até você fazer uma medição. É uma consequência da matemática da teoria quântica: a partícula B "escolhe" ser um 0 no mesmo instante em que você mede a partícula A e ela "escolhe" ser um 1, no mesmo instante.

Como pode a partícula B fazer uma escolha instantaneamente, mesmo estando muito, muito longe numa galáxia distante? À primeira vista, parece não haver como. Visto que um feixe de luz levaria bilhões de anos para viajar da nossa partícula até a sua gêmea, e a informação só pode viajar no máximo à velocidade da luz, pareceria que seriam necessários bilhões de anos para a partícula distante se dar conta da medição e da escolha da partícula A, e só então poderia colapsar e "escolher" o estado oposto. Mas não é esse o caso. A partícula sabe instantaneamente que a sua gêmea foi medida e sabe que escolha fazer. Não há atraso de tempo antes que a partícula B "note" que a partícula A escolheu 1 e ela mesma colapse no estado 0. Einstein ficou horrorizado com essa comunicação instantânea, essa "ação fantasmagórica a distância". E, no entanto, ela tinha sido verificada.

Em 1982, o físico Alain Aspect viu essa ação fantasmagórica a distância pela primeira vez, e o experimento foi replicado muitas vezes desde então. Hoje em dia, as realizações mais avançadas do experimento EPR ocorrem na Universidade de Genebra, onde Nicolas Gisin e seus colegas vêm há anos violando o bom-senso com partículas emaranhadas. As partículas que eles emaranham são fótons; eles criam pares emaranhados bombardeando com laser um cristal feito de potássio, nióbio e oxigênio. Quando o cristal absorve um fóton do laser, cospe duas partículas emaranhadas que se afastam rapidamente em direções opostas, e que em seguida são conduzidas para dentro de cabos de vidro.

A equipe de Gisin tem acesso a uma grande rede de fibras ópticas ao redor do lago Genebra e em cidades próximas. Em 2000, a equipe disparou fótons emaranhados para as cidadezinhas de Bernex e Bellevue, distantes a mais de nove quilômetros uma da outra. Ao fazer a medição com um relógio de incrível precisão, eles foram capazes de mostrar que as partículas se comportavam do modo como Einstein previra: as duas estavam em superposição e sempre pareciam conspirar para ter propriedades iguais e opostas ao serem medidas. E devido a distância entre as duas cidades, não havia tempo suficiente para uma "mensagem" à velocidade da luz da partícula A ("Socorro! Fui medida e escolhi ser um 1. Você sabe o que fazer.") alcançar a partícula B antes que ela, também, fosse medida, apresentando o estado oposto. De fato, os cientistas determinaram que, se algum tipo de "mensagem" era enviada da partícula A para a partícula B, tinha de viajar a dez milhões de vezes a velocidade da luz para ser recebida a tempo de a partícula B "escolher" o seu estado antes de, também, ser medida. Portanto, de certo modo, a velocidade do emaranhamento quântico é (no mínimo) milhões de vezes a velocidade da luz.

Se essas partículas se "comunicam" mais rápido do que a velocidade da luz, podem ser usadas para transmitir uma mensagem mais rápido do que a luz? Se tivéssemos alguma fonte de partículas emaranhadas a meio caminho entre Alice e Bob, disparando um fluxo de partículas em direções opostas, poderia Alice manipular a sua parte do fluxo – codificando um bit nas partículas – e poderia Bob na outra extremidade receber esse bit?

Essa pergunta foi respondida, como o próximo capítulo vai revelar. Não obstante, o mistério sobre o emaranhamento permanece. Continua tão fantasmagórico e confuso quanto no dia em que Einstein o propôs. Na verdade, os dois grandes mistérios da mecânica quântica são a superposição e essa ação fantasmagórica a distância. Por que objetos microscópicos podem estar em dois lugares diferentes ao mesmo tempo, e por que têm propriedades diferentes daquelas dos objetos macroscópicos? Como podem partículas se comunicar umas com as outras – instantaneamente, mesmo que estejam em extremidades opostas no universo – e ser usadas para transmitir uma mensagem? Esses paradoxos vão direto à essência da teoria quântica; solucione-os e você terá desvendado os mistérios do mundo quântico. Os cientistas já chegaram quase lá. Eles têm uma teoria que explica esses dois paradoxos. Essa nova ideia baseia-se nos fundamentos que sustentam tanto a teoria da relatividade quanto a teoria quântica; é uma teoria da informação mais avançada ainda do que a teoria de Shannon. É uma teoria da informação quântica.

CAPÍTULO 7

Informação quântica

Que tipo de liberação seria essa de renunciar a um absurdo que é lógico e coerente e abraçar um que é ilógico e incoerente?

– JAMES JOYCE, *Retrato do artista quando jovem*

O nome Waterloo evoca imagens de uma grande batalha. Em 1815, perto de Waterloo, na Bélgica, o Duque de Wellington derrotou os exércitos de Napoleão Bonaparte. Quase dois séculos depois um Waterloo bem diferente – Waterloo, Canadá – é o local de outra batalha. A batalha pela compreensão. Ray Laflamme e seus colegas tentam vencer os mistérios do mundo quântico.

No seu laboratório na universidade, a mais ou menos uma hora e meia de Toronto, Laflamme tem dois cilindros brancos, da altura de uma pessoa, com três pernas. Não são bonitos de se ver. Parece que estariam mais à vontade numa refinaria de petróleo ou numa fábrica do que num laboratório quântico de ponta. Mas esses cilindros são ferramentas mais poderosas para compreender o mundo subatômico do que qualquer microscópio convencional jamais poderia ser.

Antes de se aproximar de um deles, você precisa retirar a sua carteira do bolso. Chegue muito perto e eles imediatamente lobotomizam os seus cartões de crédito, pois esses cilindros são ímãs poderosíssimos. A mais de um metro de distância, eles grudam clipes de papel ou moedas canadenses uns nos outros, presos pela influência invisível do campo magnético.

Esses ímãs forçam os átomos a dançar. Os poderosos campos alinham os átomos fazendo seus spins alinharem-se e obrigando-os a girar e girar num complicado balé de lógica. Nesses spins atômicos está armazenada informação – informação quântica – e a complicada dança é um programa de computador rudimentar. Os ímãs e os átomos que eles afetam compõem um *computador quântico* primitivo.

Assim como computadores manipulam informações, os computadores quânticos manipulam informação quântica – uma extensão da ideia de Shannon que leva em consideração os sutis mistérios das leis da teoria quântica. A informação quântica é muito mais poderosa do que a informação comum; um bit quântico tem outras propriedades a mais que não estão disponíveis para os clássicos 1s e 0s da informação de Shannon; ele pode ser dividido em muitas partes, ser teletransportado de um lado para outro numa sala, fazer operações mutuamente contraditórias ao mesmo tempo, e realizar outros feitos aparentemente milagrosos. A informação quântica utiliza um recurso da natureza que a mera informação clássica não pode alcançar; por causa dessas propriedades adicionais, um computador quântico suficientemente grande seria capaz de quebrar todos os códigos criptográficos usados para segurança na internet, e de realizar proezas de cálculo totalmente impossíveis para computadores comuns.

Porém, mais importante, a informação quântica é a chave para desvendar os mistérios do mundo quântico, e computadores quânticos estão dando aos cientistas acesso a um reino anteriormente inexplorado. Por causa deles, experimentalistas e teóricos estão começando a descobrir os mistérios da informação quântica. E estão percebendo que a informação quântica está mais intimamente associada às leis fundamentais da física do que a informação clássica. Na verdade, a informação quântica talvez seja a chave para compreender as regras do mundo subatômico e o mundo macroscópico – as regras que governam o comportamento de quarks, de estrelas e galáxias, e do próprio universo.

Assim como a era da física clássica recuou com o nascimento das teorias da relatividade e da mecânica quântica, a era da teoria da informação clássica também capitulou diante de outra mais ampla, mais profunda, conhecida como teoria da informação quântica. O estudo da informação quântica está apenas começando. Como as regras que governam o comportamento de átomos, elétrons e fótons são muito diferentes das regras padrão newtonianas, clássicas, regras de lâmpadas, bolas, bandeiras e outros objetos macroscópicos, a informação que é transportada por um objeto quântico como um elétron é diferente dos simples bits que podem estar gravados num objeto clássico. Embora os teóricos da informação clássica falem de informação em termos de bits, teóricos da informação quântica falam de informação em termos de bits quânticos, ou *qubits*.[1]

Na teoria da informação clássica, a resposta para qualquer pergunta sim/não sempre existe, bem, como um sim ou um não – um 1 ou um 0. Mas, com a teoria quântica, essa linda e fácil distinção entre sim e não desapareceu. Objetos quânticos podem ser duas coisas ao mesmo tempo, à esquerda do interferômetro ou à direita, spin horário e anti-horário, ambos 1 e 0 ao mesmo tempo. Embora um objeto clássico não possa jamais estar numa superposição ambígua de dois estados – ele deve sempre estar em um estado ou outro, ligado ou desligado, esquerda ou direita, 1 ou 0, mas não ambos ao mesmo tempo –, um objeto quântico, sim.[2] Portanto, mesmo com uma pergunta sim/não clara (O gato de Schrödinger está vivo?), com frequência não há como responder com um 1 ou 0 direto: um gato pode (teorica-

---

[1] Existem também criaturas quânticas mais complicadas conhecidas como qutrits e qunits, mas neste livro bastam os qubits.

[2] Lembre-se, superposição *não* equivale a estar em algum ponto entre os dois estados; uma lâmpada fraca ou uma bola de bilhar no meio de uma mesa e não à esquerda ou à direita ainda está numa posição inequívoca que pode ser descrita em termos de bits clássicos. Um objeto quântico não está num estado definido como esse; ele aceita dois valores simultaneamente e, portanto, está num estado de superposição, aceitando valores contraditórios ao mesmo tempo.

mente) estar ao mesmo tempo vivo e morto, um elétron pode estar ao mesmo tempo à esquerda ou à direita, e a luz pode ser uma partícula e uma onda. Meros 1s e 0s não podem captar dualidade ou superposição; o reino do objeto quântico não tem as claras dicotomias do mundo clássico.

Mas, como vimos, a teoria quântica (e a relatividade, no caso) é uma teoria que lida com a transferência de informação. Portanto, como podem cientistas falar de informação num objeto quântico se os 1s e 0s da teoria clássica da informação são insuficientes para descrever o que está acontecendo? É aqui que entram o qubits. Bits quânticos, ao contrário de bits clássicos, podem aceitar dois (ou mais) valores contraditórios ao mesmo tempo. Eles podem ser simultaneamente 0 e 1. Embora você não possa descrever o estado vivo *e* morto do gatinho de Schrödinger com um bit clássico, pode fazê-lo com um qubit. Mas, para chegar à natureza da informação quântica, devo introduzir uma nova anotação para qubits que capta a natureza quântica da informação quântica.

Um gato clássico só pode estar vivo, 0, ou morto, 1. Mas um gato de Schrödinger ideal pode estar ao mesmo tempo vivo e morto: **(0 & 1)**. Isso é um qubit, 0 e 1 ao mesmo tempo. Um gato em superposição pode teoricamente manter esse estado vivo *e* morto – ele pode armazenar este qubit **(0 & 1)** –, desde que ninguém olhe dentro da caixa, mas assim que alguém tentar determinar se o gato morreu ou sobreviveu, a superposição colapsa. O estado **(0 & 1)** instantaneamente muda para um bit clássico. O gato "escolhe" um estado **0** – o gato vive – ou um estado **1** – o gato morre.

A anotação para qubits é meio sem jeito, mas é necessária.[3] Um qubit não é o mesmo que um ou dois bits clássicos; **(0 & 1)** é muito diferente de um **0** e um **1**, como veremos em breve.

---

[3] Na verdade, os cientistas usam o que é conhecido como notação bra-ket (de *bracket*, colchete em inglês) para descrever o estado quântico de um objeto. Um *bra* é um objeto matemático simbolizado assim: < |; um *ket* é um objeto matemático intimamente

Assim como não importa em que meio um bit clássico reside – você pode armazenar um bit numa lanterna, numa bandeira, num cartão perfurado ou num pedaço de fita magnética –, não importa em que objeto um qubit está gravado. O qubit pode representar a posição de um elétron num interferômetro: esquerda é **(0)**, direita é **(1)**, e a superposição de esquerda *e* direita é **(0 & 1)**. Ele pode representar a orientação do spin de um átomo: horário, anti-horário, ou horário e anti-horário. Pode representar a polarização de um fóton: vertical, horizontal ou vertical *e* horizontal. O importante não é o meio onde está o qubit, mas a informação quântica que ele representa.

O paradoxo do gato de Schrödinger depende da diferença entre qubits e bits comuns. Um átomo, um elétron ou qualquer outro objeto quântico pode ser colocado num estado de superposição, seguindo os caminhos esquerdo e direito ao mesmo tempo. Em essência, é isso que armazena um qubit em um átomo: ele fica no estado **(0 & 1)** mais do que em um estado **(0)** puro ou um **(1)** puro. Quando o átomo entra na caixa, ele transfere esse qubit para o gato. O gato entra num estado **(0 & 1)** assim como estava o átomo; a única diferença é que **(0 & 1)** não representa mais uma superposição de "caminho esquerdo" e "caminho direito" como acontecia com o átomo. Com o gato, **(0 & 1)** representa uma superposição de "vivo" e "morto". A *forma* da informação mudou, mas a informação em si, o qubit **(0 & 1)**, permaneceu a mesma.

A teoria quântica da informação – o estudo de qubits – é uma área perigosa da física atual. Pelo aspecto prático, qubits podem fazer coisas que bits clássicos não podem. Máquinas que manipulam qubits, computadores quânticos, podem fazer coisas que são impossíveis para um computador clássico. Computa-

---

relacionado que é simbolizado como: |>. Um gato de Schrödinger num estado de superposição pode ser escrito em *kets* como |0>+|1> (dividido pela raiz quadrada de 2 por motivos técnicos). Por que usar *kets*? É uma longa história... Você alguma vez tentou enfiar um gato em um sutiã (*bra*, em inglês)?

dores quânticos são, teoricamente, mais poderosos do que computadores clássicos jamais poderiam ser. Construa um grande o suficiente e você seria capaz de quebrar toda a criptografia na internet; como um joguinho, você poderia escutar qualquer transação online "segura", quebrar o código e roubar números de cartões de crédito e informações pessoais que foram transmitidas – algo que está além do alcance dos melhores supercomputadores do mundo.

Não é por coincidência que o Departamento de Defesa dos Estados Unidos está prestando muita atenção ao desenvolvimento da computação quântica, e a potencial capacidade da computação quântica é o motivo pelo qual os teóricos da informação quântica estão tendo um pouco de dificuldade para encontrar dinheiro para as pesquisas. Mas não é por suas aplicações práticas que muitos cientistas estão interessados por computadores quânticos: eles veem a computação quântica como um modo de compreender os paradoxos da mecânica quântica, como se verá em breve.

Sejam quais forem as razões que as pessoas derem para estudar computação quântica, antes de você poder começar a quebrar códigos ou criar paradoxos quânticos no seu laboratório, tem de ser capaz de manipular e armazenar qubits. Isso significa que você precisa obter objetos quânticos nos quais armazenará as suas informações quânticas. No laboratório de Ray Laflamme, os físicos usam átomos num fluido. Uma molécula tal como o clorofórmio tem uma série de átomos de carbono – vários núcleos de carbono rodeados por nuvens de elétrons. Cada núcleo de carbono tem um spin associado a ele. Em geral, esses spins apontam para qualquer lado, mas com um ímã forte tentam se alinhar com o campo magnético. Laflamme usa essa tendência para fazer os átomos apontarem para o lado que ele quer. Ele pode forçar um núcleo a apontar para cima, horário, ou para baixo, anti-horário, armazenando um **(1)** ou um **(0)**, ou pode colocá-lo numa superposição, um estado **(0 & 1)**, combinando uma série cuidadosamente cronometrada de pulsos de ondas de rádio com o campo magnético. Se você medir esse estado de superposição, tentando determinar em que estado ele está, 50% das vezes ele colapsará e lhe dará uma leitura 0, e 50% das vezes ele colapsará e lhe dará uma leitura 1, mas até você fazer essa medição, ele está num estado de superposição, como o gato de Schrödinger.

Nem todas as superposições são assim tão simples. Do mesmo modo que existem moedas viciadas – digamos, que caiam 75% das vezes na posição de cara –, existem superposições viciadas. Imagine, no nosso experimento original de Schrödinger, que acrescentemos mais uma camada ao nosso interferômetro. Como antes, enviamos nosso elétron através de um divisor de feixes, que coloca o elétron numa superposição de dois estados possíveis: esquerda e direita. Ele está num estado (0 & 1). Mas, dessa vez, cada um desses caminhos leva a *outro* divisor de feixes. O elétron agora está numa superposição de quatro estados. Ele está simultaneamente em quatro lugares diferentes possíveis: caminho A, caminho B, caminho C e caminho D, e, se fizermos uma medição, existe 25% de chance de medir o elétron em qualquer dos caminhos. Se apenas o caminho D levar ao gatilho que quebra o frasco de veneno, então existe apenas 25% de chance de o gato morrer; 75% das vezes ele sobreviverá – quando abrirmos a caixa. Mas, até abrirmos a caixa, o gato está num estado de superposição de 75% vida e 25% morte; está num estado quântico que podemos representar por ([75%]0 & [25%]1). Isto é, o gato está simultaneamente vivo e morto; está num estado superposto, mas, como a moeda viciada, quando medimos o estado do gato ele tem três vezes mais probabilidade de acabar vivo do que morto. Quando você verifica o gato, três em cada quatro vezes o encontrará num 0, vivo; uma vez em quatro ele está 1, morto.

Essa é uma superposição tão válida quanto a do experimento do gato de Schrödinger original; ele só tem probabilidades levemente diferentes para os resultados de uma medição. De fato, existem muitíssimas possibilidades para diferentes tipos de superposições com diferentes resultados de probabilidades.

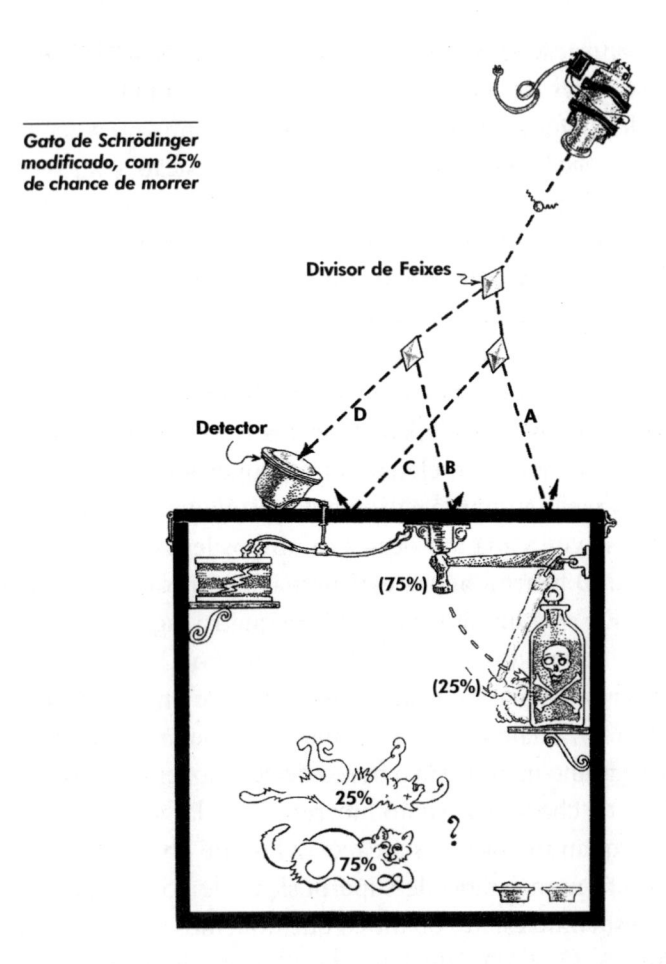

Gato de Schrödinger modificado, com 25% de chance de morrer

Se montar o seu experimento corretamente, você pode manipular uma superposição de modo que o gato viva x por cento das vezes e morra y por cento das vezes; ele está num estado ([x%]0 & [y%]1), em que x e y somam 100%. Note que o que chamamos de estado **(0 & 1)** simples é na verdade o estado ([50%]0 & [50%]1). Visto que esse estado não viciado aparecerá e reaparecerá com muita frequência no livro, eu ainda vou me referir a ele como o estado **(0 & 1)** pela brevidade se o contexto permitir.

Os enormes ímãs de Laflamme podem colocar núcleos atômicos em qualquer estado que os cientistas desejarem. Eles podem armazenar qualquer qubit ([x%]0 & [y%]1), para qualquer x e y que desejarem, nos spins desses núcleos. Em seguida, podem manipular esses qubits com campos magnéticos e ondas de rádio assim como um computador manipula 0s e 1s com eletricidade. Por exemplo, um computador pode negar um bit: se um bit começar igual a 0, a negação o transforma em um 1 e vice-versa. Laflamme, e dezenas de outros pesquisadores, pode negar um qubit. Se você começa com um objeto quântico que armazena um qubit ([x%]0 & [y%]1), depois da negação esse objeto armazenará o qubit ([y%]0 & [x%]1) – uma negação quântica. Os pesquisadores podem fazer muitas outras coisas para esses qubits também. Por meio de várias técnicas (que dependem de os qubits estarem ou não armazenados em spins atômicos, polarizações de luz ou outras propriedades quânticas), eles podem manipular um qubit de informação quântica em modos tão complexos quanto o modo como um computador manipula bits clássicos de informações clássicas. Em essência, pesquisadores de várias partes dos Estados Unidos vêm construindo computadores quânticos rudimentares.

Em 1995, o físico Peter Shor provou que um computador quântico desse tipo poderia fatorar números expressivamente mais rápido do que qualquer computador clássico, e isso, por sua vez, tornaria a maior parte da criptografia de hoje em dia instantaneamente obsoleta.

A criptografia Public-key, que é a base de quase toda a criptografia usada na internet, é uma via de mão única para a informação. É como depositar uma carta numa caixa de correio. Qualquer pessoa pode codificar uma mensagem, assim como qualquer um pode colocar uma carta no correio, mas só a pessoa com a "chave" criptográfica correta pode decifrar a mensagem, assim como só o carteiro pode abrir a caixa e retirar toda a informação que está lá dentro. A informação entra, mas não sai – a não ser que você conheça a chave secreta. Caixas de correio são utensílios de mão única porque requerem um formato que facilita a entrada da carta, mas dificulta a passagem do seu braço para tirar a carta. Sistemas criptográficos Public-key são dispositivos de mão única porque se baseiam em funções matemáticas que são fáceis de fazer e difíceis de desfazer. Tais como multiplicação. Para computadores, multiplicar dois números é muito, muito fácil. Eles podem multiplicar até números enormes em questão de milésimos de segundo. Mas o contrário – fatoração – é muito, muito difícil. Se você escolher um número-alvo suficientemente grande, até o melhor computador clássico no mundo jamais será capaz de descobrir quais os dois números, que multiplicados um pelo outro, têm como produto aquele númeroalvo. Esse é o dispositivo de mão única no núcleo de quase toda a criptografia Public-key; a dificuldade em fatorar números é o que garante a segurança dessa criptografia.

Quando Shor provou que um computador quântico podia fatorar números muitas, muitas, muitas vezes mais rápido do que um computador clássico, a sua descoberta foi direto à essência do que torna segura a criptografia Public-key. Um número que um computador clássico levaria a vida inteira do universo para fatorar poderia exigir de um computador quântico apenas alguns minutos. O algoritmo de Shor vai na contramão dessa via de mão única, facilitando fatorar números, assim como multiplicá-los uns pelos outros. Quando fatorar números fica fácil, a criptografia Public-key se torna inútil. E na essência do algoritmo de Shor está o mistério da informação quântica: qubits tornam possíveis coisas que são impossíveis para computadores clássicos.

Fatorar números extremamente grandes não é a única coisa "impossível" que um computador quântico pode fazer. Computadores quânticos podem tratar a pontapés muitas das máximas santificadas da teoria clássica da informação. Lembra do jogo "adivinhe um número" no capítulo 3? Se eu estou pensando num número de 1 a 1.000, você sempre pode adivinhar qual é usando uma série de dez perguntas sim/não. A teoria clássica da informação diz que você precisa de dez dessas perguntas sim/não para ter 100% de garantia de estar adivinhando o número corretamente; você precisa de dez bits de informação para eliminar de todo a incerteza sobre o número em que estou pensando. Em 1997, o físico Lov Grover, do Bell Labs, em Nova Jersey, provou que um computador quântico com dez qubits de memória pode fazer a mesma tarefa com *quatro* perguntas sim/não. A diferença entre o quântico e o clássico fica mais profunda conforme cresce o problema: um problema clássico exigindo 256 perguntas sim/não é solucionado em meras 16 indagações sim/não num computador quântico suficientemente grande. Shannon teria achado o algoritmo de Grover impossível.

Visto que a teoria da informação reduz uma pergunta à sua essência incompreensível, deveria ser impossível responder a uma pergunta com 256 bits de informação só com 16 indagações sim/não. Mas o algoritmo de Grover faz exatamente isso. Para ver como, vamos pegar um problema um pouco menor. Temos uma fechadura de segredo com 16 combinações possíveis, 0 até 15. Apenas uma delas (digamos, 9) é a combinação correta que abrirá a fechadura.

Na teoria clássica da informação, teríamos de fazer quatro perguntas sim/não sobre a combinação para descobrir qual delas funcionará. Aqui estão quatro perguntas que bastariam. Pergunta 1: A combinação correta é ímpar? Nove certamente é ímpar, portanto a resposta é sim: **1**. Pergunta 2: Divida o número da combinação por 2 e arredonde para o número inteiro logo abaixo. *Esse número é ímpar?* Nove dividido por 2 é 4,5; arredondando para baixo temos 4. Portanto, não, a resposta é **0**. Pergunta 3: Faça a mesma coisa de novo: divida por 2 e arredonde para baixo. *Esse número é ímpar?* Quatro dividido por 2 é 2, um número par. Portanto a resposta é não: **0**. Pergunta 4: Mais uma vez, faça a mesma coisa. *Esse número é ímpar?* Dois dividido por 2 é 1; 1 é ímpar, portanto a resposta é sim: **1**. Quatro perguntas, quatro respostas, e só existe um único número possível de 0 a 15 que satisfaça a todas as quatro perguntas: 9. (Leitores peritos em matemática terão notado que nossas perguntas reduziram o número 9 a um código binário: 1001.) Só depois das quatro perguntas – ou quatro perguntas de uma mesma espécie, tais como as da variedade mais alto/mais baixo – saberíamos que a combinação correta é 9 e poderíamos usá-la para abrir a fechadura.

O algoritmo de Grover, entretanto, usa uma abordagem totalmente diferente. Essencialmente, usando os princípios de superposição e emaranhamento, ele faz todas as perguntas ao mesmo tempo, e não uma de cada vez. Mais especificamente, o algoritmo de Grover usa quatro qubits, cada um deles começando numa superposição equilibrada: ([50%]0 & [50%]1). Mas os quatro estão associados por emaranhamento. É como se os quatro qubits formassem um objeto grande. A aparência é meio confusa, mas o que temos é um objeto no estado superposto:

[(([50%]0&[50%]1)([50%]0&[50%]1)([50%]0&[50%]1)([50%]0&[50%]1)]

Se fôssemos fazer uma medição agora mesmo, o primeiro qubit tem chances iguais de ser um 0 ou um 1; o mesmo para o segundo, o terceiro e o quarto qubit. Em essência, temos 16 resultados possíveis diferentes, todos superpostos um ao outro: 0000, 0001, 0010, 0011, 0100, 0101, 0110, 0111, 1000, 1001, 1010, 1011, 1100, 1101, 1110, 1111. Em código binário, isso é exatamente todos os números de 0 a 15, todos superpostos.

O próximo passo no algoritmo de Grover é o equivalente matemático de forçar esse horrível objeto superposto na fechadura de combinação. Essencialmente, ele faz uma pergunta sim/não: Esta coisa de quatro qubits se encaixa? A resposta é recebida numa forma que não revela de imediato a combinação da fechadura, mas o ato de forçar ao mesmo tempo tem um efeito sobre os qubits; as probabilidades mudam de modo que a superposição não é mais 50:50. As respostas incorretas ficam menos prováveis, e as corretas mais prováveis. No nosso caso, em que a combinação correta é 9, ou 1001 em binário, nossos quatro qubits saindo da fechadura teriam esta aparência:

[([25%]0&[75%]1)([75%]0&[25%]1)([75%]0&[25%]1)([25%]0&[75%]1)]

Passe essa confusão pela fechadura mais uma vez; as respostas corretas são acentuadas e as incorretas diminuídas, produzindo:

[([0%]0&[100%]1)([100%]0&[0%]1)([100%]0&[0%]1)([0%]0&[100%]1)]

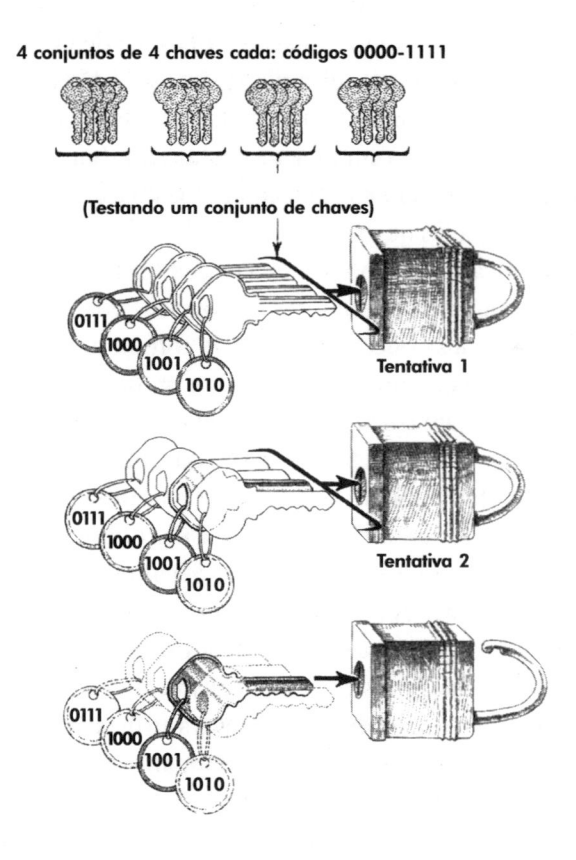

O algoritmo de Grover: as combinações incorretas desaparecem rapidamente

Para um problema clássico exigindo n perguntas, você precisa fazer $\sqrt{n}$ passagens para chegar a esse ponto. As respostas incorretas são eliminadas, e as corretas são as que restam. Se você fizer uma medição dos quatro qubits, as superposições colapsarão para lhe dar 1001 — a combinação da fechadura. O algoritmo de Grover só fez uma pergunta sim/não duas vezes: Esta coisa de quatro qubits se encaixa? Mas como essa "coisa de quatro qubits" estava em superposição, na verdade ele estava fazendo a pergunta sim/não sobre muitas combinações simultaneamente. É preciso um pouquinho de manipulação matemática para garantir que a resposta certa apareça — daí os dois passos. Não obstante, o computador quântico foi capaz de fazer menos perguntas sim/não do que seria classicamente necessário.

Para um problema que requeira quatro bits de informação, o algoritmo de Grover obtém a resposta com duas perguntas — um avanço, mas nada de espetacular. Mas para grandes problemas, como aqueles que requerem 256 bits de informação ou mais, a diferença no tempo que leva para fazer $\sqrt{n}$ perguntas comparado com fazer n perguntas é enorme. Poderia significar a diferença entre uns poucos segundos de computação e precisar do computador mais poderoso que existe trabalhando desde o início do universo até o seu fim para conseguir a resposta certa.

O algoritmo de fatoração de Shor usa qubits de modo semelhante. Ele efetivamente testa muitos, muitos números em superposição, todos ao mesmo tempo. Um conjunto de qubits em superposição, todos emaranhados, permite que você teste zilhões de combinações ao mesmo tempo. É como se você tivesse a chave mestra para todas as fechaduras criptográficas no universo. A informação quântica é imensamente poderosa — mas os cientistas estão tendo dificuldade para utilizá-la.

Em 1998, o primeiro computador quântico nasceu. Isaac Chuang e Neil Gershenfeld, físicos da IBM e do MIT respectivamente, usaram uma estrutura exatamente como a de Ray Laflamme como o coração do seu computador. O próprio computador era feito de átomos num forte campo magnético; os qubits eram os spins desses átomos. Ao manipular cuidadosamente os campos magnéticos, Chuang e Gershenfeld fizeram os spins atômicos realizar uma dança que correspondia ao algoritmo de Grover. Os átomos giravam e ricocheteavam, e depois de um passo o computador quântico de dois qubits escolhia corretamente o número-alvo entre quatro opções possíveis. Ele havia feito algo que era classicamente impossível.

Mas a pesquisa da computação quântica anda muito devagar. Em 2000, Laflamme anunciou que havia criado um computador quântico de sete qubits, e em 2001 Chuang usou um computador de sete qubits semelhante e o algoritmo de Shor para fatorar... o número 15. Em 3 e 5. Coisa que quase todas as crianças de dez anos são capazes de fazer sem hesitar um segundo.[4] E no entanto foi um grande marco para a computação quântica: era a primeira vez que alguém tinha conseguido rodar o algoritmo de Shor.

O problema é que para quebrar códigos na internet, você precisa de um computador quântico que use várias centenas de qubits, todos associados por emaranhamento. Os cientistas estão, agora mesmo, lutando para chegar a dez qubits. É de reconhecimento geral que a técnica que Laflamme, Chuang e Gershenfeld e outros usam não aumenta proporcionalmente muito mais do que isso.[5] Os engenheiros terão de recorrer a outras técnicas para fazer seus computadores quânticos; eles terão de armazenar seus qubits em outro meio além de átomos num forte campo magnético. Mas cada meio que eles tentarem – a polarização da luz, a carga numa armadilha de silício chamada de ponto quântico, a direção da corrente num minúsculo laço de arame

---

[4] E, de fato, a façanha foi *menos* impressionante do que parecia. Ela aproveitou o fato de que 15 é 1 a menos que 2^4, economizando um pouco de memória no processo.

[5] De fato, esse problema está relacionado com uma controvérsia sobre se o computador de spin-atômico é realmente um computador quântico, e o que torna um computador quântico "quântico", mas isso é uma enorme lata de minhocas. O importante é que esses computadores estão fazendo algoritmos quânticos com informações quânticas.

– tem desvantagens que dificultam criar um punhado inteiro de qubits que estejam emaranhados uns com os outros. Nenhuma dessas técnicas está atualmente tão avançada quanto o computador quântico de spin-atômico.

Em comparação, mesmo o mais primitivo computador comercial clássico, UNIVAC, tinha dezenas de milhares de bits de memória. Por mais preciso que seja, um computador quântico com sete ou dez qubits não serve de muita coisa – para os decodificadores. Não se sabe ao certo se os cientistas um dia serão capazes de construir um computador quântico grande o bastante para quebrar códigos comerciais. Não obstante, os cientistas estão empolgados brincando com seus pequeninos computadores quânticos, e isso tem a ver com o real motivo para estarem tão interessados na teoria da informação quântica. Quebrar códigos é divertido e importante, mas não é nada comparado com as perguntas que os cientistas estão fazendo à natureza. Quando os físicos manipulam nem que seja um único qubit, estão tentando compreender a natureza da informação quântica. E ao compreenderem a informação quântica, estão compreendendo a substância do universo – a própria linguagem da natureza.

O motivo de os teóricos da informação quântica estarem tão empolgados com a sua área de estudos diz respeito aos paradoxos da mecânica quântica. O que acontece é que esses paradoxos são todos, na sua essência, paradoxos sobre armazenamento e transferência de informações.

Por exemplo, o paradoxo do gato de Schrödinger vem da tentativa de armazenar um qubit num objeto clássico. Por alguma razão, você não pode armazenar um qubit num gato; algo impede que objetos grandes, clássicos, relaxados como gatos sejam usados como meios para qubits. Gatos podem armazenar bits clássicos muito bem, embora seguir a pista de 1s e 0s matando ou deixando sobreviver uma série de gatos se torna caro rapidamente. Mas quando você tenta armazenar um qubit, um (0 & 1), num gato, você tem o absurdo paradoxo de Schrödinger. Algo estranho acontece quando você tenta transferir um qubit de um objeto quântico para um objeto clássico – digamos, de um elétron para um gato.

Do mesmo modo, o princípio da incerteza de Heisenberg é um problema de transferência de informações. Quando você mede a propriedade de uma partícula – digamos, a posição de um átomo –, está transferindo informação de um objeto quântico (o átomo) para outro (como o equipamento que registra a posição do seu átomo). Mas a matemática da teoria quântica diz que você não pode colher informação sobre dois atributos complementares de um objeto quântico ao mesmo tempo. Não se pode saber a posição e o momento de uma partícula ao mesmo tempo, por exemplo, o ato de medir, de transferir informação da partícula para você, afeta o sistema que você está medindo. Quando você colhe informação sobre a posição de uma partícula, perde informação sobre o seu momento.

A estranheza do emaranhamento é também um problema de transferência de informação. Quando você mede uma partícula num par EPR, está obtendo informação sobre ambas as partículas; é como se você estivesse transferindo informação de um objeto muito distante para o seu equipamento de medição a velocidades superiores à da luz. E visto que o ato de transferir informação afeta a partícula da qual você está transferindo informação, parece que você está instantaneamente manipulando uma partícula no outro extremo do universo. Qual é a natureza da conexão entre duas partículas emaranhadas? Como dois objetos podem "conspirar" para permanecer emaranhados mesmo se não há como possam trocar informação mesmo à velocidade da luz?

Embora a maioria dos cientistas acredite que as leis da teoria quântica devam se aplicar a tudo – a gatos assim como a átomos –, objetos macroscópicos nitidamente não demonstram comportamento quântico do modo como fazem os microscópicos. Se demonstrassem, se objetos clássicos se comportassem como os quânticos, a teoria quântica não pareceria tão estranha;

nós estaríamos acostumados com ela. Mas a mecânica quântica *é* estranha – é totalmente absurda – e o elemento central em todo esse absurdo é o ato de transferir informação quântica.

Sempre que você faz uma medição e colhe informações sobre um objeto quântico, ou sempre que transferir informações quânticas de um átomo, de um fóton ou de um elétron para outro objeto, as coisas tendem a ficar bizarras.

De fato, todo o absurdo da teoria quântica – todos os aparentemente impossíveis comportamentos de átomos, elétrons e luz – tem a ver com informação: como é armazenada, como se move de um lugar para outro, e como se dissipa. Assim que os cientistas compreenderem as leis que governam essas coisas, compreenderão por que o mundo subatômico se comporta de modo tão diferente do macroscópico, por que gatos não podem existir numa superposição de vida e morte enquanto átomos podem estar em dois lugares ao mesmo tempo. Eles compreenderão por que em um par EPR emaranhado, uma das partículas pode "sentir" a escolha da outra nos confins do universo, mesmo que pessoas não possam ler as mentes umas das outras a distância. E embora a maioria dos cientistas acredite que as leis da teoria quântica se apliquem a objetos grandes assim como aos pequenos, existe nitidamente uma diferença no modo como coisas macroscópicas e microscópicas se comportam. Essas são questões fundamentais da teoria quântica que vêm obcecando os cientistas desde a década de 1920.

As respostas a essas questões talvez estejam agora ao alcance, e é por isso que os teóricos da informação quântica estão gastando o seu tempo manipulando um mero punhado de qubits. Embora computadores quânticos estejam muito longe de quebrar códigos e fatorar números, mesmo assim são incrivelmente potentes. Os cientistas podem usá-los para compreender o modo como se comporta a informação quântica; eles podem armazenar informação quântica, transferi-la, medi-la e observá-la se dissipando. O verdadeiro valor dos computadores quânticos não está nos programas que podem executar, mas no conhecimento que estão dando aos cientistas sobre o funcionamento do mundo quântico – e até um único qubit pode revelar as regras que governam a transferência de informação quântica. Na verdade, o simples ato de medir um objeto quântico é o x do problema quântico, e esse simples ato tem efeitos muito estranhos.

Um desses efeitos parece um pouco misterioso de início, mas depois, pensando melhor, é bastante problemático. Você pode impedir um átomo radioativo de decair simplesmente olhando para ele – medindo-o. Isso vai contra o que se sabe em geral sobre o comportamento de átomos radioativos.

Um átomo radioativo tem um núcleo instável. Por exemplo, o urânio-235 palpita de energia, tentando se dividir. Entretanto, a força de ligação que mantém os nêutrons e prótons unidos consegue controlar essa energia – por um tempo. Num determinado momento ao acaso, o núcleo se rompe em dois grandes pedaços e libera um bocado de energia. Durante décadas, os cientistas mediram a taxa com que esses núcleos se rompiam, ou *decaíam*. Se deixados por sua própria conta, átomos de urânio fariam isso exatamente à mesma taxa. Cada núcleo radioativo tem uma taxa característica na qual decai. Esta taxa é expressa como a *meia-vida* do núcleo, e é uma propriedade fundamental de cada núcleo radioativo. Deixe um punhado de átomos de urânio sozinhos dentro de um jarro e depois de certo tempo um número previsível deles terá se dividido. Parece que nada que você fizesse poderia impedir esses átomos de decair.

Veja o núcleo de um modo ligeiramente diferente e aparece uma falha. Pela perspectiva da teoria quântica, cada núcleo instável é na verdade um gato de Schrödinger; é um núcleo que está constantemente num estado de superposição. Um estado quântico, (0), é o núcleo como um todo intacto, embora instável: em estado (0) o núcleo é um único objeto não decaído. O outro estado quântico, (1), é o núcleo decaído em duas partes. Em geral, o átomo começa numa superposição com uma forte tendência para o estado (0) – ele pode até começar num estado

221

puro (0) – ou na notação mais canhestra, o estado ([100%]0 & [0%]1). Mas, com o passar do tempo, a tendência muda. A superposição do núcleo fica mais e mais pronunciada. Com o passar do tempo, ela evoluirá para um estado ([99,9%]0 & [0,1%]1) e em seguida, digamos, um estado ([98%]0 & [2%]1) e aí, um pouco mais tarde, um estado ([85%]0 & [15%]1). Em algum momento, quando a probabilidade do estado (1) é alta o suficiente, a superposição espontaneamente colapsa e o núcleo se divide. É como se a natureza medisse o núcleo e a moeda celestial ao cair decidisse que o núcleo estava no estado (1) – o núcleo dividido – e não no estado (0) intacto. (Mais sobre esse colapso espontâneo em breve.)

Mas, segundo a teoria quântica, você pode fazer experiências com o decaimento de um núcleo simplesmente medindo-o repetidas vezes. Se você começa com um estado puro ([100%]0 & [0%]1), o núcleo está intacto. Se você mede o núcleo assim que a superposição começa a evoluir, digamos, disparando um fóton nele, é quase certo que vai medi-lo no estado (0). O núcleo não teve tempo para que a superposição evoluísse muito; poderia estar no estado ([99,99]0 & [0,01%]1), de modo que uma medição quase sempre produzirá um 0: o núcleo não se dividiu. Mas o ato de medir destrói a superposição. Medir o núcleo faz com que ele volte para o estado ([100%]0 & [0%]1) outra vez; colher informações sobre o núcleo elimina a superposição e coloca o núcleo de volta num estado puro. Você está de volta ao ponto de partida. Se medir rapidamente o núcleo de novo, você restabelece a superposição mais uma vez. Rápido, faça de novo. De novo. De novo. Cada vez, é quase certo você ver um núcleo intacto, e cada vez você restabelece o núcleo ao seu estado (0) puro, intacto. Medições rápidas repetidas impedem a superposição de evoluir; o núcleo jamais realmente visita o estado (1), portanto, quase não há chance de ele decair. Continue medindo o núcleo e você o impedirá de decair. É verdade: de olho na chaleira, a água não ferve.

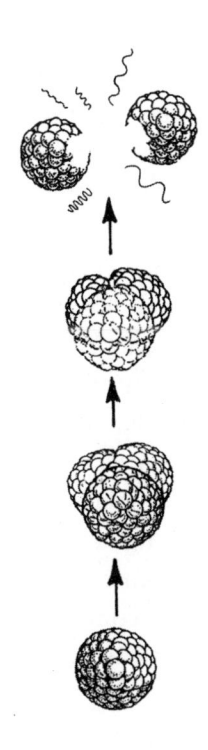

Decaimento nuclear visto por uma perspectiva quântica

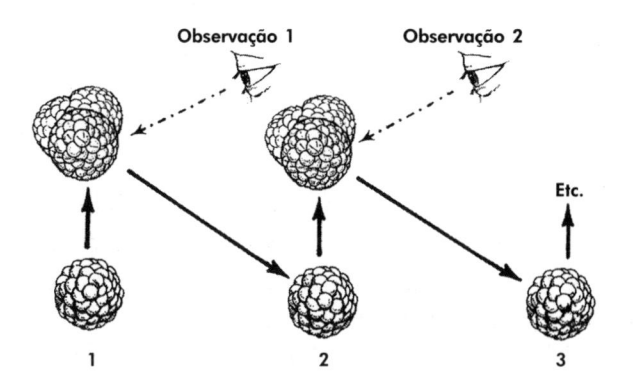

O efeito Zeno quântico

Medições repetidas podem impedir um decaimento nuclear. Esse efeito, conhecido como o *efeito Zeno quântico*,[6] tem sido estudado nos laboratórios usando-se íons e fótons capturados. E teóricos sugerem que exatamente o oposto pode acontecer: seria possível *induzir* um átomo a decair observando-o atentamente. Os efeitos Zeno e Antizeno quânticos mostram que o ato de medir – a transferência de informação – está intimamente relacionado com um fenômeno físico, real, como o decaimento nuclear. De algum modo, a informação quântica está ligada às leis que governam o comportamento da matéria.

De fato, você pode remodelar o processo físico de decaimento nuclear totalmente na linguagem da informação quântica. Mesmo sem um observador humano, você pode ver a divisão espontânea de um núcleo atômico como um ato de transferência de informação. O núcleo começa num estado puro, intacto, e evolui para uma superposição de estados decaídos e não decaídos; como o gato de Schrödinger, ele está quebrado e inteiro ao mesmo tempo. Então algo acontece. Algo colhe informação sobre o núcleo; algo mede o estado do átomo. Algo transfere informação sobre o estado do núcleo para o ambiente circundante. Essa transferência de informação faz colapsar a superposição; dependendo de como cair a moeda celestial, o núcleo "escolhe" se vai estar num estado puro não decaído (0) ou num estado puro decaído (1). Se no primeiro, o processo começa todo de novo; se no segundo, então o núcleo espontaneamente decai, assim como se espera que os átomos radioativos façam de tempos em tempos. Esse quadro de decaimento radioativo é totalmente coerente; você pode usá-lo para prever quantos átomos decairão num determinado tempo, e ele lhe dará a resposta certa. Você pode ver o decaimento nuclear como um processo de transferência de informação, mas persiste uma questão: o "algo"

---

[6] Recebeu o nome do filósofo Zeno de Elea, que argumentou que se subdividindo uma pista em pequenos segmentos infinitos torna impossível a corrida terminar.

que está fazendo a medição. O que é isso que colhe informação sobre o átomo e a dissemina para o ambiente ao redor? Esse algo é a natureza. A própria natureza está constantemente fazendo medições. E essa é a chave para solucionar o paradoxo do gato de Schrödinger.

Os cientistas em geral não veem a natureza como um tipo de ser. A vasta maioria não acredita que o universo seja consciente. Nem acreditam que uma criatura sobrenatural esteja correndo de um lado para outro com um minúsculo calibrador. Mas eles acreditam que a natureza – o universo em si – esteja, em certo sentido, continuamente medindo tudo.

O universo está inundado de partículas. A Terra é bombardeada por fótons que vêm do Sol, e é graças a essas partículas que você pode perceber o seu ambiente tão bem. Quando você olha pela janela para uma árvore, o seu cérebro está processando informações que a natureza recolheu para você. Um fóton vindo do Sol ricocheteou numa folha da árvore para o seu olho; a informação sobre essa árvore existiria ali se a sua retina estivesse presente ou não para recebê-la. A luz do Sol batendo na árvore é, em essência, uma medição natural; ela toma informações sobre a árvore – a árvore tem dois metros de altura, é verde e balança com o movimento da brisa – e as envia ao ambiente.

Mesmo fechando os olhos e ignorando a informação nesses fótons, você ainda pode perceber a árvore. Pode ouvir o vento agitando as folhas; pode sentir o movimento de moléculas de ar, que ricocheteiam na árvore e umas nas outras. Isso é o que causa as ondas sonoras. A brisa toma informações sobre a árvore e as envia para o ambiente ao redor. Esteja o seu ouvido ali, ou não, para perceber o farfalhar, essa informação foi disseminada no ambiente.[7] Claro, você mesmo pode medir a árvore. Pode subir nela, tocá-la e sentir a pressão das moléculas da sua

---

[7] Sim. Ela faria um som se caísse. Sem dúvida. Engulam essa, monges zen!

casca contra as moléculas da sua mão, mas não precisa fazer isso para saber que a árvore está ali; você pode processar a informação que a natureza já coletou para você sobre a árvore na forma de luz e som. As partículas de luz e as partículas de ar são sondas da natureza, aparelhos de medição da natureza. Você está simplesmente recebendo a informação que já foi depositada nessas partículas.

Apague o Sol e remova a atmosfera da Terra e essas fontes de informação não mais estarão disponíveis para você. (Embora as suas sensações perdidas dificilmente seriam a sua principal preocupação, se o Sol e a atmosfera desaparecessem de repente, é claro!) Você não seria mais capaz de perceber a árvore por meio da luz refletida ou das ondas sonoras, porque a Terra estaria num breu e sem ar. Nenhum humano seria capaz de sentir a árvore de longe, porque os principais portais para absorver a informação que a natureza colheu para nós – nossos olhos e nossos ouvidos – não estariam mais recebendo nenhum sinal. Mas isso não significa que a natureza tivesse interrompido as suas medições só porque os humanos não estavam mais recebendo nenhum sinal. Longe disso.

A natureza não precisa do Sol ou do vento para fazer medições da árvore. Fótons de estrelas distantes também estão bombardeando a Terra, e embora nossos olhos sejam fracos demais para perceber uma árvore apenas pela luz das estrelas, um cientista esperto com um fotodetector poderia traçar a silhueta da árvore – a informação continua fluindo para o ambiente. A própria Terra, visto ser mais quente do que o zero absoluto, irradia fótons também. Uma câmera infravermelha poderia captar essa radiação e, quando ricocheteia na árvore, ela também revela a sua silhueta. (A árvore também está irradiando radiação infravermelha que contém informação; nós só podemos parar isso trazendo a árvore para o zero absoluto.) Mesmo que uma árvore congelada estivesse flutuando no espaço profundo, protegida do calor da Terra e da luz pálida de estrelas distantes, a natureza ainda mede a árvore. O universo está fervilhando de fótons que nasceram logo depois do Big Bang; eles, também, esbarram e batem na árvore, recolhendo informações sobre ela e enviando-as para o ambiente. É simples verificar que a informação está realmente ali: um observador com um detector adequadamente sintonizado poderia reconhecer os fótons ricocheteando na árvore.

Mesmo sem esses fótons, a natureza ainda mede a árvore. O espaço está saturado de raios cósmicos de galáxias distantes, assim como neutrinos – minúsculas partículas, quase sem peso, que raramente interagem com a matéria – das regiões mais distantes da galáxia. Eles também atravessam e ricocheteiam na árvore e, embora tecnicamente muito difícil, na teoria um cientista armado com o detector apropriado poderia reconhecer o modo como a árvore afeta as partículas de passagem. A informação continua sendo disseminada no ambiente.

O que acontece se isolarmos totalmente a árvore das partículas que banham o universo? O que acontece se trancarmos a árvore num vácuo, numa caixa a zero absoluto – de modo que não irradie luz –, uma caixa que a proteja de neutrinos, raios cósmicos, fótons, elétrons, nêutrons e todas as outras sondas que a natureza usa para colher informações? Seríamos capazes de impedir a natureza de colher informações sobre a árvore? Surpreendentemente, a resposta é não. A natureza sempre encontra um jeito de colher informações sobre a árvore. Sempre – mesmo no vácuo mais profundo e até a zero absoluto.

Mesmo que protejamos a árvore de todas as partículas – de todos os meios que a natureza usa para colher informações –, a natureza cria as suas próprias partículas em todos os pontos no espaço. Nas escalas menores, as partículas estão constantemente surgindo e desaparecendo num átimo. Elas aparecem, recolhem informações, disseminam-na no ambiente e desaparecem no nada de onde vieram. Essas partículas evanescentes são as flutuações de vácuo introduzidas no capítulo 2 e ocorrem em todas as regiões do universo, mesmo no mais profundo e frio vácuo. As flutuações do vácuo tornam impossível proteger totalmente um objeto das medições da natureza. Elas foram teorizadas (e em seguida experimentalmente confirmadas) como uma consequência do princípio da incerteza de Heisenberg. Conforme expliquei no capítulo anterior, o princípio da incerteza de Heisenberg é uma restrição à informação. Nenhum observador pode conhecer simultaneamente, com exatidão, dois atributos complementares de um objeto. Por exemplo, é impossível ter informações perfeitas sobre a posição de uma partícula e o seu momento ao mesmo tempo; na verdade, saber tudo sobre a posição de uma partícula significa que você não tem nenhuma informação sobre o seu momento. Mas a informação está relacionada com o estado de sistemas físicos. A informação existe, esteja ou não alguém extraindo-a ou manipulando-a; você não precisa de um humano medindo o estado quântico de uma partícula para que ela *tenha* um estado quântico. Informação é uma propriedade inerente de objetos no universo, e o princípio da incerteza de Heisenberg é uma restrição à informação. Portanto, o princípio da incerteza de Heisenberg é na verdade uma lei sobre o estado quântico de objetos no universo, não apenas sobre a medida desse estado quântico.

A maioria dos livros famosos sobre ciência, ao introduzirem o princípio da incerteza de Heisenberg, descrevem como uma medição "perturba" o sistema que está sendo medido. Faça ricochetear um fóton de um elétron para medir a sua posição e você lhe dá um pequeno estímulo de energia: você muda a sua velocidade, reduzindo a sua informação sobre o momento da partícula. Mas esta descrição é incompleta, porque o princípio da incerteza se mantém, esteja ou não um cientista medindo alguma coisa. Ele vale para todos os aspectos da natureza, independentemente de estar ou não alguém colhendo alguma informação. Ele é válido até no vácuo mais profundo.

Outro par de atributos complementares na mecânica quântica são energia e tempo. Saiba exatamente quanta energia uma partícula tem e você não terá nenhuma ideia de há quanto tempo a partícula tem essa energia, e vice-versa. As regras da teoria quântica dizem que esse princípio se aplica não apenas a partículas mas a *tudo* no universo – até a uma região de espaço vazio. Espaço vazio? O espaço vazio não tem energia *zero*? Bem, não, segundo o princípio da incerteza de Heisenberg. Se ele tivesse exatamente zero de energia, então teríamos informações perfeitas sobre a energia numa região do espaço. Pela complementaridade energia-tempo, não teríamos *nenhuma* informação sobre há quanto tempo a região do espaço mantém essa energia; ela só não teria energia durante um instante imensuravelmente curto. Depois disso, ela *deve* ter alguma energia. Do mesmo modo, via complementaridade momento-posição, se temos uma medição muito precisa numa região do espaço – se estamos olhando para uma região muito pequena com muito pouca incerteza –, temos pouco conhecimento sobre quanto momento existe naquela região. Conforme aproximamos as nossas lentes para uma região cada vez menor (e por conseguinte, estamos observando uma região com acuidade de posição cada vez maior), sabemos cada vez menos sobre o momento na região que estamos observando. Visto que a quantidade de momento exatamente igual a zero significaria que temos informações impossivelmente perfeitas sobre o momento na região, deve haver momento não zero nessa região. Mesmo num vácuo.

Isso é estranhíssimo. Como pode uma região vazia do espaço conter energia e momento se não há nada para transportar essa energia ou momento? A natureza cuida disso para nós: partículas estão constantemente surgindo e desaparecendo. Elas nascem, transportam energia e momento por um breve instante, e em seguida morrem. Quanto mais energéticas as partículas, menos tempo elas vivem, em geral (graças à relação energia-tempo), e quanto mais momento elas transportarem, menor a região na qual vivem e morrem (graças à relação momento-posição). Em outras palavras, mesmo no vácuo mais profundo, partículas são criadas e destruídas, e quanto mais você aproxima a sua lente, maior o número dessas partículas, menos tempo elas vivem e mais energéticas são. Essas partículas esbarram constantemente em coisas, recolhem informações sobre objetos que encontram, espalham essa informação no ambiente, e desaparecem mais uma vez no vácuo. Essas são as flutuações do vácuo.

Essa não é uma ideia fantasiosa. Ela, na verdade, tem sido medida no laboratório. Nas condições certas, as partículas evanescentes podem mover pratos de um lado para outro, um fenômeno conhecido como efeito Casimir. Em 1996, físicos da Universidade de Washington mediram a força exercida por essas flutuações de vácuo. Embora a força seja muito pequena – cerca de 1/30.000 do peso de uma formiga –, elas conseguem confirmar que as partículas estão, mesmo, exercendo essa força. Vários outros experimentos desde então confirmaram o resultado de Washington. Essas partículas evanescentes existem; podemos até ver os seus efeitos. E como as partículas estão constantemente surgindo e desaparecendo em todas as regiões do espaço, a natureza está sempre fazendo medições com elas. É impossível impedi-la de fazer isso.

Graças a essas flutuações, os colapsos repentinos, espontâneos de uma superposição – tal como acontece num decaimento nuclear –, fazem sentido. Você não precisa de intervenção humana para medir o núcleo; a própria natureza está fazendo a medição com as flutuações de vácuo. De vez em quando, uma das partículas evanescentes esbarra no núcleo, faz uma medição e transmite a informação para o ambiente. Visto que o núcleo é um alvo muito pequeno, é relativamente raro isso acontecer (em geral), mas mesmo num vácuo, mesmo protegido de todas as influências externas, um núcleo numa superposição de estado não decaído e decaído é – em instantes aleatórios – medido pela natureza. A superposição de repente colapsa, e o núcleo deve "escolher" se vai permanecer íntegro ou se vai se quebrar. Para um observador externo, inconsciente da medição da natureza, é como se o núcleo simplesmente se rompesse de repente sem nenhum motivo. E devido a essa escolha aleatória que ocorre durante qualquer medição, é impossível dizer ao certo quando um determinado núcleo decairá: ela é um evento aleatório. Embora seja fácil dizer como um conjunto desses núcleos decairá, assim como é fácil dizer como uma caixa cheia de gás se comportará, é tão impossível prever o comportamento de um único núcleo quanto é prever o comportamento de um único átomo que aderna ao acaso pela caixa.

Essa medição constante é uma consequência inevitável das regras do reino quântico. É também o que guarda o segredo dos paradoxos do gato de Schrödinger. Aqui, então, está a resposta para uma das principais perguntas da teoria quântica: Por que objetos microscópicos comportam-se diferentemente dos macroscópicos? Por que átomos podem existir em superposição enquanto gatos não podem? A resposta é informação. A transferência de informação quântica para o ambiente — a constante medição de objetos pela natureza — é o que faz um gato ser diferente de um átomo e o macroscópico ser diferente do microscópico. Informação é a razão pela qual as leis do mundo quântico não parecem se aplicar a objetos grandes como bolas de beisebol e pessoas.

Como sempre, com o paradoxo do gato de Schrödinger, vamos começar devagar. Imagine que temos um objeto quântico, digamos, uma grande molécula como um fulereno de setenta átomos de carbono. Podemos deixá-lo num estado de superposição — registrando o qubit **(0 & 1)** na molécula passando-a por um interferômetro, forçando-o a estar em dois lugares ao mesmo tempo. Por quanto tempo o qubit permanece imperturbado? Em teoria, a molécula ficará em superposição desde que permaneça inobservada — desde que nenhum observador (inclusive a natureza) recolha informações sobre o estado quântico do objeto. Desde que a molécula esteja imperturbada, ela pode existir muito bem como um gato de Schrödinger, nem aqui nem ali, mas em ambos os lugares ao mesmo tempo. Isso, em essência, é o que o laboratório de Anton Zeilinger, na Universidade de Viena, tem feito inúmeras vezes. Mas não é fácil manter a molécula imperturbada. Se ela está ao ar livre, moléculas de nitrogênio e oxigênio estão constantemente esbarrando nela. Quando uma molécula de nitrogênio bate contra o fulereno, ela faz uma mediação; recolhe informações sobre o fulereno. De fato, a molécula de nitrogênio e o fulereno se tornam um tanto emaranhados. Depois da colisão, a molécula de nitrogênio transporta informações sobre a molécula de fulereno. Ao examinar o ricocheteio, por exemplo, você obtém informações sobre onde está a molécula. Portanto, se você faz uma medição da trajetória do nitrogênio, também obtém informações sobre a molécula de fulereno. E essa é a essência do emaranhamento: colha informações sobre um objeto e você automaticamente tem informações sobre o outro. Assim, o fulereno e o nitrogênio ficam emaranhados, graças a esse fluxo de informações de um para o outro. E quando a molécula de nitrogênio colide com outra molécula de ar, digamos, um oxigênio, o oxigênio "mede" o nitrogênio e se torna emaranhado também. Se você tivesse um rastreador de partículas bastante sensível, seria capaz de obter informações sobre a posição do fulereno ao medir o rastro do oxigênio e trabalhar no sentido inverso. A informação sobre o fulereno agora reside no nitrogênio *e* no oxigênio. E como essas moléculas colidem com outras moléculas que colidem com outras moléculas no ar, a informação se dissipa entre todas as moléculas do ar; a informação sobre o fulereno se espalha amplamente conforme o fulereno se torna emaranhado com o seu ambiente.

Esse fluxo de informações do fulereno para o ambiente torna impossível manter o estado superposto; a superposição colapsa, e o fulereno "escolhe" estar no estado (0) ou no estado (1). Esse processo do emaranhamento gradual e crescente de um objeto com o seu ambiente – o fluxo de informações sobre um objeto para os seus arredores – é conhecido como *decoerência*.[8]

A decoerência, então, é a chave para se compreender a diferença entre objetos microscópicos e macroscópicos. Quando a informação flui de um objeto para o seu ambiente, ele perde a sua superposição; ele se comporta cada vez mais como um objeto clássico. Portanto, em teoria, poderíamos ser capazes de manter um gato em superposição – teríamos um verdadeiro gato morto e vivo –, se pudéssemos impedi-lo de vazar informações para o seu ambiente. Teríamos de parar a decoerência.

Como podemos parar a decoerência, mesmo com um objeto relativamente pequeno como um fulereno? Como podemos impedir que a informação sobre a molécula escape? O jeito óbvio é minimizar o número de outras moléculas que batem no nosso fulereno. Por exemplo, poderíamos colocá-lo num vácuo. Isso elimina as moléculas de ar que estão ricocheteando na câmara; com um bom vácuo, podemos garantir que nenhuma molécula de ar bata no fulereno durante o experimento. (E, ao gelar o ar da câmara, fazemos com que essas moléculas diminuam de velocidade, reduzindo ainda mais a probabilidade de uma delas bater contra o fulereno.) Deveríamos também proteger o fulereno da luz – de fótons emitidos por ela – que também se emaranham com o fulereno ou seja lá o que for que o disperse. Mas, mesmo numa sala totalmente escura, ausente de quaisquer partículas, o fulereno pode espontaneamente anunciar a sua presença.

Todos os objetos irradiam luz. Qualquer molécula que não esteja a zero absoluto tem uma chance de emitir um fóton – libe-

---

[8] Quando proposta pela primeira vez, a decoerência soava tão tola que colocou um de seus primeiros proponentes, Hans Dieter Zeh, em maus lençóis. Mas desde então tornou-se corrente, e tem sido observada. De certo modo, ela é parente da entropia, mas, como ficará claro mais tarde, é indiscutivelmente um fenômeno mais fundamental.

rar uma pequena quantidade de energia no ambiente na forma de luz. O fóton carrega informações sobre o objeto de onde veio; ele fica automaticamente emaranhado com o objeto que o irradiou e transporta informações para o ambiente. Ele ajuda a fazer a decoerência do objeto, e não há nada que você possa fazer para impedir esse processo. Mas você pode minimizá-lo: quanto mais frio o objeto, menos energia ele tem para irradiar e menos fótons emite. Portanto, quanto mais frio o objeto, em geral, mais lenta é a decoerência. Em fevereiro de 2004, o laboratório de Zeilinger publicou um artigo que mostrava como, aumentando-se a temperatura, cresciam as taxas de decoerência dos fulerenos. Conforme as moléculas ficavam cada vez mais quentes, as suas franjas de interferência – o sinal externo de estar num estado superposto – diminuíam e desapareciam. Portanto, em geral, quanto mais frio um objeto é, mais tempo ficará em superposição.

E um objeto cotidiano macroscópico como um gato? Imagine por enquanto que colocamos um gato em superposição – armazenamos um qubit (0 & 1) no gato. Por quanto tempo esse qubit pode permanecer no gato?

Bem, temos imediatamente um problema. Existe ar ao redor do gato, então temos de colocá-lo num vácuo para tentar minimizar o número de moléculas que ricocheteiam nele e medi-lo. Mesmo ignorando os (desagradáveis!) efeitos de se colocar um gato numa câmara a vácuo, é uma coisa muito pouco prática. Ao contrário da molécula de fulereno, que é um alvo muito pequeno para uma molécula de ar, o gato é um alvo enorme. Mesmo num vácuo muito, muito bom, existem milhares de moléculas ao redor. Com um objeto pequeno como um fulereno, isso não tem importância, porque a probabilidade de uma molécula qualquer de ar bater nele é extremamente pequena; você precisa de muitas moléculas de ar na câmara para ter uma possibilidade remota de que haja uma colisão com um alvo tão minúsculo. Mas com um gato enorme é extremamente provável que muitas colisões ocorram a qualquer instante, mesmo num bom vácuo: um objeto grande é medido com muito mais frequência do que um objeto pequeno. O mesmo vale para as medições por fótons e outras partículas no ambiente; há muito mais probabilidades de acertar um gato grande do que de bater num fulereno pequeno. Todas essas medições disseminam informações sobre o gato no ambiente.

Do mesmo modo, ainda que congelemos o gato a próximo do zero absoluto, ele ainda emitirá um bocado de radiação, pelo menos comparado com um objeto microscópico como um fulereno. Qualquer átomo tem chance de irradiar um fóton a uma temperatura baixa. Quanto mais baixa a temperatura, menor a probabilidade de emitir esse fóton. Visto que um fulereno tem apenas sessenta ou setenta átomos, se a temperatura é relativamente baixa você pode impedir todos esses átomos de irradiarem. É só tornar a probabilidade de emissão mais ou menos uma em mil pelo período de tempo que você quer armazenar o seu qubit, e você terá mais de 90% de chance de nenhum dos átomos irradiar. Um gato, por outro lado, tem aproximadamente um bilhão de bilhões de bilhões de átomos. Com uma chance de um em mil, ou um em um milhão, ou um em um bilhão, ou mesmo um em um bilhão de bilhões de haver uma emissão atômica, é garantido você ter átomos no gato emitindo fótons. Existe essencialmente uma chance de 0% de nenhum dos átomos do gato irradiar. Quanto maior o objeto, mais difícil impedir que ele deixe escapar informações por meio de radiação.

Portanto, em resumo, quanto menor for uma coisa, quanto menos complicada e mais fria ela for, menos ela perde coerência. Quanto maior, mais confusa e mais quente for uma coisa, mais rápido a informação a seu respeito vaza para o ambiente, apesar de tudo que se faça para isolá-lo. Os cientistas calcularam que, num vácuo perfeito no espaço profundo próximo do zero absoluto, até algo tão pequeno como uma partícula de poeira com um mícron de diâmetro – dez vezes menor do que a espessura de um fio de cabelo humano – entraria em decoerência num milionésimo de segundo. Armazene um qubit nele e a natureza fará as medições e destruirá a superposição numa minúscula fração de segundo. Se é assim tão difícil para um minúsculo grão de poeira, imagine como seria para algo muito mais quente, confuso e maior – como um gato dentro de uma caixa.

Essa é a diferença essencial entre o mundo microscópico, quântico, e o macroscópico, clássico. A natureza tem muito mais dificuldade para colher informações sobre objetos pequenos, frios, portanto eles podem preservar as suas informações quânticas por um tempo relativamente longo. Mas é fácil para a natureza colher informações sobre objetos grandes, quentes, que descrevem muito bem tudo que encontramos na vida cotidiana. Mesmo quando a informação quântica está gravada num objeto grande como uma bola de beisebol ou um gato, essa informação rapidamente se dissemina no ambiente, destruindo qualquer superposição que tivesse. Objetos grandes rapidamente se tornam emaranhados com o ambiente à medida que as informações a seu respeito fluem para os seus arredores.

Informação – e decoerência – guardam a resposta para o paradoxo do gato de Schrödinger. Ao propor o seu experimento imaginário, Schrödinger acertou na maioria dos detalhes, mas não percebeu os efeitos da decoerência. Sim, uma partícula pode estar numa superposição. Sim, você pode transferir essa superposição, esse qubit, da partícula para o gato. Sim, o gato pode ser colocado numa espécie de superposição, pelo menos em teoria. Mas, como o gato é grande e quente, a informação sobre o seu estado vaza para o ambiente antes mesmo que alguém abra a caixa. O estado do gato entra em decoerência numa fração minimíssima de segundo. A superposição do gato desaparece em tão pouco tempo que nem é notada; na verdade, ela "escolhe" instantaneamente viver ou morrer. Mesmo que o gato esteja seguindo as leis da mecânica quântica, ele se comporta como um objeto clássico; você jamais conseguirá pegar o gato num estado de superposição ou fazer um padrão de gato-interferência. O fluxo de informações para o ambiente é rápido demais. A natureza mede o gato muito antes que alguém possa abrir a caixa. Mesmo num ambiente totalmente isolado, a natureza tem o poder de fazer medições, e objetos grandes, quentes, são mais fáceis de medir do que os pequenos, frios.

Decoerência é o que mata o gato. E decoerência é o que faz um objeto macroscópico se comportar classicamente, enquanto um microscópico segue um comportamento quântico. Incluindo nossos cérebros.

Cérebros são máquinas processadoras de informação e estão sujeitos às leis da informação. A teoria da informação clássica implica que somos meras máquinas extremamente complexas de processamento de informações. Isso significaria que não somos fundamentalmente diferentes de uma máquina de Turing ou de um computador. Obviamente, essa é uma conclusão perturbadora, mas existe uma saída óbvia. Se a informação em nossas cabeças é informação *quântica*, e não informação clássica, então nossas mentes assumem toda uma nova dimensão totalmente nova.

Para alguns investigadores, o fenômeno de superposição quântica e colapso parece surpreendentemente semelhante ao que acontece na mente. No reino quântico, o gato de Schrödinger não está vivo nem morto até que algum processo – medição ou decoerência – vaze a informação para o ambiente, colapse a superposição, e force o gato a "escolher" vida ou morte. Similarmente, a mente humana parece tentar captar múltiplas e semiformadas ideias, todas adejando abaixo do limiar da consciência ao mesmo tempo. Então, de alguma forma, algo estala – uma ideia se solidifica e surge na consciência. As ideias começam em superposição no pré-consciente e em seguida aparecem na mente consciente quando termina a superposição e a função de onda colapsa.

Aficionados da consciência quântica suspeitam que a analogia poderia ser mais do que uma coincidência. Em 1989, o matemático e teórico quântico britânico, Roger Penrose, juntou-se a eles, especulando num livro popular chamado *A mente nova do imperador* que o cérebro poderia estar agindo como um computador quântico e não como um computador clássico. Mas neurônios, como vimos anteriormente, tendem a se comportar exatamente como máquinas clássicas que armazenam e manipulam bits; se o cérebro está de algum modo armazenando e manipulando qubits, deve haver outro mecanismo além do troca-troca químico padrão do neurônio com o qual os biólogos estão familiarizados.

O anestesiologista Stuart Hameroff, da Universidade do Arizona, interessou-se pela consciência por outra razão diferente daquela dos filósofos: ele era perito em removê-la e restaurá-la. Por maior que tenham sido os avanços na anestesiologia, a medicina tem uma compreensão muito primitiva e insatisfatória do fenômeno da consciência; não existe nem uma boa definição para ela. Portanto ela é uma fonte ativa de estudos, e Hameroff se viu atraído por isso. Durante os seus estudos de neurofisiologia, tentando compreender a consciência, Hameroff se deparou com uma sede possível para a natureza quântica no cérebro: *microtúbulos*, minúsculos tubos construídos a partir de uma proteína chamada tubulina. Esses túbulos são estruturais; eles compõem os esqueletos de nossas células, incluindo os neurônios. Mas o interessante neles não é o seu papel clássico, e sim o seu papel (potencialmente) quântico.

Proteínas de tubulina podem assumir pelo menos duas formas diferentes – estendida e contraída – e como elas são relativamente pequenas, em teoria poderiam se comportar como objetos quânticos. Elas poderiam ser capazes de assumir ambos os estados, estendido e contraído, ao mesmo tempo em superposição. A tubulina poderia armazenar um qubit. É possível também que uma única proteína de tubulina pudesse afetar os estados quânticos de suas vizinhas, que por sua vez afetam outras vizinhas, e daí por diante, por todo o cérebro. Na década de 1990, Penrose e Hameroff mostraram como esse sistema quântico de transmissão de mensagens baseado na tubulina poderia atuar como um imenso computador quântico. E se temos um computador quântico rodando paralelo ao clássico, tradicional, do cérebro, o computador quântico poderia ser a sede da nossa consciência. Isso explicaria por que somos mais do que meras máquinas de calcular – e seríamos quânticas, não clássicas.

Essa ideia do cérebro quântico atraiu alguns poucos físicos, alguns pesquisadores da consciência e um grande número de místicos. A maioria dos neurobiólogos e cientistas cognitivos, entretanto, não apostou muito na ideia. Nem os físicos quânticos; ela era por demais especulativa. Além disso, o cérebro é um lugar terrível para se fazer computação quântica.

A informação quântica, por sua natureza, é muito frágil. A natureza está constantemente fazendo medições e dissipando qubits armazenados, emaranhando-os com o ambiente. Qubits tendem a sobreviver melhor quando estão armazenados num objeto pequeno, isolado num vácuo e mantido muito frio. Proteínas de tubulina são razoavelmente grandes comparadas com objetos quânticos como átomos, moléculas pequenas e até moléculas maiores como fulerenos. Pior ainda, o cérebro é quente e (em geral) muito mais cheio de coisas do que um vácuo. Tudo isso conspira para dissipar informações quânticas que poderiam estar armazenadas numa molécula de tubulina. Em 2000, Max Tegmark, físico da Universidade da Pensilvânia, fez as contas e descobriu exatamente que ambiente ruim o cérebro seria para a computação quântica.

Combinando os dados sobre a temperatura do cérebro, os tamanhos de vários objetos quânticos propostos e perturbações causadas por coisas como íons próximos, Tegmark calculou quanto tempo os microtúbulos e outros potenciais objetos quânticos dentro do cérebro poderiam permanecer em superposição antes de perder a coerência. A sua resposta: a superposição desaparece entre 10^{-13} a 10^{-20} segundos. Como os neurônios mais rápidos tendem a operar numa escala de tempo de 10^{-3}, aproximadamente, Tegmark concluiu que, seja qual for a natureza quântica do cérebro, ele perde a coerência rápido demais para que os neurônios possam tirar vantagem dela. Embora muitos aficionados da consciência quântica ainda argumentem que a mente tem uma natureza quântica, é difícil pensar num jeito para que possa ser assim: a decorrência é um fenômeno muito poderoso. O cérebro parece ser clássico no final das contas.

Mesmo que o cérebro humano seja "meramente" uma máquina para manipular e armazenar informações, ele é tão complexo e intrincado que os cientistas não têm nenhuma ideia real sobre como ele faz o que faz, exceto de um modo grosseiro. Filósofos e cientistas têm dificuldade até para definir o que é consciência, ainda mais para compreender de onde ela vem. A consciência é algo que simplesmente emerge de um coleção suficientemente complexa de bits movendo-se de um lado para outro? Os cientistas não têm nenhuma razão convincente – além dos aspectos particulares sobre o que significa ser humano – para dizer que não. Mesmo que nossos cérebros sejam nada mais do que complexas máquinas processadoras de informações, eles operam num nível e numa escala de tempo diferentes dos processadores de informações em nossas células. Entretanto, como nossos genes, nossos cérebros seguem as leis da informação – e decoerência. A teoria da informação não vê nenhuma diferença fundamental entre o cérebro e um computador, assim como não vê diferença fundamental entre o mundo macroscópico e o microscópico. A decoerência mostra que nossos cérebros não podem ser computadores quânticos, assim como ela explica por que o gato de Schrödinger não pode se comportar como um átomo – e por que partículas subatômicas comportam-se diferentemente das macroscópicas.

Decoerência não é uma resposta completa para o que faz a mecânica quântica ser tão estranha, mas é um grande passo para a compreensão da natureza do universo quântico e para mostrar que você não precisa de leis distintas para descrever o mundo quântico e o mundo clássico. As leis quânticas valem muito bem em todas as escalas, e é o constante colher e disseminar de informações pela natureza que fazem objetos microscópicos e macroscópicos exibirem comportamentos tão diferentes. Ao longo desse processo, a natureza está manipulando informações. Ela mede, transfere e reorganiza informações. Mas, segundo os cientistas, a natureza jamais destrói informações ou as cria. Decoerência não é uma questão de se livrar de informações; quando uma superposição colapsa e um qubit num objeto como um átomo é "eliminado", ele é transferido para o ambiente, não destruído. Na verdade, o processo de decoerência obedece a duas leis de informação quântica conhecidas como as regras de não clonagem e de não exclusão. Essas regras, que decorrem da matemática da teoria quântica, afirmam que qubits podem ser movidos de um lugar para outro, mas jamais podem ser duplicados com perfeita fidelidade ou totalmente apagados. Por conseguinte, decoerência não é criar informação nem destruí-la. A natureza está apenas tirando informações de um objeto e espalhando-as no ambiente. A informação parece estar conservada.

Essa disseminação de informação – decoerência – é análoga a algo que já vimos. Se colocarmos átomos de gás no canto de um recipiente, eles rapidamente se espalham depressa para encher todo o espaço; a entropia do sistema rapidamente aumentará. (Também, se resfriarmos o recipiente, os átomos se movem mais lentamente e se espalham com menos rapidez.) Mesmo sendo um fenômeno puramente estatístico, é como se a natureza estivesse conspirando para espalhar os átomos. Similarmente, se colocarmos informação num objeto, o movimento aleatório de partículas e as flutuações do vácuo conspiram para espalhar essa informação, dissipando-a no ambiente. Embora a informação ainda exista, fica cada vez mais difícil recuperá-la conforme o processo de dissipação contínua. Como a entropia, a decoerência é um fenômeno de mão única: mesmo *possível*, é astronomicamente improvável que a natureza recolha informações do ambiente e as deposite num objeto macroscópico, colocando-o em superposição. Como a entropia, a decoerência permite que você saiba em qual direção vai o tempo; a decoerência é uma seta do tempo. As duas estão associadas. A decoerência de um qubit aumenta a entropia do sistema por, é isso aí, $k \log 2$.

De certo modo, a decoerência é ainda mais fundamental do que a entropia. Enquanto a entropia de um gás dentro de um recipiente aumenta em escalas de tempo de microssegundos, a decoerência opera em escalas de tempo bilhões e bilhões de vezes menores. A entropia só tende a aumentar quando um sistema está desequilibrado, enquanto a natureza está sempre medindo e disseminando informações; por conseguinte, a decoerência ocorre mesmo quando o sistema está em equilíbrio. E embora o conceito de entropia leve à segunda lei da termodinâmica, a ideia de decoerência está relacionada com o que pode ser uma lei ainda mais poderosa, uma nova lei:

INFORMAÇÃO NÃO PODE SER CRIADA NEM DESTRUÍDA.

Essa é uma lei que condensa as leis da termodinâmica e a explicação para a estranheza da mecânica quântica e da relatividade. Ela descreve como objetos físicos interagem uns com os outros e como os cientistas podem adquirir uma compreensão do mundo natural. É a nova lei.

Mas a nova lei, a lei da informação, ainda não foi firmemente estabelecida. Embora muitos cientistas acreditem que ela é válida, vários desafios e exceções potenciais à lei ainda precisam ser resolvidos. Os desafios mais sérios surgem da teoria da relatividade, pois as leis de Einstein e a lei da informação parecem não entrar num acordo.

Não obstante, quando a teoria da relatividade se opõe à lei da informação, a lei da informação parece vencer. A informação pode até ser capaz de sobreviver a algo a que mais nada do universo consegue: uma viagem direto ao ventre da força mais destrutiva do cosmo – um buraco negro.

CAPÍTULO 8

Conflito

O assombro paira devidamente ao seu redor, visto ser a impassível referência e silenciosa testemunha de todas as nossas memórias e afirmativas; e o passado e o futuro, na nossa ansiosa vida tão diferentemente interessantes e tão diferentemente sombrios, são uma vestimenta inconsútil para a verdade, brilhando como o sol.

– GEORGE SANTAYANA

A informação está na essência dos mistérios da teoria quântica, assim como é responsável pelos paradoxos da relatividade. Mas os cientistas ainda não possuem uma teoria completa da informação quântica, portanto não sabem as respostas para todos os difíceis problemas filosóficos que essas teorias levantam. Embora a decoerência pareça explicar a aparente diferença entre o microscópico e o macroscópico assim como o paradoxo do gato de Schrödinger, muitas questões ainda ficam por resolver. As mais graves têm a ver com a relatividade.

Os físicos continuam sem entender o mecanismo do emaranhamento. Eles são obrigados a aceitar que partículas de algum modo "conspiram" afastadas por vastas distâncias. As leis da teoria quântica e da informação quântica descrevem o emaranhamento maravilhosamente. Entretanto, não explicam *como* funciona o emaranhamento; elas não revelam como partículas emaranhadas conseguem conspirar. Para descobrir, os cientistas estão forçando a entrada num território cada vez mais estranho: estão explorando um reino tão distante que alguns dos melhores experimentos quânticos chegam a tocar de leve o reino do paranormal – a telepatia. A "ação fantasmagórica" de Einstein é mais fantasmagórica e aparentemente mais irreal do que uma história de fantasmas, e está fazendo os cientistas questionarem suas noções sobre o fluir do tempo.

Mais fantasmagórico ainda é o mistério do buraco negro. Essas estrelas colapsadas devoram tudo que aparece ao seu alcance – inclusive luz – e tudo que cruza um limiar invisível é irreversivelmente destruído. Ou não é? Se a informação é realmente conservada, se ela não pode ser criada nem destruída, nem mesmo um buraco negro pode erradicar a informação que ele devora. Buracos negros poderiam ser enormes recursos de armazenamento de informações, mantendo intacta a informação quântica e regurgitando-a muitos bilhões de anos depois. De fato, até 2004 o mais famoso duelo científico do mundo, uma aposta entre Stephen Hawking e Kip Thorne de um lado, e John Preskill de outro, tinha a ver com o fato de a informação ser destruída ou preservada quando cai num buraco negro. Embora pareça uma aposta frívola, ela vai direto ao cerne daquilo a que as leis da natureza realmente obedecem. Se a informação é conservada, então ela pode penetrar onde nenhum telescópio, nenhuma sonda robótica, nenhum observador podem jamais ir. A informação nos dará um modo de espiar por trás do véu que protege os buracos negros de olhares curiosos. A informação revelará os segredos do objeto mais misterioso do universo, regiões onde as leis da física sucumbem e a teoria quântica e a relatividade estão mais diretamente em conflito.

Compreenda a informação e você compreende os buracos negros. Compreenda os buracos negros e você compreende as leis supremas do universo. Foi uma aposta com muitos interesses em jogo, e quando a aposta foi decidida, gerou manchetes no mundo inteiro.

O conflito entre relatividade e mecânica quântica ainda abala a física nas suas raízes, e os cientistas do mundo todo estão tentando calcular as consequências desse conflito. Por exemplo, a ideia de emaranhamento ameaça minar o limite da velocidade da luz para a transferência de informações na essência da relatividade: Se partículas estavam conspirando a grandes distâncias para apresentar estados quânticos iguais e opostos depois de uma medição, então poderiam ser usadas para enviar uma mensagem mais rápido do que a velocidade da luz? Teóricos dizem que não, como em breve ficará claro. Mas isso não impede que alguns esperem que o emaranhamento guarde o segredo de uma nova forma de comunicação. Entres eles está Marcel Odier, um filantropo suíço que ganhou os seus milhões em transações bancárias. Odier e sua mulher, Monique, criaram uma fundação para explorar um reino a que apelidaram de "psicofísica" – o reino semicientífico, semioculto, no qual física e parapsicologia se cruzam.

Odier está convencido de que pessoas – e animais – podem ser telepáticos, e a sua fundação patrocinou vários estudos para explorar esse fenômeno. Embora ele diga que tem evidências suficientes para acreditar na telepatia, não sabe que mecanismos permitiriam que a mente das pessoas se conectassem umas com as outras. Entretanto, a mecânica quântica parecia oferecer um caminho: o emaranhamento. Odier esperava que o emaranhamento ajudasse a explicar o mecanismo da telepatia, então ele gastou cerca de 60 mil dólares para patrocinar um experimento na Universidade de Genebra: a tentativa de Nicolas Gisin de calcular a "velocidade" do emaranhamento quântico.

Gisin – como a maioria dos cientistas sérios – pensa que telepatia é mistificação. Não obstante, o fenômeno do emaranhamento é tão estranho que chama a atenção de fãs da paranormalidade, entre eles Odier. E Gisin não teve problemas em aceitar o dinheiro que permitiu a ele próprio e aos seus colegas realizar um experimento de primeira ordem. Embora o grupo de Gisin não encontrasse nenhuma pista para um mecanismo que transmitisse informações de pessoa para pessoa via partículas emaranhadas – na verdade, como ficará evidente, as leis da informação quântica mostram que é impossível enviar mensagens apenas com emaranhamento –, Gisin descobriu algo quase tão perturbador quanto a telepatia. Os seus experimentos provaram haver um conflito fundamental entre as teorias de relatividade e a mecânica quântica com relação à natureza do tempo. Na teoria quântica, ao contrário do que acontece na teoria da relatividade e no dia a dia, talvez não haja isso de "antes" e "depois". Os teóricos há muito sabem que relatividade e teoria quântica não se entendem. A relatividade é uma teoria fluida, que lida com a natureza de espaço, tempo e gravidade, e trata o tecido de espaço e tempo como um lençol fluido, contínuo. A teoria quântica é grosseira, granulosa. Ela lida com pacotes e saltos quânticos, nacos de energia e uma fragmentada visão do universo. A relatividade e a teoria quântica são modos muito diferentes de retratar o universo, métodos matemáticos muito diferentes que, quase sempre, não se harmonizam. Na maioria das vezes eles não entram num conflito direto; a relatividade tende a lidar com galáxias, estrelas e coisas movendo-se quase à velocidade da luz – o reino do muito grande e do muito rápido. A mecânica quântica torna-se importante para átomos e elétrons, nêutrons e outras partículas minúsculas – o reino do muito pequeno e, quase sempre, do muito frio e lento. Esses regimes são muito diferentes e, na maioria das vezes, não se superpõem. Na maioria das vezes.

Emaranhamento é uma das áreas em que as duas teorias estão de acordo. Einstein colocou um limite de velocidade na transmissão de informações, mas a teoria quântica diz que partículas emaranhadas sentem *instantaneamente* quando suas parceiras são medidas. A teoria quântica é agnóstica acerca de como as partículas conspiram umas com as outras, enquanto que a teoria de Einstein é muito, muito cuidadosa ao definir como mensagens são enviadas de um lugar para outro. Essa é uma fonte decisiva de conflitos, e é exatamente a região que Gisin estava tentando compreender.

No capítulo 6, descrevi como, em 2000, Gisin criou conjuntos de fótons emaranhados que passavam velozes em direções opostas por cabos de fibra óptica ao redor do lago Genebra;

quando ele media um, o outro instantaneamente sentia a medição. Se as duas partículas estavam de algum modo enviando entre si uma mensagem, então essa mensagem teria de viajar a mais de dez milhões de vezes a velocidade da luz para chegar até a outra a tempo de efetuar com sucesso uma conspiração. Por acaso, a mediação dessa "velocidade de emaranhamento" foi incidental. No experimento de 2000, patrocinado por Marcel Odier, e num experimento subsequente em 2002, que não foi, Gisin tentou forçar a natureza a revelar a natureza da conspiração de emaranhamento. Ele tentou arruinar o emaranhamento das partículas de um jeito einsteiniano e, ao fracassar, mostrou que os conceitos de "antes" e "depois" não se aplicam a objetos quânticos com tanta simplicidade como o fazem com os relativísticos.

O truque de Gisin foi fazer o par emaranhado representar o paradoxo lança e celeiro. Conforme descrito no capítulo 5, o paradoxo usa o movimento relativo de dois participantes para fazê-los discordar quanto à ordem dos eventos. O observador A (o espectador estacionário) pensa que a porta da frente do celeiro fecha antes que a porta dos fundos se abra; o observador B (o corredor) pensa que a porta dos fundos se abre antes que a porta da frente feche. Desde que a porta da frente e a dos fundos não estejam causalmente conectadas, ambos observadores podem estar corretos ao mesmo tempo, ainda que discordem quanto à ordem dos eventos.

No seu laboratório em Genebra, Gisin e seus colegas enviaram conjuntos de fótons emaranhados, superpostos, para as aldeias de Bernex e Bellevue num clássico experimento EPR. Mas aconteceu uma surpresa: a estrutura do seu laboratório estava em movimento. No primeiro experimento, eles tinham um detector girando muito rápido, fazendo-o agir como o corredor no paradoxo lança e celeiro.

Graças ao seu movimento, do ponto de vista do detector que se movia, ele mediu a partícula A antes que a partícula B batesse no detector na outra aldeia. Assim que a partícula A bateu no detector em movimento, a sua superposição colapsou por causa da medição. Se existe alguma forma de "comunicação" entre as duas partículas, B deve ficar sabendo do colapso de A e, de algum modo, colapsar também. A superposição de A colapsou por causa da sua *própria* medição, enquanto a de B colapsou por causa da medição da sua *parceira*. Mas, do ponto de vista do detector estacionário, a situação inverteu-se. No sistema de coordenadas do detector estacionário, a partícula B bateu no detector e foi medida antes que a partícula A alcançasse o detector em movimento. Do ponto de vista do detector estacionário, a superposição da partícula B colapsou por causa da sua própria medição, enquanto a de A colapsou por causa da medição da sua parceira.

Se a medição de uma partícula de algum modo afetar a outra – se algum tipo de comunicação entre as duas partículas lhes permitir conspirar –, o experimento de Gisin mostrou que é impossível dizer quem é o *afetador* e quem é o *afetado*, quem é o emissor da mensagem e quem é o receptor. Isso é ridículo; se existe qualquer forma de comunicação entre uma partícula e outra, então o desacordo sobre qual partícula foi medida primeiro significa que elas discordam sobre qual partícula iniciou a conspiração e qual delas simplesmente foi atrás.

O experimento de 2002 foi um aperfeiçoamento do primeiro. Ele usou divisores de feixes em movimento em vez de um detector em movimento. Como no primeiro experimento, essa estrutura produziu o mesmo resultado: os detectores discordaram quanto a que partícula bateu primeiro.

Se existe algum tipo de mensagem indo de partícula para partícula, não existe nenhuma emissora bem definida ou receptora bem definida. As partículas parecem ignorar os conceitos de antes e depois. Elas nem ligam para qual foi medida primeiro ou por último, qual foi a emissora ou receptora. Não importa como você monte o experimento, o emaranhamento continua desimpedido; as duas partículas conspiram para acabar em estados quânticos opostos mesmo que nenhuma delas "escolha" o seu estado até que o ato de medir as force a isso. Telepatia é absurdo, mas o mundo quântico é ainda mais estranho do que as fantasias de um parapsicólogo.

O experimento de Gisin foi um exemplo expressivo da dificuldade de descrever o emaranhamento dentro de um sistema de troca de mensagens. É natural pensar que as duas partículas devam de algum modo se comunicarem; em vista disso, não parece haver muitas alternativas. Os cientistas provaram que as superposições de partículas não colapsam antes do ato de medir ou da decoerência; as partículas podem permanecer num amálgama ambíguo de dois estados desde que permaneçam imperturbadas. Quando uma das partículas é medida, entretanto, *ambas* as superposições colapsam, e os colapsos estão sempre correlacionados; se uma decide ter spin horário, o outra terá spin anti-horário; se uma está horizontalmente polarizada, a outra estará verticalmente. O colapso das funções de onda acontece ao mesmo tempo e de um modo correlacionado, mas o colapso é inerentemente um evento aleatório que não pode ser decidido com antecedência. A única saída óbvia para essa aparente contradição é supor que as duas partículas emaranhadas estão de algum modo se comunicando. Mas Gisin mostrou que essa comunicação, se existe isso, é mesmo um tipo muito estranho de mensagem. Ela se move muito mais rápido do que a velocidade da luz e, não importa qual é a emissora e qual é a receptora, a mensagem chega assim mesmo.[1]

De fato, é melhor não pensar em emaranhamento como uma troca de mensagem, porque uma mensagem implica que uma informação está sendo enviada de uma das partículas para outra. E há muito ficou estabelecido que uma das partículas num par emaranhado não pode transferir informações para a outra atra-

---

[1] Ainda mais bizarro, partículas emaranhadas mostrarão essa correlação, pelo menos em teoria, mesmo que as medições ocorram *antes* que as partículas sejam emaranhadas. Isso é conhecido como experimento da "escolha adiada", e significa que o estado de emaranhamento existe antes ainda que as partículas saibam que estão emaranhadas.

vés da sua influência "fantasmagórica". Na década de 1970, o físico Philippe Eberhard provou isso matematicamente. É impossível usar um par EPR para transmitir informações mais rápido do que a luz – e o experimento de Gisin é uma boa demonstração da razão disso. Mesmo que os estados quânticos da partícula A e da partícula B estejam correlacionados – o estado quântico de uma depende do estado quântico da outra –, não existe relacionamento *causal* entre os dois. A medição da partícula A não sinaliza realmente para a sua gêmea "colapsar": A não "causa" o colapso de B, nem B "causa" o colapso de A. Elas apenas colapsam simultaneamente e não dão a mínima para quem foi medida primeiro ou para o conceito de causalidade de Einstein. Não há uma boa explicação para isso; é assim. É uma consequência da matemática da teoria quântica, mas não tem uma boa, intuitiva, razão física por trás.[2]

Esse estado de coisas é muito estranho, mas é o que os cientistas acabaram aceitando. Ninguém foi capaz de usar a ação fantasmagórica de pares EPR, mesmo em teoria, para enviar um bit, um 0 ou um 1, ou um qubit como (0 & 1) de um lugar para outro mais rápido que a luz. Isso apesar do fato de os físicos serem capazes de *teletransportar* um objeto dentro de um laboratório usando o emaranhamento.

O termo *teletransporte* pode induzir a erro, mas é o que o inventor deste processo, o físico da IBM Charles Bennett, escolheu. A palavra teletransporte evoca visões de *Jornada nas estrelas*, com Mr. Spock sendo desmontado num flash de luz e depois montado novamente na superfície do planeta. O teletransporte quântico é muito diferente disso. Ele teletransporta informação, não matéria.[3]

---

[2] Embora haja algumas pistas promissoras – mais sobre isso no capítulo 9.

[3] A diferença talvez seja questionável. A mecânica quântica não distingue partículas; um elétron é idêntico a todos os outros elétrons no universo, por exemplo. A única diferença está no seu estado quântico – a informação quântica que carregam. Se você pegar o estado quântico do elétron A, transmiti-lo através do universo e reconstruí-lo

Em 1997, duas equipes de físicos, lideradas por Francesco De Martini, da Universidade de Roma, e Anton Zeilinger, da Universidade de Viena, usaram com sucesso um par EPR para transmitir um qubit de um átomo para outro. Os detalhes dos experimentos eram ligeiramente diferentes, mas a essência era a mesma. Eles mediram simultaneamente uma partícula de um par EPR com uma partícula que armazenava um qubit, emaranhando as duas. Na outra extremidade do laboratório, mediram a outra partícula do par EPR junto com uma partícula-alvo vazia, que receberia o qubit. Isso inicia uma cadeia de emaranhamentos: o átomo armazenador do qubit está emaranhado com uma partícula EPR, que está emaranhada com a outra partícula EPR, que está emaranhada com o átomo-alvo. Após algumas manipulações, o qubit é transferido do átomo de origem para o átomo-alvo. Devido à regra de não clonagem, a cópia original é destruída, mas o estado quântico do átomo é transferido através do laboratório, carregado pela ação fantasmagórica a distância.

Se você está usando pares EPR para transmitir um bit quântico de informação, não estará violando a proibição de transferência instantânea de informação? Não, porque o processo de teletransporte tem uma armadilha. Ele precisa de informação clássica para ser transferido do emissor para o receptor, dois bits clássicos que possam ser transmitidos na melhor das hipóteses à velocidade da luz. As "poucas manipulações" não podem ser realizadas sem esses dois bits de informação; sem os bits clássicos, não se pode saber como reconstruir o qubit na partícula-alvo.

---

no elétron B, então não há distinção entre o elétron original (cujo estado quântico agora está destruído, devido à regra de não clonagem) e o que foi reconstruído no final do processo de teletransporte. Em certo sentido, Mr. Spock não sobreviveria realmente ao processo de teletransporte. Ele é destruído, enquanto uma duplicata exata sai do outro lado do teletransportador. Mas, se ninguém sabe qual a diferença entre o Spock original e a duplicata – nem mesmo a própria duplicata –, ele é realmente uma cópia ou é o original? Essa é uma pergunta para filósofos, não para cientistas, mas devo admitir que eu me recusaria a entrar num teletransportador do tipo *Jornada nas estrelas*, se existisse um.

Embora a ação fantasmagórica a distância seja o mecanismo de teletransporte quântico para transmitir o estado quântico de um átomo para outro, a informação no átomo só pode viajar de um lugar para outro à velocidade da luz. Não há como violar a proibição de enviar informações mais rápido do que a velocidade da luz.

A proibição de Einstein quanto a transmitir informação mais rápido do que a velocidade da luz é válida, apesar da estranheza da ação fantasmagórica no emaranhamento. O emaranhamento não invalida as leis que ditam como a informação se comporta. Entretanto, o emaranhamento ainda dá muito trabalho. Estados quânticos colapsam instantaneamente, ignorando a cuidadosa ênfase de Einstein nos conceitos de antes, de depois e de causalidade – e a misteriosa conspiração do emaranhamento permanece tão sombria como nunca.

Os cientistas não compreendem realmente o emaranhamento, mas as leis de informação quântica parecem estar a salvo da ameaça. Contudo, outro sombrio mistério ameaça desmontar o conceito da conservação da informação – os objetos mais escuros do universo. Buracos negros.

Um buraco negro é a herança horripilante da teoria da relatividade de Einstein. É uma ferida escancarada no tecido do espaço-tempo, um buraco sem fundo que cresce cada vez mais à medida que engole matéria. Está envolto numa cortina que o protege de olhares curiosos – até os da natureza –, pois nenhuma informação passa do centro de um buraco negro para o ambiente externo. Na verdade, a região próxima a um buraco negro está isolada do resto do cosmos. Em certo sentido, cada buraco negro é o seu próprio universo.

Buracos negros são estrelas maciças que tiveram uma morte espetacular.[4] Durante toda a sua vida, uma estrela é uma nuvem

---

[4] Isso é verdade no que diz respeito a buracos negros comuns, aqueles que são apenas dezenas ou centenas de vezes mais maciços do que o nosso Sol. Existem outras classes

de (principalmente) hidrogênio num estado de tênue equilíbrio. Por um lado, a simples massa da estrela – a força gravitacional que ela exerce sobre si mesma – tenta encolhê-la até um ponto. Por outro lado, as reações nucleares rugindo no forno da estrela, onde ela converte hidrogênio em hélio e em elementos mais pesados, tentam explodi-la. Durante milhões ou bilhões de anos (dependendo da massa da estrela), essas duas forças se compensam mutuamente; a gravidade não consegue esmagar a estrela por causa da força da reação de fusão atuando de dentro para fora, enquanto o forno de fusão no centro da estrela não a pode explodir porque a sua matéria é contida pela gravidade.

Mas, quando uma estrela começa a ficar sem combustível, esse equilíbrio é perturbado. O forno de fusão estala e lampeja ao consumir tipos diferentes de combustível. A estrela encolhe e incha, e encolhe de novo. Num determinado momento o combustível da estrela se esgota. A força de dentro para fora cessa e a única que resta é a da gravidade, fora de controle da força de fusão. Uma estrela suficientemente maciça colapsa rapidamente para dentro de si mesma, criando uma enorme explosão: uma supernova, o evento mais violento no universo.

Uma grande parte da massa da estrela é soprada para longe numa violenta explosão de energia, mas uma boa parte se mantém, presa pela gravidade da estrela colapsante – que fica cada vez menor numa minúscula fração de segundo. Se a estrela é grande o suficiente, a força da gravidade é tão forte que nada pode impedir o seu colapso; ela fica cada vez mais densa à medida que vai ficando menor. Ela fica menor do que o nosso Sol, menor do que a Terra, menor que a Lua, menor que uma bola de basquete, menor do que um grapefruit, menor que uma ervi-

---

de buracos negros, tais como os buracos negros supermaciços que se encontram no centro de galáxias. Aquele no coração da nossa galáxia, Sgr A* (Sagitarius A*), pesa quase tanto quanto 2,5 milhões de sóis, e os cientistas têm menos certeza de como ele se formou, embora os mesmos princípios físicos se apliquem a buracos negros supermaciços (e de tamanho intermediário) e à variedade comum.

lha, menor que um átomo. Pelo que os cientistas sabem, nada no universo impede a estrela de encolher até o nada; a massa de dezenas ou centenas de sóis é comprimida num espaço nulo. Ela se tornou uma singularidade – um ponto de densidade infinita, onde a curvatura de espaço e tempo se torna ilimitada. O buraco negro é um poço sem fundo no espaço-tempo, um rasgão infinito onde tempo e espaço não têm mais realmente sentido. E por causa disso – porque é um objeto muito maciço, sujeito às leis da relatividade, assim como é um objeto muito pequeno sujeito às leis da mecânica quântica – buracos negros são regiões onde as duas teorias entram em conflito direto. Ao estudarem esse rasgo no espaço-tempo, a singularidade no coração de um buraco negro, os cientistas possivelmente seriam capazes de resolver o conflito entre as duas teorias. O resultado seria uma teoria única, unificada, válida em todas as escalas e em todas as regiões do universo. Seria a realização máxima da física.

Infelizmente, estudar um buraco negro está fora de questão, mesmo em teoria. A ferida no tecido do universo não é uma ferida aberta. A singularidade do buraco negro está rodeada por um escudo que o protege de olhos curiosos. Embora esse escudo não seja um objeto físico – você não o notaria se tivesse de atravessá-lo –, ele marca o limite entre dois universos. Qualquer coisa que cruzar esse *horizonte de eventos* jamais escapará das garras do buraco negro; nem mesmo a luz move-se rápido o suficiente para ter impulso e se afastar da atração gravitacional da estrela colapsada.

Buracos negros foram assim chamados pelo físico de Princeton, John Wheeler, que se deu conta de que uma tal monstruosidade seria o objeto mais escuro do universo. Como a estrela maciça absorve qualquer luz e matéria que acontecer de passar por sua barreira de mão única, ela apareceria como uma grande mancha escura nos céus.

Os cientistas ainda estão a uma década, ou mais, de ver a escuridão de um buraco negro diretamente; no momento, só conseguem inferir a presença de um buraco negro pelo movimento de estrelas ao seu redor. No centro da nossa galáxia, por exemplo, estrelas maciças giram em torno de uma enorme massa invisível que é tão pesada quanto milhões de nossos sóis. O movimento das estrelas é causado pela atração gravitacional de um buraco negro. Mesmo que o buraco negro seja invisível, os cientistas podem ver como ele atrai estrelas e engole matéria.

Mas até com os telescópios mais potentes do universo, ver a silhueta de um buraco negro não nos falaria sobre a singularidade, o rasgão no espaço-tempo no coração da estrela colapsada. De fato, mesmo que conseguíssemos mergulhar uma sonda na garganta do buraco negro, ela seria incapaz de nos dizer qualquer coisa sobre a singularidade ou a região oculta pelo horizonte de eventos.

Imagine que estamos numa nave espacial de pesquisa orbitando a uma distância segura de um buraco negro. A nave é equipada com uma sonda descartável – um pequeno robô que envia uma mensagem codificada de volta para a nave mãe a cada segundo. Bip. Bip. Bip. Essa sonda é bastante resistente para suportar as forças gravitacionais que tentarão despedaçá-la e a radiação que tentará fritar seus circuitos; por mais que o buraco negro tente destruí-la, essa sonda emitirá uma mensagem, um bip, a cada segundo até o final dos tempos.

Agora vemos disparar a sonda da nave para o buraco negro. Do ponto de vista da sonda, ela emite um pio por segundo, a cada segundo, enquanto voa em direção à estrela colapsada. Ela observa uma porção de efeitos visuais estranhos devido à curva gravitacional da luz; todas as estrelas no universo parecem se comprimir umas contra as outras, no final preenchem menos do que metade do céu. Mas a sonda segue em frente, piando alegremente. Cruzar o horizonte de eventos não é nada de mais; ela irradia de volta: "Estou para cruzar o horizonte de eventos... agora!", quando atravessa a barreira, mas não vê nenhuma barreira física ou qualquer coisa que indique que ela entrou no reino sem volta. Nada de incomum acontece. Ela continua emitindo bip, bip, bip, uma vez a cada segundo enquanto cai em direção à singularidade. Esses bips contêm informação sobre o que a sonda está vendo; tendo cruzado o horizonte de eventos, ela está irradiando informação sobre o reino por trás da cortina que protege o buraco negro. A sonda cairá na singularidade, no centro do buraco negro, e desaparecerá – emitindo bips até o final. A nossa sonda nos enviou valiosa informação sobre a região desconhecida próxima do coração de um buraco negro. O único problema é que essas mensagens inestimáveis jamais chegam à nave mãe. Mesmo que, do ponto de vista da sonda, ela enviasse uma mensagem a cada segundo, a teoria da relatividade de Einstein nos diz que campos gravitacionais afetam espaço e tempo assim como o movimento rápido. Portanto, do ponto de vista da nossa nave mãe, o relógio da sonda se atrapalha ao se aproximar do buraco negro. Ele atrasa. Os bips se distanciam cada vez mais conforme a sonda fica cada vez mais perto do buraco negro: 1.1 segundo de intervalo, 1,5 segundo, três segundos, dez segundos, dois minutos de intervalo e assim por diante. Conforme a sonda se aproxima do horizonte de eventos, as mensagens se tornam cada vez mais esparsas. Mais estranho ainda, fica cada vez mais difícil ver a sonda. A luz que vem da sonda fica cada vez mais vermelha e mais fraca, conforme a sonda se aproxima do horizonte de eventos. Logo, ela fica invisível aos olhos humanos, e até um telescópio infravermelho sensível a bordo da nave teria dificuldade de localizar a sonda, que parece estar ainda caindo em direção ao horizonte de eventos.

Continuamos observando a sonda e registrando as mensagens cada vez menos frequentes que chegam com dias de intervalo. Semanas de intervalo. Anos, décadas de intervalo. Depois de anos e anos, e mais anos de observação, a sonda é só uma sombra incrivelmente vaga pairando próxima à margem do horizonte de eventos – mas jamais cruzando. No final, recebemos uma mensagem alongada da sonda. Demora vários anos para recebermos o sinal: "Eeeeesssstooooouuuuupppppaaaa arrrraaaaacccccrrrrrruuuuuuzzzzzzaaaaarrrrrooooo oohooooorrrrrriiiiizzzzzzooooooonnnnnnnntttttteeee eeddddddeeeeeeeeeeeeevvvvvveeeeeeennnnntttooo ooossssss...", mas a palavra que conclui a mensagem, "agora!", não chega nunca. Foi a última coisa que ouvimos da sonda, que desaparece de vista, pairando eternamente na beira do horizonte de eventos – porém jamais passando para o outro lado.

Não importa como tentemos, não importa o quanto sejam avançadas as nossas sondas ou os nossos telescópios, é impossível obter informações além do horizonte de eventos. Assim como a intensa gravidade impede qualquer luz de cruzar o horizonte e escapar do buraco negro, ela também impede qualquer informação de fazer isso. Essa é a assombrosa propriedade de um horizonte de eventos; ele isola o interior de um buraco negro do resto do universo; bloqueia a informação e não a deixa escapar. Você pode descobrir como é a região por trás do horizonte de eventos por si próprio – basta pular lá dentro do buraco negro –, mas jamais conseguirá compartilhar além do horizonte de eventos com alguém a sua descoberta. Você talvez ficasse sabendo o que existe no centro do buraco negro – poderia desvendar o mistério da singularidade –, mas jamais seria capaz de contar a história para os cientistas em casa, mesmo com o mais potente transmissor do universo. O horizonte de eventos é um censor cósmico; ele impede os observadores de saberem o que está por trás dele.

Essa barricada de informações é tão completa que um observador externo só consegue uma quantidade extremamente limitada de informações sobre o buraco negro. Você pode saber o tamanho dele; observando o modo como afeta objetos vizinhos, pode calcular quanta massa ele tem. Pode calcular com que rapidez ele está girando – quanto momento angular ele tem. (Um buraco negro girando tem um horizonte de eventos um tanto achatado, oblongo, e objetos próximos são afetados pela rotação do buraco negro de modos variados e sutis.) Você pode medir quanta carga elétrica o buraco negro tem, embora não haja motivo para acreditar que buracos negros, na natureza, tenham uma quantidade significativa de carga. Além disso, são um enigma. Em certo sentido, eles são os objetos mais simples do universo porque são totalmente impossíveis de distinguir exceto por essas três propriedades. Não se pode dizer de que foi feito o buraco negro. Ele poderia ter sido formado a partir de uma nuvem de gás de hidrogênio, ou de um enorme tijolo de antimatéria, ou um bloco de nêutrons, até de uma grande pilha de carros Ford. É irrelevante que tipo de massa, de material, entrou na construção do buraco negro; toda a informação sobre a matéria (e nela armazenada) é inatingível porque essa matéria desapareceu por trás da cortina do horizonte de eventos. Ela é inacessível, portanto jamais seremos capazes de dizer se todos os buracos negros se formaram de estrelas colapsando ou se existe um artificial que foi feito de uma massa crítica de latas de lixo alienígenas. Não podemos dizer que tipo de massa entrou na confecção do buraco negro; a única coisa que podemos distinguir é a *quantidade* de massa num buraco negro e como ele está girando.

Na década de 1960, Wheeler cunhou uma frase que resumiu a quase total falta de informação sobre a composição de um buraco negro: "Um buraco negro não tem cabelo." Isto é, buracos negros não têm características distintas: nada sai para fora do horizonte de eventos que permita a você saber do que o buraco negro foi feito.[5] O teorema do sem cabelo é hoje um dos princípios básicos da teoria do buraco negro; ele foi provado na década de 1970 por Stephen Hawking e vários outros físicos. O buraco negro engole toda informação sobre as suas origens ao recuar para trás do seu horizonte de eventos.

Nem mesmo a própria natureza pode colher informações sobre a região por trás do horizonte de eventos. Todas as sondas

---

[5] Segundo o teórico Kip Thorne, a terminologia sem cabelo, quando traduzida para o francês ou para o russo, virou uma frase absolutamente suja. Um editor russo até se recusou a publicar um artigo sobre o teoria do sem cabelo por ser muito obscena.

da natureza, todos os seus dispositivos de medição, são incapazes de penetrar no horizonte de eventos e voltar. Raios cósmicos desaparecem estômago abaixo do buraco negro, como fazem os fótons que se espalham por todo o universo. Até as partículas criadas pelas flutuações do vácuo são engolidas. Não há nada, nada mesmo, que a natureza ou qualquer outro observador possa fazer para recuperar informações que desapareceram por trás do horizonte de eventos. A informação sobre a origem do buraco negro está perdida para sempre no cosmo. Esta é uma situação muito incômoda para um teórico da informação. No capítulo anterior, parecia que a informação era sempre conservada. A natureza não podia criar nem destruir a informação quântica; ela podia reorganizá-la, armazená-la e dissipá-la, mas a natureza não podia extinguir a informação. Mas um buraco negro parece estar fazendo exatamente isso. Armazene um qubit num átomo e jogue-o dentro de um buraco negro e esse qubit se perde para este universo; na verdade, toda a informação quântica sobre esse átomo – inclusive a sua própria "atomidade" – se foi. Tudo que resta é a assinatura da massa do átomo, momento angular e carga que foram todos acrescentados ao buraco negro. Nem a própria natureza consegue adivinhar se jogamos um átomo, um nêutron ou antimatéria, muito menos em que estado quântico estava o átomo e que informação quântica ele continha. Isso se parece muito com a destruição de informação, e mandaria pelos ares a nova lei, a lei da conservação de informação. Esse é o paradoxo da informação dos buracos negros.

Você talvez já tenha visto relatos populares do paradoxo da informação de buracos negros –, em geral contendo histórias sobre jogar enciclopédias dentro de buracos negros – mas os artigos raramente fazem muito sentido. Isso porque o problema é muito mais profundo do que o desaparecimento da informação clássica que a enciclopédia contém. O paradoxo tem como eixo a perda, pelo menos para a natureza, de toda a informação quântica a respeito de qualquer pedaço de matéria que você jogar no buraco negro. Embora existam razões muito fortes para acreditar que a informação é conservada, a informação nesse pedaço de matéria se foi. A informação fica inacessível. Mas ela foi *destruída*? Foi apagada sem deixar qualquer vestígio? Ninguém sabe. Mas há motivos para se acreditar que não – que a informação sobrevive até a tortura máxima de cair dentro de um buraco negro.

É impossível recuperar informação sobre a região envolta pelo horizonte de eventos, mas isso não impede a natureza de tentar. Ela sonda constantemente com raios cósmicos, fótons e flutuações do vácuo. E embora essas tentativas não recuperem qualquer informação, elas *têm* um efeito mensurável.

O último esquema desesperado da natureza para medição usa flutuações do vácuo, aquelas partículas que estão constantemente existindo e deixando de existir em todos os pontos do espaço. Essas partículas costumam ser produzidas em pares – uma partícula junto com a sua antipartícula – que nascem de forma espontânea, afastam-se uma da outra por um momento, depois colidem de novo anulando-se. Mas ao longo do horizonte de eventos de um buraco negro, esse estado de coisas muda um pouco. Bem na beirada do horizonte de eventos de um buraco negro, a natureza cria pares de partícula e antipartícula como sempre, mas algumas vezes uma das partículas cruza o horizonte de eventos e é apanhada, enquanto a outra escapa, voando para o espaço. Essa partícula não contém informação sobre o interior do buraco negro.[6] Entretanto, ela – e bilhões de outras partículas nascidas do mesmo modo – deve a sua existência à sua criação ao longo do horizonte de eventos. Um ob-

---

[6] Sim, a partícula e sua gêmea estão emaranhadas, mas lembre-se, a mera ação fantasmagórica a distância não é capaz de transmitir informação. Você precisa fazer um bit clássico ir de uma para outra; precisa *comparar* as medições de uma com a outra, se quer extrair informação. Isso, é claro, é impossível porque uma do par caiu além do horizonte de eventos. Portanto, mesmo partículas emaranhadas não produzem informação sobre o que o buraco negro esconde.

servador próximo do buraco negro veria o horizonte de eventos "irradiando" zilhões dessas partículas; mesmo que um buraco negro engula tudo que for incauto o suficiente para cruzar o horizonte de eventos, ele ainda irradia matéria e energia na forma das partículas que perderam suas irmãs. As medições da natureza, as flutuações do vácuo, fazem buracos negros irradiarem partículas no espaço.

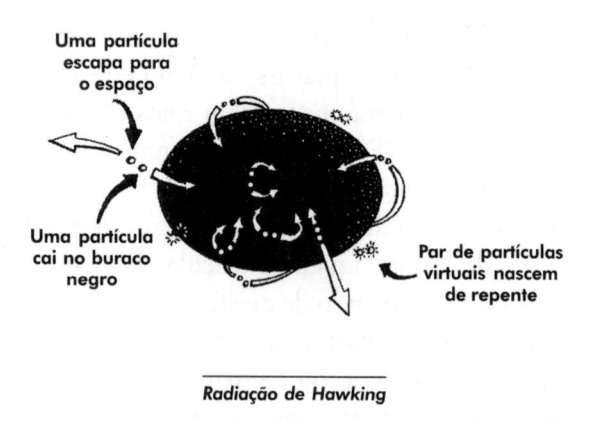

Uma partícula escapa para o espaço

Uma partícula cai no buraco negro

Par de partículas virtuais nascem de repente

Radiação de Hawking

Na década de 1970, Stephen Hawking provou que essa radiação era tão sem características quanto possível; ela seguia o chamado espectro de corpo negro. No século XIX, Ludwig Boltzmann e outros cientistas descobriram como descrever a quantidade de radiação que flui de um objeto idealizado, descaracterizado – um corpo negro –, a uma determinada temperatura. Buracos negros comportam-se como corpos negros, portanto a quantidade de radiação que vem deles produz a sua "temperatura". Buracos negros são corpos negros muito frios, pois a radiação que emitem, a radiação de Hawking, é bastante fraca, mas não obstante são corpos negros com temperatura finita. A radiação de Hawking de um buraco negro, cujas propriedades dependem da curvatura e do tamanho do horizonte de eventos, revela quanto é quente um buraco negro. Embora a temperatura não seja uma informação extra – ela pode ser inferida pela massa, pelo spin e a carga do buraco negro –, mostra que um buraco negro tem uma temperatura bem definida e, portanto, pode ser analisado com as leis da termodinâmica. Ela também carrega as sementes da falência do buraco negro.

A termodinâmica de buracos negros é um campo de estudos que soa estranho; buracos negros não são recipientes de gás ou pedaços comuns de matéria. Mas as leis da termodinâmica estão produzindo algumas visões surpreendentes sobre as propriedades de um buraco negro. Por exemplo, quanto menor for um buraco negro, mais quente ele é e mais radiação emite por unidade de área. Isso tem uma curiosa consequência. Faz buracos negros explodirem.

Um buraco negro com uma temperatura finita está irradiando energia, e quando algo – até um buraco negro – irradia energia, deve tirar essa energia de algum lugar. (As partículas das flutuações do vácuo não fornecem nenhuma energia; elas são essencialmente "emprestadas" das contas da natureza, e o saldo deve ser de algum modo restituído.) Um buraco negro girando pode usar a energia armazenada na sua rotação, diminuindo de velocidade à medida que irradia, mas assim que parar de girar, essa fonte se foi. Ele deve pegar energia de algum outro lugar – e esse outro lugar é a própria massa do buraco negro. O buraco negro consome a sua própria massa para criar radiação. Mas um buraco negro menos maciço tem um horizonte de eventos menor; o horizonte de eventos encolhe e fica ligeiramente mais curvo. E quanto menor o horizonte de eventos, mais quente fica o buraco negro; ele emite mais radiação. Ele encolhe um pouco mais e aquece de novo, emitindo ainda mais radiação. Menor. Mais quente. Menor. Mais quente. Cada vez mais rápido progride o ciclo conforme o buraco negro encolhe e aquece. O buraco negro está evaporando. No final, o ciclo em aceleração sai fora de controle; o buraco negro encolhe até o nada num piscar de olhos e desaparece num flash de radiação. O buraco negro morre.

Leva um bom tempo para buracos negros evaporarem. Um buraco negro pequeno com duas vezes a massa do Sol levaria mais de 10^{67} anos para se irradiar e explodir; o universo, em contraste, tem só um pouquinho mais de 10^{10} anos de idade. Mas, um dia, daqui a muitos e muitos anos, buracos negros de um ponto a outro do universo talvez comecem a explodir, um por um, conforme seus horizontes de eventos encolham até o nada. E liberem a informação que um dia esteve oculta. Talvez.

É provável que a evaporação e a explosão de um buraco negro libere a informação que esteve escondida por trás do horizonte de eventos, preservada das curiosas medições da natureza. Se a informação está armazenada, em vez de destruída, ela será liberada quando o buraco negro morrer, e a lei de conservação da informação dominará absoluta; a informação sobreviverá até a uma viagem por dentro do buraco negro. Entretanto, é bem possível que a informação se perca para sempre. Se você jogar um qubit dentro de um buraco negro e a explosão não liberar esse qubit no ambiente de algum modo, o qubit foi destruído. Buracos negros sobrepujarão a lei da conservação de informação. Ninguém sabe que cenário é o verdadeiro e, no dia 6 de fevereiro de 1997, três famosos físicos apostaram exatamente nisso. Os termos da aposta foram os seguintes:

> Considerando que Stephen Hawking e Kip Thorne acreditam firmemente que a informação engolida por um buraco negro está para sempre oculta do universo exterior, e não pode nunca ser revelada mesmo que o buraco negro se evapore e desapareça totalmente,

> E considerando que John Preskill acredita firmemente que um mecanismo para que a informação seja liberada pelo buraco negro evaporando deve e será encontrado na correta teoria da gravidade quântica,

Por conseguinte Preskill desafia, e Hawking/Thorne aceitam, para uma aposta:

Quando um estado inicial quântico puro sofre colapso gravitacional para formar um buraco negro, o estado final ao término da evaporação do buraco negro será sempre um estado quântico puro.

O perdedor premiará o(s) vencedor(es) com uma enciclopédia da escolha do vencedor, de onde informações possam ser recuperadas à vontade.[7]

Hawking e Thorne apostaram que buracos negros realmente consomem informação, destruindo-a quando ela passa pelo horizonte de eventos. Se você armazenar um qubit numa estrela, digamos, um **(0)** puro ou **(1)** ou um **(0 & 1)** misto, e essa estrela de repente colapsar num buraco negro, esse qubit está para sempre perdido para o universo. Preskill, por outro lado, apostava que a informação é conservada. Embora o qubit esteja perdido para a natureza enquanto o buraco negro existir, ela está apenas presa até que o buraco negro explode. Quando o buraco negro se autodestrói e o horizonte de eventos desaparece, o qubit original está ali, em algum lugar. Se a estrela começou num estado puro, um **(0)** ou um **(1)**, esse estado puro será, mais uma vez, mensurável. Se a estrela começou num estado misto, tal como um **(0 & 1)**, o estado misto, também, será mais uma vez mensurável. O qubit estava apenas profundamente armazenado; não foi destruído. A lei da conservação de informação se mantém. Embora a aposta entre Preskill, Thorne e Hawking pareça sem sentido – e talvez jamais se resolva –, eles estavam apostando em nada menos do que nas leis fundamentais que governam o universo. Se a informação não é conservada, se ela é destruída por um buraco negro, os cientistas

---

[7] Preskill, "Black Hole Information Bet".

precisam procurar em outro lugar leis válidas para todos os lugares no universo. Mas, se a informação pode sobreviver a uma viagem no buraco negro – na verdade, talvez seja a *única* coisa que parece permanecer imutável depois de cruzar o horizonte de eventos –, a informação talvez seja a linguagem imutável, fundamental, da natureza. As leis da física, mesmo aquelas que se aplicam ao centro do buraco negro, obedeceriam à lei da informação. Informação seria a lei suprema.

Mas que lado estava certo? Informação e Preskill, ou um buraco negro e Hawking e Thorne? Se você queria apostar também, ora, perdeu a sua chance. Num anúncio muito alardeado na conferência sobre a relatividade geral, em Dublin, em 2004, Hawking capitulou. Ele propôs uma teoria matemática que, argumentou, mostra que a informação não pode ser consumida irreversivelmente por buracos negros. "Se você pular dentro de um buraco negro, a sua massa-energia será devolvida para o nosso universo... numa forma desfigurada que contém a informação sobre como você era, mas num estado que não pode ser facilmente reconhecido", disse Hawking, que em seguida entregou a Preskill um exemplar de *Total Baseball: The Ultimate Baseball Encyclopedia*.[8] (Thorne não reconheceu que perdeu a aposta, pois ainda não está convencido; ele concorda em pagar a Hawking se e quando ele finalmente mudar de ideia. Ironicamente, a teoria matemática de Hawking parecia não ter mudado a cabeça de ninguém a não ser a de Hawking.)

Quando Hawking perdeu a aposta, o adversário mais eloquente da conservação da informação havia jogado a toalha. Passaram-se décadas de discussões sobre termodinâmica de buracos negros, relatividade geral, física de partículas e teoria da informação para convencer Hawking – e ainda existem resistências, mesmo que a maioria da comunidade da física de partículas e teoria das cordas há muito já estivesse convencida de que

---

[8] Notas do autor sobre a apresentação de Stephen Hawking, 21 de julho de 2004.

a informação poderia sobreviver até a força destrutiva suprema de um buraco negro.

Uma das razões mais convincentes para os físicos acreditarem que a informação é sempre conservada tem a ver com o fato de que a termodinâmica de buracos negros sugere que eles têm não apenas temperatura, como também entropia. As leis boltzmannianas que descrevem as configurações de átomos num gás – e levaram à teoria da informação – também se aplicam a um buraco negro. Quando a matéria cai dentro de um buraco negro, perde a sua identidade. Jogue um quilo de hidrogênio, um quilo de penas, um quilo de chumbo, um quilo de antimatéria ou um quilo de gatinhos dentro de um buraco negro e o resultado final será o mesmo. O buraco negro engole a matéria e se expande um pouco. A área do horizonte de eventos cresce um pouco, e a informação sobre a matéria que foi jogada no buraco está perdida para a natureza.

Existe uma quantidade imensa de coisas que podemos jogar no buraco negro para obter o mesmo resultado. Existem inúmeras maneiras de fazer o buraco negro aumentar a sua área desse jeito, mas o buraco negro que engoliu um quilo de chumbo não se distingue daquele que engoliu um quilo de penas. Em outras palavras, existe uma *degeneração* entre um buraco negro que engoliu penas e um que engoliu chumbo. Lá no capítulo 2, a discussão da entropia começou com bolinhas de gude sendo jogadas dentro de uma caixa – e visto que essas bolinhas são idênticas, muitas das combinações eram degeneradas umas com relação às outras. O fato de essas combinações serem indistinguíveis levou à curva de sino, que, por sua vez, levou ao conceito de entropia.

Na década de 1970, cientistas como Hawking, Thorne, Wojciech Zurek e Jacob Bekenstein perceberam que o processo de jogar matéria goela abaixo de um buraco negro é exatamente análogo ao de jogar bolinhas de gude dentro de uma caixa. Ambos os casos levam ao conceito de entropia. A matemática é bastante semelhante ao caso de um recipiente cheio de gás. No final, a entropia de um buraco negro é proporcional ao logaritmo do número de modos como ela podia ter sido feita. $S = k \log W$. Um buraco negro está sujeito às leis da termodinâmica assim como um recipiente cheio de gás.

Mas existe um ponto de vista interessante para um buraco negro. Jogar matéria dentro de um buraco negro aumenta a sua entropia. Aumenta também a área do horizonte de eventos em uma certa quantidade. Acontece que essas duas propriedades – entropia e área do horizonte de eventos – estão inextricavelmente associadas. Aumente uma e você aumenta a outra na mesma quantidade; diminua uma e você diminui a outra na mesma proporção. A entropia de um buraco negro é exatamente a mesma coisa que o tamanho do seu horizonte de eventos.

Se um buraco negro tem entropia, talvez, como um recipiente cheio de gás, ele tenha um número de configurações diferentes em que possa estar. Embora um buraco negro seja externamente descaracterizado, o próprio buraco negro talvez tenha um número enorme de estados quânticos diferentes. Ele talvez seja capaz de armazenar qubits – e o número de qubits que estaria armazenando também seria proporcional à área de superfície do seu horizonte de eventos.

Os cientistas não sabem realmente como descrever um buraco negro em termos quântico-mecânicos, portanto ainda não conhecem os detalhes sobre se a informação pode ou não estar presente num buraco negro. Mas existe um monte de resultados teóricos que são encorajantes. Estudiosos da teoria de cordas têm ideias sobre a preservação da informação num buraco negro. O mesmo acontece com cientistas que aderem a outro tipo de teoria: gravidade quântica em círculo fechado. Outras técnicas, tais como tratar o buraco negro como um átomo gigante que vibra, também dão pistas sobre a natureza quântica de buracos negros. Recentemente, a gravidade quântica em loop e a técnica do átomo que vibra deram um quadro extraordinariamente similar de espaço e tempo ao redor de um buraco negro, talvez sugerindo que os cientistas estejam na pista certa para compreender a física dos buracos negros.

Essa pista está levando muitos cientistas a pensar que um buraco negro pode armazenar informação. Na verdade, a maioria dos cientistas acredita hoje em dia que se pode falar de conteúdo de informação de buracos negros, e que a informação dentro de um buraco negro está relacionada com o tamanho do seu horizonte de eventos. Alguns vão ainda mais longe e argumentam que um buraco negro pode *processar* informação. Em 2000, o físico do MIT, Seth Lloyd, partiu numa aventura fantástica para projetar a última palavra em laptop – o computador mais veloz possível. No seu experimento imaginário, ele tentou descobrir o maior número de computações que um quilo de massa – em qualquer configuração – poderia fazer em um segundo. Calculou que se estivesse confinado ao espaço de um litro, um quilo de massa poderia armazenar e manipular cerca de 10^{31} bits de informação. Em seguida calculou com que rapidez um laptop poderia manipular esses bits.

O princípio da incerteza de Heisenberg é o fator limitante; a relação energia-tempo significa que quanto mais rápido você manipula um bit de informação, digamos, mudando um 0 em 1 ou vice-versa, mais energia você precisa para mudar esse bit. Então, para fazer o computador mais rápido possível, Lloyd converteu toda a massa do seu laptop insuperável em energia via a equação de Einstein $E = mc^2$. A massa se torna uma bola de plasma com um bilhão de graus, com uma quantidade enorme de energia disponível para processar a informação que ela contém. Claro, isso tornaria muito difícil acondicionar o laptop, mas não importa.

Mas acelerar mudanças rápidas de bit e aumentar a velocidade de processamento é apenas metade da história. Se você *realmente* quer acelerar o seu computador, deve também reduzir o tempo que leva para localizações de memória se comunicarem umas com as outras. Visto que a informação no computador é física e deve ser transportada de um lugar para outro à velocidade da luz ou menos, quanto menor a distância que a informação tem de viajar, mais rápido o computador pode realizar as suas operações. Portanto, Lloyd imaginou comprimir o seu laptop de plasma no menor espaço possível: ele o comprimiu num buraco negro. Isso minimiza o tempo que leva para a informação, que supostamente residiria no horizonte de eventos, ir de um lugar para outro. (Nenhuma informação que o buraco negro processe volta para fora do horizonte de eventos, tornando a leitura impossível, mas isso não impede o computador do buraco negro de fazer o seu trabalho, porque você pode enviar livremente informação de ponto a ponto na superfície do horizonte de eventos.)

Quando Lloyd fez os cálculos, ficou surpreso ao descobrir que o tempo que levava para partes de um buraco negro de um quilo enviar informação para outras partes do buraco negro era *exatamente* o mesmo tempo que leva para virar rapidamente um bit com o correspondente a um quilo de massa-energia. Nenhum tempo é desperdiçado virando o bit e nenhum é desperdiçado na comunicação; os dois processos levam exatamente o mesmo tempo. Talvez não seja por coincidência que essas duas coisas diferentes tenham o mesmo valor. Talvez um buraco negro *seja* realmente o computador supremo, o supremo processador de informações. Nesse caso, seria uma sonora confirmação de que a informação é o jeito de sondar as profundezas do buraco negro. A informação é soberana. Poderia até revelar a existência de universos ocultos.

CAPÍTULO 9

Cosmo

Veja! Seres humanos vivendo numa caverna subterrânea que tem uma entrada aberta para a luz e alarga por toda a sua extensão; aqui eles estão desde a infância, e têm suas pernas e pescoços acorrentados de tal modo que não podem se mover, e só veem o que está na sua frente, impedidos que estão pelas correntes de girar a cabeça. Acima e por trás deles arde um fogo ao longe, e entre o fogo e os prisioneiros há um caminho elevado; e você verá, se olhar, uma parede baixa construída ao longo do caminho, como a tela que os manipuladores de marionetes têm diante deles, sobre a qual apresentam os bonecos... Você me mostrou uma imagem estranha, e eles são estranhos prisioneiros. Como nós mesmos... Para eles, a verdade seria literalmente nada mais do que sombras.

– PLATÃO, *A República*

O universo tem como base a informação. Nas menores escalas, a natureza está constantemente fazendo medições, coletando informações e disseminando-as no ambiente. Conforme as estrelas nascem, brilham e morrem, as suas informações se espalham por toda a galáxia; à medida que buracos negros devoram toda a matéria e energia que passam ali por perto, estão devorando informações – talvez, em certo sentido, estão tornando-se o computador supremo.

Mas o nosso quadro do universo ainda não está completo, de modo algum. Os cientistas não compreendem a estrutura do universo num nível filosófico – ou físico. Não sabem se o nosso é o único universo ou se existem outros lá fora inacessíveis para nós. Não compreendem os mecanismos que tornam a mecânica quântica tão enigmática; eles realmente não sabem *como* partículas emaranhadas são capazes de conspirar umas com as outras apesar da falta de troca de informações entre elas. Não compreendem a estrutura do espaço nas mínimas escalas e não entendem a natureza do universo nas suas escalas maiores.

A teoria da informação ainda não nos dá as respostas para essas perguntas, mas está produzindo pistas para todas elas. Não só a informação está permitindo vislumbrar uma região do espaço totalmente inacessível aos experimentos – o interior de um buraco negro –, como está revelando a estrutura do espaço e tempo. No processo, ela sugere a presença de universos inteiros paralelos ao nosso, ocultos e invisíveis. Embora esses universos paralelos exijam demais da credulidade até de seus defensores, podem explicar os grandes paradoxos da mecânica quântica. Universos paralelos revelam como funciona a superposição, e como partículas emaranhadas distantes podem instantaneamente "se comunicar" umas com as outras através de distâncias imensas. Os mistérios da mecânica quântica tornam-se muitos menos misteriosos – se você acreditar que a informação cria a estrutura do espaço e tempo.

É uma ideia inquietante. As fronteiras da teoria da informação estão oferecendo um quadro muito, mas muito, incômodo do nosso universo – e o destino final da vida no cosmo.

Buracos negros são, de certo modo, universos dentro de si mesmos. Lembra daquela sonda que enviamos para dentro de um buraco negro no capítulo 8? E se ela encontrou vida? Se houvesse algum tipo de criatura capaz de morar dentro de um horizonte de eventos, ela seria capaz de ver todas as estrelas e galáxias no céu acima. Ela poderia até estar ciente do pequeno e azulado planeta em que vivemos. Entretanto, por mais que tentasse, a criatura seria totalmente incapaz de nos enviar uma mensagem. Seja qual fosse a informação que ela tentasse enviar, seja qual fosse a mensagem que essa criatura tentasse nos irradiar, jamais cruzaria o horizonte de eventos. A atração do buraco negro é forte demais. Mesmo que houvesse uma imensa população dessas criaturas girando ao redor do buraco negro, todas gritando e sinalizando o mais alto possível, a Terra jamais receberia um único bit ou qubit de informação a seu respeito. A informação delas é simplesmente inacessível para nós. Pelo que sabemos, um universo inteiro de matéria está à espreita atrás do horizonte de eventos de um buraco negro – um universo sobre o qual não sabemos nada porque somos incapazes de colher informações a seu respeito.

Claro, isso é uma especulação puramente hipotética. É improvável que existam criaturas do buraco negro ou outros universos do outro lado de horizontes de eventos. Mas o horizonte de eventos mostra que é possível que haja coisas reais lá fora que não fazem parte realmente do nosso universo. Poderia até haver estrelas, galáxias e criaturas que estão isoladas de nós por uma espécie de barreira que bloqueia informações; poderia haver objetos no nosso cosmo levando uma existência totalmente separada da nossa. Seria impossível, mesmo em teoria, estabelecer um diálogo entre nós mesmos e as criaturas em tal lugar. Em certo sentido, se você fizer um bloqueio de informações entre duas regiões do espaço de modo que elas não possam se comunicar uma com a outra, as duas se tornam, essencialmente, universos diferentes.

É uma ideia estranha. Afinal de contas, *universo*, por definição, inclui tudo no... bem, no universo. Mas os cientistas começaram a considerar a ideia de que existem universos alternativos, separados do nosso. De fato, um bom número de físicos leva a ideia a sério. Alguns até acreditam que universos alternativos *devem* existir; eles talvez sejam uma consequência inevitável das leis da informação e da física dos buracos negros.

O primeiro passo na estrada para universos alternativos tem a ver com o que acontece com a informação nos buracos negros. No capítulo anterior, vimos que a informação que um buraco negro engole parece estar relacionada com a área de superfície do horizonte de eventos do buraco negro. Conforme um buraco negro engole mais e mais matéria e energia – mais e mais informação –, a área de superfície do horizonte de eventos cresce.

Na verdade, a entropia do buraco negro é proporcional à área do seu horizonte de eventos – a área de superfície do horizonte de eventos dividida por quatro, para ser preciso. Não importa se o buraco negro é perfeitamente esférico (e portanto encerra o máximo de volume possível) ou um tanto achatado pelo seu spin (e portanto encerra um volume um pouco menor): o conteúdo de informação dos buracos negros – se, na verdade, a informação se preserva – é o mesmo se as áreas de superfície de seus horizontes de eventos forem as mesmas.

Essa crença já é quase indiscutível. A maioria dos cientistas acredita que se pode falar de informações do buraco negro, e que tais informações são proporcionais à área do seu horizonte de eventos. Mas essa crença tem uma consequência muito estranha quando um buraco negro engole informação. A estranheza tem a ver com a diferença entre o volume de um objeto e a sua área. Quando você levanta um objeto pesado, como uma barra de chumbo, está fazendo uma medição grosseira da quantidade de matéria que existe na barra. Quanto mais pesado o objeto, mais massa a barra tem – a quantidade de "matéria" existente na barra. A massa da barra, por sua vez, está relacionada com o seu volume. Você poderia aumentar a área de superfície do pedaço de chumbo – poderia achatá-la – ou poderia diminuí-la – poderia moldá-la formando uma bola –, mas a massa permanece a mesma porque o *volume* do pedaço não muda. É o volume, não a área, o gabarito da quantidade de matéria num objeto. Se você está armazenando informação (ou informação quântica) nesse pedaço de matéria, esperaria que ela fosse proporcional à quantidade de matéria nesse pedaço: você esperaria que ela fosse proporcional ao volume da matéria, não à sua área.

Mas com um buraco negro a situação é exatamente o contrário do que você esperaria. É como se a informação num buraco negro "vivesse" na área de superfície do horizonte de eventos e não no volume que o horizonte de eventos encerra. A quantidade de matéria num buraco negro é proporcional à sua área, não ao seu volume. Isso é bastante esquisito. A superfície de um horizonte de eventos é realmente uma superfície bidimensional, como a película que reveste uma bola oca, de casca infinitamente fina. Não é realmente um objeto tridimensional como uma esfera sólida. Isso significa que toda a informação no buraco negro existe em duas dimensões, e não em três.[1] É como se a informação ignorasse por completo uma de nossas dimensões. Em certo sentido, a informação é como um *holograma*.

Holograma é um tipo peculiar de imagem com a qual você certamente já está familiarizado. A maioria dos cartões de crédito Visa e MasterCard exibem um como uma característica de segurança. É aquela figura peculiar que parece estar flutuando, representada numa lâmina metalizada na frente do cartão. Não é fácil ver com hologramas baratos, de baixa qualidade, como os dos cartões de crédito, mas se você olhar bem para a imagem, talvez note que ela parece ser tridimensional. Parece que está flutuando no espaço.

Hologramas exploram as propriedades ondulatórias da luz para fazer um tipo especial de fotografia – uma foto tridimensional – de um objeto. Mesmo que o holograma esteja armazenado num substrato bidimensional como um pedaço chato de filme ou laminado, ele codifica toda a informação tridimensional sobre o objeto que foi transformado em imagem. Com um holograma de alta qualidade, como aqueles que você vê em muitos museus de ciência, um pedaço plano de filme realmente produz uma imagem tridimensional de um par de dados, uma caveira ou algum outro objeto. Caminhe ao redor do holograma e você verá faces diferentes do dado ou ossos diferentes na caveira, algo que seria impossível com uma foto comum bidi-

---

[1] A formulação da teoria da relatividade de Einstein trata o tempo como mais uma dimensão. O nosso universo portanto é quadridimensional, e o horizonte de eventos é tridimensional. A bem da simplicidade, vou ficar com os objetos bi e tridimensionais mais familiares, especialmente visto que algumas teorias, como a teoria das cordas, nos levam até a dez ou 11 dimensões.

mensional. Num holograma, todas as informações tridimensionais sobre um objeto podem ser armazenadas num pedaço de filme bidimensional.

Um buraco negro, como um holograma, parece registrar três dimensões inteiras de informação – toda a matéria (tridimensional) que passou pelo horizonte de eventos – num meio bidimensional – a área de superfície do horizonte de eventos de um buraco negro. Em 1993, o físico holandês Gerardus't Hooft (vencedor do Prêmio Nobel em 1999 por um trabalho diferente) propôs o que agora é conhecido como o *princípio holográfico*, que, por motivos teóricos razoavelmente sólidos, estende a física dos buracos negros a todo o universo. Se o princípio está correto, então, em certo sentido, poderíamos nós mesmos ser holográficos: criaturas bidimensionais que estamos simplesmente vivendo na ilusão de que somos tridimensionais.[2] É uma possibilidade muito estranha, mas ninguém sabe se o princípio holográfico está correto. Mesmo se não estiver, entretanto, a teoria da informação tem outra surpresa escondida na manga.

Em bases mais firmes do que o princípio holográfico está a ideia de que um pedaço de tamanho finito de matéria pode armazenar uma quantidade finita de informação. Um buraco negro, que, afinal de contas, é o pedaço de matéria mais denso possível (e, em teoria, a máquina ideal processadora de informações, como mostrou Seth Lloyd), tem conteúdo de informação proporcional à área de superfície do seu horizonte de eventos. Desde que a massa do buraco negro seja finita, o seu horizonte de eventos é finito. Se o seu horizonte de eventos é finito, então a quantidade de informação que ele pode conter é finita – e proporcional à área de superfície do horizonte de eventos que o circunda.

Em 1995, o físico Leonard Susskind provou que isso vale não só para buracos negros, mas para toda a matéria e energia,

---

[2] Ou, mais precisamente, criaturas tridimensionais que vivem na ilusão de que somos quadridimensionais. Como se essa ideia já não fosse estranha o bastante.

não importa a sua forma. Se você conseguir pegar um naco de matéria e energia e o rodear com uma esfera imaginária com área de superfície A, a quantidade de informação que matéria e energia são capazes de armazenar é no máximo A/4, nas unidades apropriadas. Isso é conhecido como o *limite holográfico*, e é uma consequência das leis da informação e da termodinâmica. Segundo o limite holográfico, até um pequeno pedaço de matéria pode teoricamente armazenar uma quantidade astronômica de informação. (Um bocado de matéria com um centímetro de diâmetro pode, em teoria, armazenar até 10^{66} bits – um número atordoantemente enorme, mais ou menos equivalente ao número de átomos numa galáxia.) Entretanto, esse número é *finito*, não infinito. Se você puder encerrar uma parte do universo dentro de uma bola com uma área de superfície finita, ela só poderá conter uma quantidade finita de informação, mesmo que a bola seja gigantesca. Isso em bases teóricas muito sólidas – você tem de aceitá-la se concorda que a segunda lei da termodinâmica é válida para buracos negros –, mas a ideia leva a algumas conclusões bizarras.

A informação é física. Não é uma abstração que milagrosamente se deposita num átomo ou elétron; a informação deve estar armazenada naquele objeto e a informação deve se manifestar de algum modo físico. Você pode armazenar um qubit num átomo manipulando o spin desse átomo, ou a sua posição, ou algum outro atributo físico do átomo, e cada qubit que você armazenar deve estar refletido nas propriedades gerais – os estados quânticos – do átomo. Isso não é novidade para você; desde o exemplo do gato de Schrödinger, estamos explorando o relacionamento entre um estado quântico de um objeto e a informação que o estado quântico representa. Mas os cientistas argumentam que, havendo apenas uma quantidade finita de informação num determinado pedaço de matéria, qualquer objeto feito da matéria deve estar em um dos vários estados quânticos finitos possíveis – em outras palavras, um objeto só pode ter uma de um número finito de funções de onda quânticas, em que a função de onda codifique todas as informações de um objeto, acessíveis ou inacessíveis. Portanto, se você imaginar uma bola com uma área de superfície finita, os teóricos sustentam que existe apenas um número finito de modos segundo os quais matéria e energia podem se configurar dentro dela.

Isso é mais fácil de ver se lembrarmos a nossa análise anterior de buracos negros. A área da superfície de um horizonte de eventos de um buraco negro representava a informação que o buraco negro engolira. O que, exatamente, essa informação representava? Bem, uma vez tendo jogado matéria dentro de um buraco negro, você perde todas as informações sobre de que tipo ela era; você não sabe se eram átomos, nêutrons ou automóveis, muito menos se os automóveis estavam pintados de vermelho ou azul, ou se os átomos tinham spin horário ou anti-horário, ou as duas coisas ao mesmo tempo. Em outras palavras, você perde todas as informações sobre a natureza da matéria que jogou dentro do buraco negro; perde todas as informações sobre os estados quânticos da matéria. Mas as informações que você perde são armazenadas pelo buraco negro (se a informação é realmente conservada) e vai aumentar a área do horizonte de eventos. Portanto, a informação no horizonte de eventos é equivalente à informação sobre os estados quânticos da matéria que você jogou dentro do buraco negro. Área, informação, estados quânticos. Todos os três estão associados.

Até agora, tudo bem. Dentro de uma bola finita, existe apenas um número finito de modos para configurar a matéria lá dentro. Mas as coisas começam a ficar totalmente absurdas quando você passa a considerar bolas realmente grandes – tão grandes quanto o universo visível. O universo tem apenas cerca de 13,7 bilhões de anos, e a luz começou a fluir livremente por ele um pouco menos de 400 mil anos após o Big Bang. Essa luz é a luz mais antiga que podemos ver. Está na borda do universo visível; qualquer coisa além disso é invisível. Visto que a informação viaja no máximo à velocidade da luz, se você traçar uma enorme esfera invisível (mas finita) em torno da Terra e que tenha um raio de dezenas de bilhões de anos-luz, você engloba todo o universo que tem sido capaz de nos enviar informações desde o momento em que a luz foi liberada.[3] Inversamente, tudo que possa ter recebido informações sobre a Terra desde esse tempo está contido dentro dessa esfera. Em outras palavras, cada elemento do universo capaz de trocar informações conosco desde essa era, 400 mil anos depois do Big Bang, está contido numa enorme mas finita esfera. Pela brevidade, vamos chamar essa esfera de nossa bolha Hubble.

O universo provavelmente é mais do que a nossa bolha Hubble. Os cientistas têm quase certeza de que o universo é mais do que aquilo que está visível – mais do que está contido nessa esfera gigante. Na verdade, a maioria dos cosmólogos pensa que o universo é infinitamente grande. No momento, os cientistas acreditam que o nosso universo é infinito em extensão – que ele não tem fronteiras – e que não tem uma forma bizarra que se curve sobre si mesma, como um punhado de cientistas tem argumentado em tom pouco convincente. Se você pegar uma nave espacial e viajar em uma direção durante anos e anos, jamais encontrará uma fronteira intransponível e jamais voltará a visitar o lugar de onde partiu.

Os físicos não usam o termo *infinito* levianamente, mas chegaram à conclusão de um universo infinito por várias razões.

---

[3] Não se preocupe se isso parecer não fazer nenhum sentido, mas o raio dessa esfera é na verdade algo maior do que 13,7 bilhões de anos-luz. Isso porque o tecido do espaço está constantemente se expandindo. Se, 14 bilhões de anos atrás, tirássemos uma foto instantânea do universo, poderíamos traçar um círculo com 14 bilhões de anos-luz em torno do ponto no espaço que vai se tornar a Terra, e nada dentro da esfera estará causalmente conectado com a Terra 14 bilhões de anos depois. Mas o tecido do espaço e tempo não é uma foto; 14 bilhões de anos depois a esfera se expandiu para um raio de cerca de 40 bilhões de anos-luz. Estamos recebendo luz de objetos nessa esfera de 40 bilhões de anos-luz, mesmo que o universo tenha menos de 14 bilhões de anos. (É uma estranha consequência da matemática relativista; lembre-se, ela chega até nós a 300.000 quilômetros por segundo não importa como a Terra esteja se movendo – e isso inclui o movimento devido à expansão do espaço-tempo.) Entretanto, não é terrivelmente relevante se a esfera tem 14 ou 40 ou 6 zilhões de bilhões de anos-luz de raio. O importante é que a esfera é finita.

Primeiro, os astrônomos vinham tentando ver marcas de autenticidade de um universo finito e fracassaram. Por exemplo, quando os cosmólogos olharam para a antiga radiação cósmica de 400 mil anos depois do Big Bang, viram que a falta de padrões nessa radiação sugere que o nosso universo tem um raio não menor que 40 bilhões de anos-luz – não há sinal, ainda, de qualquer borda para o universo. Embora essa seja uma evidência de um universo infinito, não é o que realmente faz os físicos pensarem que o universo é infinito. A verdadeira motivação para um universo interminável é a teoria da inflação.

A inflação é uma teoria cosmológica de muito sucesso que descreve o universo nas primeiras frações de um segundo depois do Big Bang, e parece implicar que ele é infinito em extensão.[4] Claro, a inflação poderia estar errada em algum nível (mesmo que pareça estar funcionando). Por outro lado, a inflação poderia estar totalmente correta, porém a interpretação que leva a um universo infinito poderia ainda estar errada (mesmo que a matemática aponte nessa direção). Mas, no momento, a maioria dos cosmólogos considera o universo como sendo infinitamente grande. Combinado com o limite holográfico, isso significa grandes problemas.

Se o universo é infinito, nossa bolha Hubble, que é finita em extensão, é apenas uma de muitas, muitas, muitas esferas do tamanho de uma bolha Hubble não em superposição que você poderia traçar no universo: o universo pode ter um número enorme de bolhas Hubble independentes. Na verdade, visto que a nossa bolha Hubble é finita, num universo infinito, você poderia encaixar um número *infinito* dessas bolhas Hubble independentes no universo. Agora o inconveniente teórico-informacional: cada uma dessas esferas tem uma área de superfície finita, portanto cada uma tem um conteúdo de informação fini-

---

[4] Embora os detalhes da teoria inflacionária fujam ao objetivo deste livro, leitores interessados poderiam consultar o meu livro sobre cosmologia, *Alfa e Ômega*.

to, um número finito de estados quânticos, e um número finito de modos segundo os quais matéria e energia podem se configurar dentro de cada bolha Hubble. Existe apenas um número finito de funções de onda que a matéria dentro da bolha Hubble pode ter.

A função de onda captura cada uma das informações sobre toda a matéria – toda a matéria e energia – na nossa bolha Hubble, estejamos conscientes disso ou não. Ela codifica a localização e o momento de cada átomo individual nessa bolha Hubble, assim como tudo o mais que você possa imaginar sobre a nossa bolha. Nela estão codificados a posição e a cor de cada lâmpada em Piccadilly Circus, a velocidade de cada peixe no mar e o conteúdo de cada livro que existe na Terra. A função de onda da nossa bolha Hubble até inclui a *sua* função de onda; ela codifica cada pedacinho de informação sobre você, até os estados quânticos de cada átomo no seu corpo. Embora essa seja uma quantidade incrivelmente grande de informação, a função de onda da nossa bolha Hubble contém tudo sobre o nosso universo visível. Só por prazer, vamos chamá-la de função de onda nº 153.

Existe apenas um número finito de funções de onda para um volume Hubble. Existe um número incrivelmente enorme de funções de onda possíveis (chame a isso de um *kerguilhão*), mas não obstante esse número é finito. Portanto a nossa função de onda é uma de um kerguilhão de funções ondas possíveis. Além de ser a *nossa* função onda, provavelmente não há nada de particularmente especial nela. Provavelmente não é assim tão mais provável ou improvável do que outros kerguilhões de funções de ondas possíveis.[5]

Mas, lembre-se, há um número *infinito* dessas bolhas Hubble num universo infinito. Infinidade é mais do que um kergui-

---

[5] Na verdade, não interessa qual é a improbabilidade de nossa função de onda em particular; o argumento seguinte é válido desde que a função de onda nº 153 não seja *impossível*.

lhão – até mais do que um kerguilhão mais um. E quando atingimos um kerguilhão mais um de bolhas Hubble, algo inacreditável deve ter acontecido. Uma bolha Hubble só pode ter um kerguilhão de funções ondas possíveis, portanto, numa coleção de bolhas Hubble um kerguilhão mais um, deve haver *pelo menos* uma duplicata! Duas bolhas Hubble devem ter *exatamente* a mesma função onda. Cada átomo, cada partícula, cada pedacinho de energia estão exatamente no mesmo lugar, têm exatamente o mesmo momento e são exatamente a mesma coisa em todos os modos possíveis que você pode imaginar – e até nos modos que nem pode imaginar.

Por que parar em um kerguilhão mais um? Em um kerguilhão mais duas bolhas Hubble deve haver duas duplicatas. Em dois kerguilhões de bolhas Hubble deve haver um kerguilhão de duplicatas: em média, há duas cópias de cada função de onda possível. Em um milhão de kerguilhões de bolhas Hubble há, em média, um milhão de cópias de cada função de onda possível. Incluindo a função de onda nº 153. A nossa.

Se não há nada de particularmente especial na nossa função de onda, então num volume que contém um milhão de kerguilhões de bolhas Hubble, há cerca de um milhão de cópias *idênticas* do nosso universo. Há um milhão de cópias de bolhas Hubble que são idênticas até na posição e cor de cada lâmpada em Piccadilly Circus, na velocidade de cada peixe no mar e nos conteúdos de cada livro que existe na Terra. Cada uma dessas bolhas Hubble até contém uma cópia idêntica da *sua* função de onda – até os estados quânticos de cada átomo no seu corpo. Há milhões de cópias de você, idênticas em todos os detalhes. De fato, esses milhões de fantasminhas estão lendo uma cópia fantasma deste livro e terminando este parágrafo assim como você, exatamente... agora.

Na verdade, se o universo é infinito, então os físicos estimam que uma bolha Hubble idêntica deveria estar a mais ou menos $10^{10^{115}}$ metros distante de nós. Claro, você jamais seria capaz de se comunicar com o seu fantasminha duplo, porque ele estaria muitíssimo mais distante do que a borda do nosso universo visível. Mas, se o universo é infinito, esse fantasminha deveria estar ali apesar de tudo.

Mas espere! Está ficando mais esquisito! O número finito de funções de onda foi causado pela informação finita que podia ser armazenada dentro de um determinado volume, e isso por sua vez implica um número finito de configurações possíveis de massa e energia. A cada configuração possível de massa, energia e informação foi atribuída uma função de onda; cada uma recebeu um número. E cada uma foi incluída entre os kerguilhões de possibilidades. Portanto, a nossa coleção de um kerguilhão de funções de onda continha cada configuração possível de matéria e energia que uma bolha Hubble poderia ter. E na nossa coleção de um milhão de kerguilhões de bolhas Hubble, em média, há um milhão de cada.

É possível ter um universo que seja povoado por uma raça de polvos superinteligentes? Há um milhão deles. É possível ter um universo onde todos na Terra se comuniquem via uma linguagem intrincada de sapateado e flatulência? Há um milhão deles. É possível ter um universo idêntico ao nosso exceto pelo fato de que você está lendo este livro na língua do "p"? Há um milhão deles. Se o universo é infinito, então cada configuração concebível de matéria numa bolha Hubble que não seja proibida pelas leis da física *deve* existir em algum lugar. Em certo sentido, o nosso cosmo seria composto de muitos universos paralelos independentes, cada um deles podendo assumir um número finito de configurações.

De todas as loucuras das quais tentei convencer você neste livro, essa é a mais doida. Eu, eu mesmo, tenho muita, mas muita, dificuldade em acreditar nisso. Gostaria de pensar que existe uma hipótese falha em algum lugar – algo que os físicos entenderam errado ou passaram por cima. Mas a lógica parece razoavelmente hermética. Se o universo é infinito, e se o limite holográfico está correto, então é difícil escapar da ideia de que o cosmo é povoado por infinitas cópias de você – e, pior ainda, existem também infinitas cópias de você sendo devoradas por um marsupial alienígena carnívoro gigante (e vice-versa). Se você procurar um físico da área e lhe perguntar isso, ele provavelmente vai desconversar e não vai responder à sua pergunta. Mas um bom número de físicos eminentes, de mente sadia, dirá, com bastante confiança, que eles acreditam que cópias idênticas ou quase idênticas de si mesmos estão flutuando lá fora no cosmo – mesmo que não estejam necessariamente convencidos do argumento que expus aqui. Há uma razão muito diferente para os físicos acreditarem na existência de universos paralelos. Isso também tem a ver com a teoria da informação e com as leis da teoria quântica. Os cientistas estão começando a aceitar um tipo ligeiramente diferente de universo paralelo – no qual a informação molda o cosmo –, e no processo estão solucionando os problemas da teoria quântica.

Em 1999, uns cem físicos fizeram uma votação informal numa conferência sobre computação quântica. Trinta deles disseram acreditar em universos paralelos ou algo bastante semelhante, mesmo que nenhuma prova direta da existência de tais universos tivesse sido encontrada. Essa crença é, em grande parte, uma consequência dos mistérios da teoria quântica. A teoria da informação está produzindo uma grande quantidade de ideias intuitivas sobre esses mistérios, tais como o comportamento de objetos quânticos; ao estudarem a troca de informações entre objetos, observadores e o ambiente, os físicos estão aprendendo sobre as leis do mundo quântico. Mas informação não basta. Ainda falta alguma coisa. A teoria quântica não está completa.

A matemática da teoria quântica é incrivelmente poderosa. Ela faz previsões com incrível precisão, e é fantástica para explicar como se comportam as partículas. Entretanto, essa estrutura matemática vem com uma bagagem filosófica muito grande. A matemática da teoria quântica diz como descrever um objeto em termos da sua função de onda, mas não lhe diz *o que é essa função*: É um objeto real ou uma ficção matemática? A matemática da teoria quântica descreve os comportamentos dos objetos com o fenômeno da superposição, mas não explica *como* funciona a superposição ou como ela colapsa: O que significa para um objeto estar em dois lugares ao mesmo tempo, e como pode essa propriedade desaparecer de repente? A matemática da teoria quântica explica a ação fantasmagórica a distância entre duas partículas emaranhadas, mas não explica *como* duas partículas distantes podem conspirar uma com a outra sem transmitir e receber informação. A matemática da teoria quântica é muito clara. A realidade física que essa teoria quântica está descrevendo está *longe* de ser clara.

Os cientistas conseguem ignorar a realidade. Se a matemática funciona e prevê os fenômenos físicos que você está estudando, você pode apenas prestar atenção ao que as equações estão dizendo sem tentar perceber o que elas significam. (Numa frase atribuída ao Prêmio Nobel Richard Feynman, pode-se chamar a isso de atitude "cala a boca e calcula!".) Mas os físicos na sua maioria estão convencidos de que os números com os quais lidam são reflexos de uma realidade física genuína. E a maioria deles quer saber que realidade física a sua matemática representa. Não basta ter uma descrição matemática de um fenômeno; eles querem conhecer os processos físicos que suas equações descrevem. Querem saber como *interpretar* a sua estrutura matemática. O problema está aí.

Embora os principais cientistas tendam a concordar sobre todas as conclusões matemáticas da mecânica quântica, discordam sobre a interpretação do que essas conclusões significam na realidade. Existem várias escolas de pensamento – várias interpretações de como a matemática da física quântica reflete a realidade física. Como é que a mecânica quântica – e o experimento – diz que um objeto pode estar em dois lugares ao mesmo tempo, mas assim que tentamos observar a superposição ela é destruída? O que, fisicamente, está acontecendo?

Uma interpretação, um modo de explicar como partículas podem existir em superposição e como partículas emaranhadas podem se comunicar, depende da informação e dos universos paralelos para explicar a estranheza da teoria quântica. Entretanto, essa não é (ainda) a interpretação padrão da mecânica quântica. Essa honra vai para o que é conhecido como interpretação de Copenhague. Criada por alguns dos fundadores da teoria quântica na década de 1920, entre eles o residente em Copenhague, Niels Bohr, e o alemão Werner Heisenberg, o do princípio da incerteza, a interpretação de Copenhague responde à pergunta dando um papel especial às observações. A função de onda, digamos, de um elétron é realmente a medida das probabilidades de que um elétron será encontrado em certo lugar. Desde que o elétron permaneça inobservado, essa função de onda evolui suavemente. Como um fluido, ela pode se espalhar, fluindo para várias regiões diferentes ao mesmo tempo; ela pode evoluir para um estado de superposição. Mas assim que um observador faz uma medição e tenta descobrir onde o elétron está, colapso! A função de onda de algum modo se rompe instantaneamente, estremece e encolhe. Um piparote numa moeda celestial determina onde o elétron *está* realmente no espaço; o elétron "escolhe" a sua posição de acordo com as distribuições de probabilidades que a função de onda descreveu.

Durante muitos anos, só se falava na interpretação de Copenhague, mas ela tinha alguns aspectos perturbadores. Por exemplo, o ato de observar estava mal definido, uma questão em grande parte responsável pelo problema com o gato de Schrödinger. A interpretação de Copenhague não trata realmente do significado de *observação*. Observações costumam ser expressas em termos de um ser consciente fazendo uma medição, mas o observador precisava mesmo estar consciente? Um instrumento científico causaria o colapso de uma função de onda, ou o instrumento precisa ser visto por um cientista atento para ocorrer o colapso? A interpretação de Copenhague deixa isso em aberto, assim como a pergunta de como, exatamente, ocorre o processo de colapso. Ela não respondeu quando, nem como, o colapso de uma função de onda acontece. Nem realmente se a função de onda é, em certo nível, um objeto físico ou se é uma ficção matemática que não tem nenhuma analogia física verdadeira. Embora a função de onda diga isso, o elétron está *realmente* em dois lugares ou não? Copenhague não lhe diz. Por causa das imensas questões que ficaram sem resposta na interpretação de Copenhague, você pode ter dois físicos que clamam ambos acreditar em Copenhague, mas têm visões muito diferentes sobre a natureza da realidade. Um poderia pensar que a função de onda é real e elétrons realmente podem estar em dois lugares ao mesmo tempo, enquanto que o outro não acredita em nenhuma das duas coisas. Essa situação é, no mínimo, altamente insatisfatória.

Na década de 1950, vários físicos propuseram outras interpretações para tratar dos problemas de Copenhague. Por isso, há muitas outras interpretações da mecânica quântica com pontos de vista muito diferentes. Todas elas criam tantos problemas quanto os resolvem; elas em geral propõem alguns fenômenos radicais que são tão ridículos quanto o bizarro comportamento que estão tentando explicar. Mas, se você vai ultrapassar o "cala a boca e calcula!" e tem algum tipo de compreensão da realidade física, vai ter de usar uma dessas interpretações para tentar entender o que a matemática está dizendo. Este livro não é exceção – ele não está isento dos inconvenientes destas interpretações.[6]

---

[6] Ao longo deste livro, venho usando o vocabulário da interpretação que mais me facilita comunicar o que pretendo dizer. O resultado é uma espécie de híbrido, um cruzamento entre uma interpretação de Copenhague onde a função de onda é considerada um objeto real e uma interpretação de muitos mundos. Mesmo que você talvez escolhesse uma interpretação diferente da que venho usando, é de modo geral irrelevante

Entretanto, uma interpretação está se tornando rapidamente a preferida dos físicos. Como as outras alternativas para a interpretação de Copenhague, ela carrega consigo uma carga enorme – um fenômeno radical e contraintuitivo. Não é, porém, mais radical do que a conclusão do argumento que expus anteriormente: existem universos paralelos. Se você aceita essa possibilidade, então a teoria quântica começa a fazer sentido físico, e a informação se torna uma peça fundamental do tecido de espaço e tempo. Essa solução nasceu em 1957, quando um aluno de pós-graduação em Princeton, Hugh Everett, propôs uma alternativa para Copenhague que ficou conhecida como a *interpretação de muitos mundos*. A essência do argumento de Everett é que a função de onda é um objeto real, e quando diz que um elétron está em dois lugares ao mesmo tempo, ele está realmente em dois lugares ao mesmo tempo. Mas, ao contrário de todas as variantes da interpretação de Copenhague, não existe nenhum "colapso" real da função de onda. Quando vaza informação sobre um elétron em superposição, quando alguém mede se um elétron está à esquerda ou à direita, o elétron escolhe... ambos. Ele resolve isso de uma maneira muito ímpar – alterando a estrutura do universo com a ajuda da informação.

Para imaginar o que está acontecendo no cenário de muitos mundos, ajuda a pensar no nosso universo como uma lâmina fina, transparente, como uma tira de celuloide. Um objeto em

---

para os fenômenos sobre os quais exponho no livro. Não há como distinguir que interpretação é a "certa"; elas são quase equivalentes em suas previsões, e *totalmente* idênticas quando se trata de experimentos que foram realizados no passado e que provavelmente o serão num futuro próximo. Talvez você discorde da minha ousada afirmativa de que um elétron pode estar em dois lugares ao mesmo tempo – talvez acredite que existe apenas um único elétron e que é uma "onda piloto" que está em dois lugares ao mesmo tempo –, mas o resultado de todos os experimentos que descrevo serão exatamente os mesmos. Além do mais, *todas* as interpretações concordam que existe uma diferença fundamental entre o mundo clássico e o mundo quântico; todas mostram como é impossível explicar, digamos, o experimento das duas fendas com um único objeto clássico passando por uma única fenda sem criar algum mecanismo novo radical para explicar como ele pode interferir consigo mesmo.

superposição pousa todo satisfeito nessa lâmina, existindo simultaneamente em dois lugares ao mesmo tempo, talvez criando um padrão de interferência. Quando um observador surge e colhe informações sobre a partícula, digamos, fazendo ricochetear nela um fóton, o observador verá o elétron na posição à direita ou na posição à esquerda, não em ambas ao mesmo tempo. Um adepto de Copenhague diria que a função de onda colapsa nesse ponto; o elétron "escolhe" estar à direita ou à esquerda. Um adepto da teoria dos muitos mundos, por outro lado, diria que o universo "se divide".

Um ser divino, observando a interação de fora do universo, perceberia de repente que o universo de celuloide onde habita o elétron (e o observador) não é uma lâmina única, mas duas lâminas grudadas uma na outra. Quando vaza informação sobre a posição do elétron, ela está realmente produzindo informação sobre a estrutura do universo: a informação mostra que o universo é duplo. Em um desses universos, o elétron habita a posição da direita; no outro, o elétron habita a posição da esquerda. Desde que essas lâminas estejam grudadas uma na outra, é como se os elétrons estivessem na mesma lâmina; o elétron está em dois lugares ao mesmo tempo e interfere consigo mesmo. Mas o ato de colher informação sobre a posição do elétron descasca uma lâmina da outra e revela a verdadeira natureza multifoliada do cosmo; as lâminas divergem por causa da transmissão de informação.

Enquanto um ser divino seria capaz de ver essas lâminas de universo se dividirem, o observador que fez a medição, também inserido nessas lâminas, não teria nenhuma consciência do que estava acontecendo. E preso na lâmina, o observador também seria dividido em dois, observador da Esquerda e Observador da Direita. O Observador da Esquerda, na lâmina dele, veria a partícula à esquerda; o Observador da Direita, na lâmina dele, veria a partícula à direita. E visto que as duas lâminas não estão mais em contato uma com a outra, as duas cópias da partícula e as duas cópias do Observador não são mais capazes de interagir uma com a outra. Elas agora habitam universos separados. Embora o ser divino fosse capaz de ver a estrutura completa, complexa, multifoliada desses universos paralelos – o *multiverso* –, um observador nesse universo ainda pensaria que habita uma lâmina única, totalmente inconsciente do universo alternativo onde a medição teve o resultado oposto. E uma vez tendo as duas folhas se dividido, elas ficam essencialmente incapazes de se comunicarem; elas não podem trocar informações. É como se houvesse uma barreira entre as duas folhas. Em essência, as duas são universos diferentes, mesmo que estejam no mesmo multiverso.

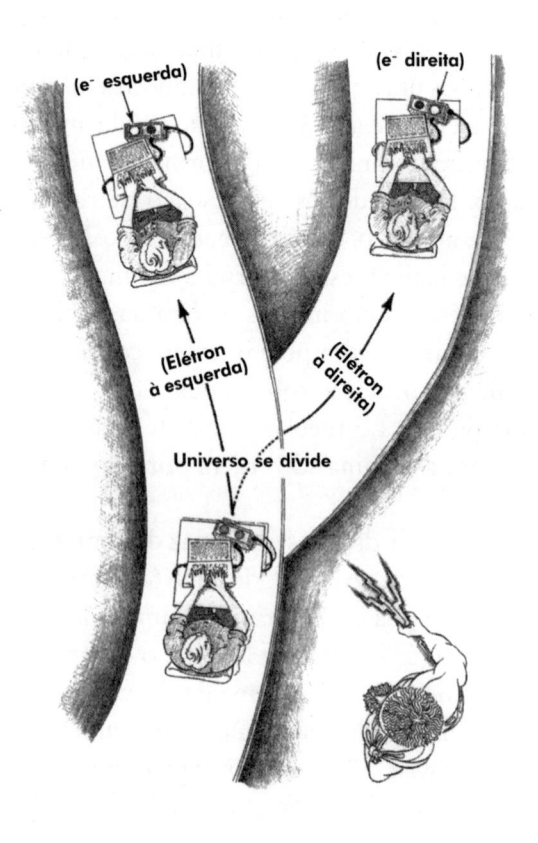

Superposição no multiverso

Essa ideia – um multiverso que se divide graças à troca de informação – também oferece uma boa explicação para a ação fantasmagórica a distância. Pegue um par de partículas EPR, digamos, emaranhadas em termos de posição. Se uma está à esquerda, a outra deve estar à direita, e vice-versa. Mas, se você as criar num estado de superposição, nenhuma das partículas "escolhe" se está à esquerda ou à direita até ser medida; cada uma é uma mistura indeterminada de esquerda e direita até a medição – até que alguma coisa (a natureza ou um observador) colha informações sobre cada partícula.

Pegue um par EPR emaranhado assim e envie uma das partículas para um observador na Terra e uma para um observador em Júpiter. Cada observador faz uma observação quando a partícula chega; cada um colhe informação sobre o estado da partícula, dividindo a *lâmina-mundo* – e cada observador – em duas. Mas as divisões são divisões *locais*. Um ser divino veria a lâmina-mundo se dividir próximo a cada um dos dois observadores, mas entre estes dois as lâminas permaneceriam grudadas uma à outra. Só quando um dos observadores (digamos, o observador na Terra) envia um bit de informação para o outro (o observador em Júpiter) as duas lâminas entre os dois começam a se separar. O bocado de informação que se move no máximo à velocidade da luz, divide o universo conforme viaja. Quando ela chegar a Júpiter, completa a separação; as duas lâminas-mundo ficam totalmente separadas. Em uma dessas lâminas agora separadas, o observador na Terra mediu esquerda e o observador em Júpiter mediu direita; na outra, aconteceu o inverso. Em ambos os casos, é como se as partículas conspirassem uma com a outra; mesmo que nenhuma informação viaje mais rápido do que a velocidade da luz, as duas partículas estão sempre em posições opostas: uma está à esquerda e a outra, à direita.

Pré-medição

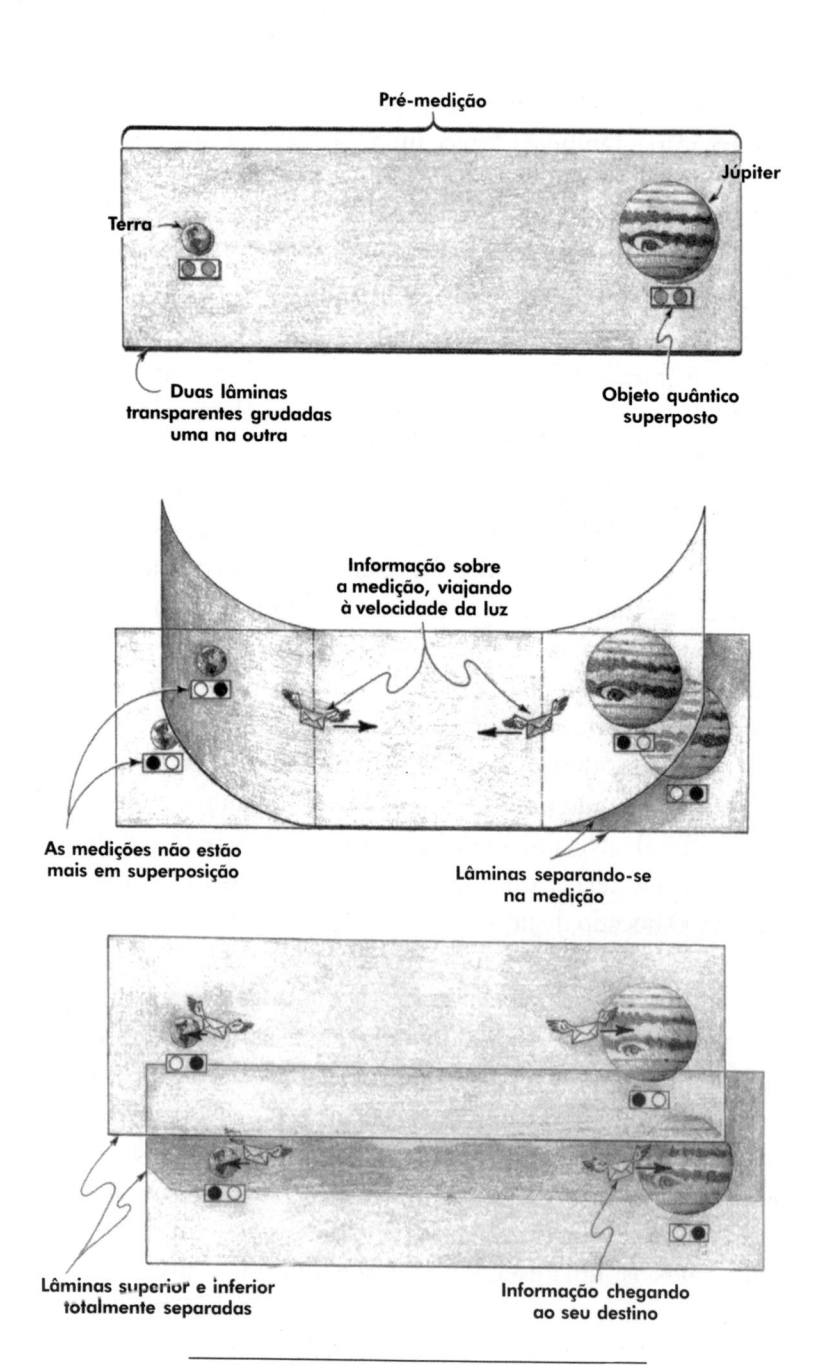

Júpiter

Terra

Duas lâminas
transparentes grudadas
uma na outra

Objeto quântico
superposto

Informação sobre
a medição, viajando
à velocidade da luz

As medições não estão
mais em superposição

Lâminas separando-se
na medição

Lâminas superior e inferior
totalmente separadas

Informação chegando
ao seu destino

Um par de EPR no multiverso: informação, disparando
à velocidade da luz, separa as lâminas

292

Para um observador inserido na lâmina, parece que a partícula só "escolhe" a sua posição no exato momento da medição; se um dos observadores quisesse, antes da medição, poderia ter visto um padrão de interferência que provava que a partícula estava em dois lugares ao mesmo tempo. Um ser divino veria que as transferências de informação só revelavam a estrutura do multiverso, destacando lâminas-mundo uma da outra e expondo a sua natureza multifoliada. Para alguém inserido no universo, tal como um cientista num laboratório, ele teria de explicar o bizarro fenômeno de duas partículas que não "escolhem" suas posições até o momento da medição, mas conseguem conspirar, através de grandes distâncias, para estar em posições opostas. Até a ação fantasmagórica de emaranhamento faz sentido físico na interpretação de muitos mundos.

É uma explicação bastante agradável. É relativamente simples, razoavelmente organizada, e só (só!) exige a crença num multiverso multifoliado em vez de um universo de lâmina única. No quadro de muitos mundos, um observador divino veria o multiverso na sua plena complexidade – um maço de lâminas-mundo, grudadas umas nas outras em alguns lugares, separadas em outros. Conforme a informação vai e vem no universo, faz as lâminas se separarem umas das outras, fazendo o multiverso empolar e se ramificar. (Com uma medição reversível, uma em que nenhuma informação se dissipe, as lâminas podem até se fundir de novo.) Cada medição, cada transferência de informação – inclusive aquelas feitas pela natureza – fazem com que o multiverso separe suas lâminas e floresça. Informação é o que determina onde o multiverso se ramifica e onde se funde, onde ele se separa e onde ele se gruda. Nas palavras do físico quântico David Deutsch: "A estrutura do multiverso é determinada pelo fluxo de informação." Informação é a força que molda o nosso cosmo.

Mas até que ponto é radical supor que existam universos paralelos? Até com toda a complexidade do multiverso, o incrível número de lâminas-mundo não é mais complexo do que a profusão de universos paralelos que foi postulada na seção anterior. O mesmo argumento se aplica. Existe um número finito de funções de onda possíveis que qualquer região do espaço pode ter; existe um conjunto finito de possibilidades para a configuração de energia, matéria e informação num volume finito. Cada lâmina no multiverso com múltiplas camadas representa uma configuração possível de matéria, energia e informação e, num universo infinito, todas essas configurações ocorrem, recorrem e voltam a recorrer inúmeras vezes em diferentes regiões do universo.

Embora o multiverso seja extremamente complexo, os universos paralelos do multiverso não são mais complexos do que aqueles que os cientistas pensam que devam existir num universo infinito. Portanto, o fenômeno radical de muitos mundos não é assim tão radical afinal de contas. Se você aceita a conclusão de que universos paralelos existem – como muitos cientistas acreditam –, tem, sem nenhum custo adicional, uma explicação para todos os fenômenos bizarros na mecânica quântica. Superposição e emaranhamento não requerem mais uma função de onda *deus ex machina* "colapsando" ou uma partícula "escolhendo". É tudo uma função da informação fluindo de um lugar para outro, alterando a estrutura do multiverso no processo. Por baixo disso tudo, o nosso universo talvez seja totalmente moldado pela informação.

A vida, também, é moldada pela informação. Todas as criaturas vivas são máquinas processadoras de informação em algum nível; criaturas inteligentes, conscientes, estão processando essa informação em suas mentes assim como em suas células. Mas as leis da informação colocam limites no processamento de informação. Existe um número finito (embora enorme) de modos pelos quais a informação pode ser configurada na nossa bolha Hubble, portanto há um número finito (e menor, mas ainda enorme) de modos pelos quais a informação pode ser arrumada e processada em nossas cabeças. Embora os humanos possam ser capazes de contemplar a infinidade, só podemos fazer isso num número finito de modos. O universo talvez seja infinito, mas nós não somos.

Na verdade, toda a vida no universo deve ser finita. Conforme o universo se expande e evolui, a entropia do cosmo aumenta. Estrelas queimam e morrem, e fica cada vez mais difícil encontrar energia. Galáxias resfriam, aproximando-se cada vez mais do frígido equilíbrio. E num universo que se aproxima do equilíbrio, é difícil encontrar energia e espalhar entropia; fica cada vez mais difícil preservar e duplicar a sua informação. Torna-se mais e mais difícil sustentar a vida. A vida deve se extinguir totalmente?

Em 1997, o físico Freeman Dyson pensou num modo inteligente de manter a civilização viva mesmo que o universo se extinga: hibernação. Dyson argumentou que criaturas numa galáxia moribunda poderiam montar máquinas que coletam energia (e espalham entropia) enquanto as criaturas dormem, inconscientes, num estado de hibernação. Depois que as máquinas coletaram energia suficiente e colocaram o ambiente imediato da civilização suficientemente fora de equilíbrio, as criaturas acordam. Elas vivem da energia coletada por uns tempos, descartam a sua entropia no seu ambiente, e processam e reparam os danos que a natureza fez à sua informação armazenada. Conforme a energia se esgota e o seu ambiente mais uma vez chega ao equilíbrio, elas voltam a dormir até que as máquinas acertem as condições para elas acordarem de novo.

Mas em 1999, Lawrence Krauss, um físico da Case Western Reserve University, mostrou que o esquema da hibernação no final das contas tinha de fracassar. Conforme o universo alcança o equilíbrio, as máquinas coletoras de energia e espalhadoras de entropia demoram cada vez mais para cumprir a sua tarefa – coletar a energia necessária e espalhar a entropia necessária para despertar as criaturas. Os períodos de hibernação devem ficar drasticamente mais longos e os períodos de consciência, drasticamente mais curtos à medida que o universo se expande e morre. Conforme o universo alcança o equilíbrio, depois de certo ponto as máquinas podem continuar trabalhando para sempre e jamais coletarão energia suficiente e espalharão entropia bastante para dar à civilização nem que seja mais um segundo de consciência. O processamento de informação para para sempre; a informação tão cuidadosamente armazenada pela civilização durante milênios aos poucos se dissipa no ambiente, e equilíbrio e entropia trazem a escuridão para a última civilização viva. A vida se extingue.

É um quadro sombrio, mas os físicos chegaram à mesma conclusão de um modo diferente. O nosso universo (ou multiverso) está constantemente se revolvendo. A informação vai e vem e o ambiente (consciente ou não) a processa e dissipa. Em certo sentido, o universo como um todo está se comportando como um gigantesco processador de informações – um computador.

Portanto, se o universo pode, mesmo em teoria, ser considerado um computador, quantas operações ele realizou? Quantas operações ele pode realizar no futuro? Graças às leis da informação, os cientistas responderam a ambas as perguntas.

Em 2001, Seth Lloyd, o físico que descobriu que um buraco negro seria o laptop supremo, usou lógica similar para calcular quantas computações o universo visível, a nossa bolha Hubble, pode ter feito desde o Big Bang. Por intermédio da relação tempo e energia, a quantidade de matéria e energia no universo determina com que velocidade essas computações podem ser realizadas – produzindo enormes 10^{120} operações desde o início dos tempos até hoje. Em 2004, Krauss fez o outro lado do cálculo – a quantidade de computações que podem ser feitas no futuro. Num universo sempre em expansão, esse número é finito na nossa bolha Hubble, e parece ser apenas um pouquinho mais do que 10^{120} operações – quase exatamente o mesmo que o número máximo de operações que poderiam ter sido feitas no passado. O número 10^{120} é imenso – mas é finito. Existe um número limitado de operações processadoras de informação que sobrou na nossa bolha Hubble. Visto que a vida depende do processamento de informação, ela também deve ser finita. A vida não pode durar para sempre. Restam-lhe no máximo 10^{120} operações, e então a vida no universo visível se extinguirá. A informação armazenada e preservada por essas criaturas vivas estará então irreversivelmente dissipada. Embora a informação jamais seja realmente destruída, ela estará espalhada, inútil, por todo o cosmo, escuro e inerte.

Essa é a a grande ironia das leis da informação. Os físicos estão usando a informação para solucionar as questões mais profundas do universo. Quais são as supremas leis fundamentais da física? O que é responsável pela estranheza da relatividade e da mecânica quântica? O que existe no centro de um buraco negro? O único universo é o nosso ou existem outros? Qual é a estrutura do universo? O que é a vida? Usando as ferramentas da teoria da informação, os cientistas estão começando a obter respostas para todas essas questões. Mas, ao mesmo tempo, essas ferramentas da teoria da informação revelaram o nosso destino final. Vamos morrer, como vão todas as respostas que temos para essas perguntas – toda a informação que nossa civilização colheu. A vida precisa acabar, e com ela acabarão toda a consciência, toda a capacidade para compreender o universo. Usando a informação, talvez encontremos as respostas definitivas, mas essas respostas se tornarão inúteis pelas leis da informação.

Essa preciosa informação que pode bem iluminar os mistérios mais obscuros sobre o universo traz com ela as sementes da nossa própria destruição.

APÊNDICE A

O logaritmo

O logaritmo é o oposto de exponenciação, assim como divisão é o oposto de multiplicação. Para desfazer uma multiplicação por 6, você divide por 6: $5 \times 6 = 30$, e 30 dividido por $6 = 5$. Para desfazer uma exponenciação onde 6 é elevado a uma certa potência, você pega o logaritmo, base 6. Isto é: $6^5 = 7.776$, e $\log_6 7.776 = 5$, onde $\log_6$ representa o logaritmo na base 6.

É raro vermos a base escrita explicitamente, e isso pode ser origem de confusões, porque *log* pode significar coisas diferentes em diferentes contextos. Na maioria das vezes, log significa o logaritmo na base 10. Portanto, em geral log 1.000 = 3, porque $\log_{10} 10^3 = 3$.

Entretanto, isso não é uma convenção universal. Muitos cientistas da computação pensam em termos de números binários, e para eles é mais útil que log signifique log via base 2. Para estes cientistas da computação, log 1.000 não é $\log_{10}$ 1.000; é $\log_2$ 1.000, que é um pouquinho menor que 10. E, para muitos matemáticos, é mais natural pensar em termos de um número entre 2 e 3 conhecido como *e*; para eles, log 1.000 é realmente $\log_e$ 1.000, que é mais ou menos 7. (Quem não é matemático costuma usar o símbolo "ln" para representar "$\log_e$", mas isso não é universal entre os matemáticos.)

Você acharia que isto poderia causar muitos problemas, mas de fato não faz muita diferença em *que* base está o logaritmo. Eles estão todos tão intimamente relacionados que em muitas equações a base pode ficar ambígua.

Por exemplo, na equação de Boltzmann, $S = k \log W$, não importa se o log é na base 2, base 10, base e ou base 42. A sua escolha da base é absorvida no k. Por exemplo, vamos supor que a equação acima se refira ao logaritmo na base 10. Resulta que

$$S = k \log_{10} W = k (\log_{10} 42)(\log_{42} W) = k' \log_{42} W$$

em que k' é a nossa nova constante – k multiplicado por $\log_{10} 42$. A equação parece exatamente a mesma na base 42 como é na base 10: $S = k' \log W$, mas dessa vez log se refere a $\log_{42}$ e não a $\log_{10}$. Você pode ignorar totalmente a base, e a equação parecerá exatamente a mesma.

Por isso, usei o símbolo "log" para me referir ao logaritmo sem especificar a base. Na equação de Boltzmann, ele pode se referir a log na base 10 ou log na base e, dependendo do valor da constante que é usado; na entropia de Shannon, é log na base 2; e mais adiante no livro, quando se trata de anulação, energia, entropia e computação, voltamos a log na base e.

Visto que as diferenças das equações em questão são totalmente cosméticas, a bem da clareza omiti consistentemente a base ao usar o logaritmo.

APÊNDICE B

Entropia e informação

Neste livro, a equação para entropia (simbolizada pela letra S) foi dada em três formas diferentes. Embora pareçam um tanto diferentes, de fato são as mesmas.

A primeira equação para entropia é de Boltzmann: $S = k \log W$, em que W é o número de modos em que o sistema pode ter o estado cuja entropia estamos calculando.

A segunda equação para entropia é uma que eu derivo para um sistema específico – jogando bolinhas de gude numa caixa – que é $S = k \log p$, em que p é a probabilidade de uma determinada configuração de bolinhas de gude na caixa. Na verdade, eu digo que S é uma *função* de $k \log p$ – mais sobre isso daqui a pouco.

A terceira equação para entropia é a de Shannon, que eu não dei explicitamente no texto principal. Para o caso que nos interessa, $S = -\Sigma p_i \log p_i$, em que cada p_i representa a probabilidade de qualquer mensagem em particular na coleção de mensagens possíveis que uma fonte poderia ter lhe enviado, e a letra grega sigma, Σ, representa a soma de todos esses termos. (Incidentalmente, os p_is podem representar símbolos possíveis em vez de mensagens possíveis; o resultado é o mesmo, mas a matemática para esse exemplo seria um pouco mais complicada, visto que exigiria usar probabilidades condicionais que requerem uma cadeia mais longa de argumentos.)

Vamos usar todas essas três equações para analisar um sistema. Digamos, por exemplo, que alguém deixe cair quatro bolinhas de gude idênticas numa caixa e em seguida se afaste; existe uma chance igual de qualquer das bolinhas cair do lado esquerdo ou do lado direito. Mais tarde, quando nos aproximamos da caixa e olhamos lá dentro, vemos que duas bolinhas estão à esquerda e duas à direita. Qual é a entropia do sistema?

Segundo a equação de Boltzmann, $S = k \log W$, W representa o número de modos em que podemos ter o estado em questão, a saber, duas bolinhas de cada lado da caixa. Há, de fato, seis modos (1 e 2 caem à direita, ou 1 e 3 caem ali, ou 1 e 4, ou 2 e 3, ou 2 e 4, ou 3 e 4.) Daí, a entropia, $S = k \log 6$.

Segundo a derivação de bolinhas de gude na caixa, S é uma função de $k \log p$. Mais especificamente, $S = k \log p + k \log N$, em que N é o número de modos que bolinhas de gude distintas podem ser posicionadas na caixa; nesse exemplo em particular, N é 16. (O termo $k \log N$ serve simplesmente para impedir que a entropia seja negativa; abandoná-lo não faria muita diferença.)

A probabilidade de ter duas bolinhas de gude de cada lado da caixa é 3/8, conforme mostrado na tabela no capítulo 2, portanto $S = k \log(3/8) + k \log 16$. Mas 3/8 é a mesma coisa que 6/16, e log 6/16 é a mesma coisa que log 6 − log 16. Por conseguinte, descobrimos que a formulação das bolinhas numa caixa é $S = k \log 6 - k \log 16 + + k \log 16$, que, é claro, é apenas $k \log 6$.

A equação de Shannon lida com mensagens em vez de bolinhas de gude em caixas, mas podemos facilmente converter uma na outra. Digamos que um **1** represente uma bolinha caindo do lado direito da caixa e um **0** represente uma bolinha caindo do lado esquerdo. Quando deixamos cair bolinhas na caixa, podemos escrever o resultado numa mensagem de bits: **1100** significa que numa sequência de quatro bolinhas de gude jogadas na caixa, as bolinhas 1 e 2 acabam na direita, e as bolinhas 3 e 4, na esquerda. Examinando a caixa, vemos duas bolinhas de cada lado, portanto sabemos que o sistema deve ter recebido uma das seis mensagens seguintes: 1100, 1010, 1001, 0110, 0101, 0011. Quando examinamos a caixa, não sabemos *quais* dessas mensagens foram recebidas; não sabemos que bolinhas que estão à direita e quais as que estão à esquerda, porque elas todas parecem iguais. Mas sabemos que uma dessas seis mensagens foi recebida. Por causa do modo como o sistema foi montado – 50:50 de chance de uma bolinha cair à esquerda ou à direita – sabemos que cada uma dessas mensagens é igualmente provável. Portanto, dado o conhecimento que temos do sistema, podemos ver que cada mensagem tem uma probabilidade de 1/6 associada a ela. Isso significa que a expressão $-\Sigma p_i \log p_i$ tem seis termos – um para cada mensagem possível – e cada p_i, cada probabilidade na expressão, é 1/6. Então,

$$S = -\Sigma p_i \log p_i$$
$$= -[(1/6)\log(1/6) + (1/6)\log(1/6) + (1/6)\log(1/6)$$
$$+ (1/6)\log(1/6) + (1/6)\log(1/6) + (1/6)\log(1/6)]$$
$$= -6[(1/6)\log(1/6)]$$
$$= -\log(1/6).$$

Mas $-\log(1/6)$ é a mesma coisa que $\log 6$, portanto temos $S = \log 6$. Para onde foi o k? Bem, o log aqui é na base 2, que não é a mesma base usada anteriormente. O k desapareceu porque, como vimos no apêndice A, mudar a base de um logaritmo nesse caso simplesmente muda a aparência da constante k; na base 2, e usando unidades que são ligeiramente diferentes das usadas na equação de Boltzmann, nosso novo k é igual a 1.

Tudo bem – então a entropia de Shannon é a mesma entropia da termodinâmica de Boltzmann e é a mesma entropia das bolinhas de gude numa caixa. Como a entropia se relaciona com a informação? Essa é uma questão complicada, e uma grande fonte de confusões.

A entropia de uma fonte de mensagens é equivalente à quantidade de informação que ela pode enviar em qualquer mensagem. Digamos que temos uma fonte que produza sequências de oito bits; cada mensagem de oito bits é igualmente provável. Ela tem uma entropia de oito bits, e cada mensagem pode carregar oito bits de informação. Uma mensagem genérica dessa fonte pareceria algo assim: **10110101**. Mais provável, aparentemente ela seria bastante aleatória.

Por outro lado, uma fonte que produza sequências de oito bits em que, digamos, só as mensagens **00000000** e **11111111** são possíveis, tem uma entropia bem menor: apenas um bit. Cada mensagem só pode carregar um bit de informação. Uma mensagem genérica dessa fonte seria com **00000000** ou **11111111** – não muito "aparentemente aleatória". É um princípio geral; quanto mais "aparentemente aleatória" a mensagem que você recebeu, maior a entropia (em geral) da fonte da mensagem e mais informação (em geral) a mensagem pode conter.

Mas com informação você pode examiná-la do ponto de vista do receptor, em vez do emissor, e a situação, em certo sentido, se inverte. E isso pode ser incrivelmente confuso.

Lembre-se, informação é a resposta a algum tipo de pergunta: a informação reduz sua incerteza sobre qual das respostas possíveis é a correta. De volta ao sistema das quatro bolinhas de gude. Digamos que você queira saber a resposta para a pergunta: Onde a bolinha de gude 1 caiu? Se duas bolinhas estiverem à direita e duas bolinhas à esquerda, não temos absolutamente nenhuma informação sobre onde a bolinha 1 está; existe uma chance de 50:50 de ela estar de um lado ou de outro. Se estiverem três bolinhas à direita e uma à esquerda, temos um pouco mais de certeza, um pouco mais de informação sobre a resposta à pergunta; a bolinha 1 provavelmente está à direita. Existe 75% de chance de ser uma das três bolinhas à direita, *versus* 25% de chance de ser a bolinha da esquerda. E, se todas as quatro bolinhas estiverem à direita, temos absoluta certeza. Existe 100% de chance de a bolinha 1 ter caído à direita. Dessa vez, quanto mais *baixa* a entropia, mais informações temos sobre onde a bolinha 1 caiu.

A situação piora. Usando o nosso código 0 e 1 como antes, sequências "aparentemente aleatórias" como 0110 e 1100, onde duas bolas estão de cada lado, significam *mais* incerteza do que sequências não aleatórias como 1111 e 0000, onde, sabemos, com certeza, de que lado a bolinha 1 caiu: quanto *menos* aleatória a sequência de símbolos, mais informações temos sobre a posição da bolinha de gude 1. Isso parece ser exatamente o oposto da nossa análise anterior.

Entretanto, faz sentido se você pensar bem. A informação está fluindo do emissor para o receptor de uma mensagem, e cada um tem um papel diferente na transação. Entropia é a medida de ambiguidade, imprevisibilidade e de incerteza, e é realmente bom para a fonte de uma mensagem ter uma alta entropia. Significa que a fonte é imprevisível, e você não sabe o que a mensagem dessa fonte vai dizer com antecedência. (Se você sempre sabe o que a mensagem vai dizer, ela não lhe dará nenhuma informação, não é mesmo?) Mas quando o receptor recebe a mensagem, essa mensagem, se contiver muitas informações, deveria reduzir a incerteza sobre a resposta a uma pergunta. Quanto mais entropia, quanto mais incerteza tiver sobre a resposta, menos informação você deve ter recebido.

Às vezes você ouve pessoas dizerem que entropia é o mesmo que informação; às vezes ouve falar que informação é entropia *negativa* ou *negentropia*. A diferença surge porque as pessoas estão acostumadas a analisar coisas diferentes. Algumas estão olhando para o emissor e a imprevisibilidade de uma mensagem em potencial, e algumas estão olhando para o receptor e as incertezas sobre a resposta a uma pergunta. Na verdade, ambas estão olhando para a mesma coisa: emissor e receptor são dois lados da mesma moeda.

Bibliografia

Albrecht, Andreas. "Cosmic Inflation and the Arrow of Time." Em arXiv.org e-Print archive (www.arxiv.org), astro-ph/0210527, 24 de outubro de 2002.

Associated Press. "DNA Links Teacher to 9,000-Year-Old Skeleton." CNN, 7 de maio de 1997. Human Origins Web site. www.versiontech.com/origins/news/news_article.asp?news_id=13

Bacciagaluppi, Guido. "The Role of Decoherence in Quantum Theory." *The Stanford Encyclopedia of Philosophy*, Edward N. Zalta, ed. plato.stanford.edu/entries/qm-decoherence/

Baez, John. "The Quantum of Area?" *Nature* 421 (2003): p. 702.

Bejerano, Gill, Michael Pheasant, Igor Makunin, Stuart Stephen, W. James Kent, John S. Muttick e David Haussler. "Ultraconserved Elements in the Human Genome." *ScienceExpress*, 6 de maio de 2004. www.sciencemag.org/ cgi/rapidpdf/1098119vl.pdf

Bekenstein, Jacob D. "Information in the Holographic Universe." *Scientific American*, agosto de 2003, 48.

Blanton, John. "The EPR Paradox and Bell's Inequality Principle." Universidade da Califórnia, Riverside, Department of Mathematics Web site. math.ucr.edu/home/baez/physics/Quantum/bells_inequality.html

Bohinski, Robert C. *Modern Concepts in Biochemistry*. Boston: Allyn and Bacon, 1987.

Boyce, Nell. "Dangerous Liaison." *New Scientist*, 19/26 de dezembro de 1998, 21.

Bradman, Neil e Mark Thomas. "Why Y?" *Science Spectra*, nº 14, 1998. www.ucl.ac.uk/tcga/ScienceSpectra-pages/SciSpect-14-98.html

Brezger, B., L. Hackermüller, S. Uttenthaler, J. Petschinka, M. Arndt e A. Zeilinger. "Matter-Wave Interferometer for Large Molecules." Em arXiv. org e-Print archive (www.arxiv.org), quant-ph/0202158, 26 de fevereiro de 2002.

Brookes, Martin. "Apocalypse Then." *New Scientist*, 14 de agosto de 1999, 32.

Brukner, Časlav, Markus Aspelmeyer e Anton Zeilinger. "Complementarity and Information in 'Delayed-Choice for Entanglement Swapping.'" Em arXiv.org e-Print archive (www.arxiv.org), quant-ph/0405036, 7 de maio de 2004.

Brukner, Časlav e Anton Zeilinger. "Information and Fundamental Elements of the Structure of Quantum Theory." Em arXiv.org e-Print archive (www.arxiv.org), quant-ph/0212084, 13 de dezembro de 2002.

_____. "Operationally Invariant Information in Quantum Measurements." Em arXiv.org e-Print archive (www.arxiv.org), quant-ph/0005084, 19 de maio de 2000.

Budnik, Paul. "Measurement in Quantum Mechanics FAQ." Mountain Math Software Web site. www.mtnmath.com/faq/meas-qm.html

Calderbank, A. R. e Peter W. Shor. "Good Quantum Error-Correcting Codes Exist." Em arXiv.org e-Print archive (www.arxiv.org), quant-ph/9512032, 16 de abril de 1996.

Carberry, D. M., J. C. Reid, G. M. Wang, E. M. Sevick, Debra J. Searles e Denis J. Evans. "Fluctuations and Irreversibility: An Experimental Demonstration of a Second-Law-Like Theorem Using a Colloidal Particle Held in an Optical Trap." *Physical Review Letters* 92 (2004): art. nº 140601.

The Catholic Encyclopedia. www.newadvent.org/cathen

Cavalli-Sforza, Luigi Luca. *Genes, Peoples, and Languages*. Mark Seislstad, trad. Nova York: North Point Press, 2000.

Cavalli-Sforza, Luigi Luca, Paolo Menozzi e Alberto Piazza. *The History and Geography of Human Genes*. Princeton: Princeton University Press, 1994.

"Central Bureau–Interception and Cryptanalyzing of Japanese Intelligence." Web site. home.st.net.au/~dunn/sigint/cbi.htm

Chiao, Raymond Y., Paul G. Kwiat e Aephraim M. Steinberg. "Quantum Nonlocality in Two-Photon Experiments at Berkeley." Em arXiv.org e-Print archive (www.arxiv.org), quant-ph/9501016, 18 de janeiro de 1995.

Cornish, Neil J., Daniel N. Spergel, Glenn D. Starkmann e Eiichiro Komatsu. "Constraining the Topology of the Universe." Em arXiv.org e-Print archive (www.arxiv.org), astro-ph/0310233, 8 de outubro de 2003.

Dawkins, Richard. *The Extended Phenotype*. Nova York: Oxford University Press, 1999.

_____. *The Selfish Gene*. Nova York: Oxford University Press, 1989.

de Mendoza, Diego Hurtado e Ricardo Braginski. "Y Chromosomes Point to Native American Adam." *Science* 283 (1999): 1439.

Derix, Martijn e Jan Pieter van der Schaar. "Black Hole Physics", de "Stringy Black Holes". www-th.phys.rug.nl/~schaar/htmlreport/node8.html (link da página de Jan Pieter van der Schaar: vangers. home.cern.ch/vanders).

de Ruyter van Steveninck, Rob, Alexander Borst e William Bialek. "Real Time Encoding of Motion: Answerable Questions and Questionable Answers from the Fly's Visual System." Em arXiv.org e-Print archive (www.arxiv.org), physics/0004060, 25 de abril de 2000.

Deutsch, David. "The Structure of the Multiverse." Em arXiv.org e-Print archive (www.arxiv.org), quant-ph/0104033, 6 de abril de 2001.

Deutsch, David e Patrick Hayden. "Information Flow in Entangled Quantum Systems." Em arXiv.org e-Print archive (www.arxiv.org), quant-ph/9906007, 1º de junho de 1999.

Dokholyan, Nikolay V., Sergey V. Buldyrev, Shlomo Havlin e H. Eugene Stanley. "Distribution of Base Pair Repeats in Coding and Noncoding DNA Sequences." *Physical Review Letters* 79 (1997): 5182.

Einstein, Albert. *Relativity: The Special and the General Theory*. Nova York: Crown, 1961.

Faulhammer, Dirk, Anthony R. Cukras, Richard J. Lipton e Laura F. Landweber." Molecular Computation: RNA Solutions to Chess Problems." *Proceedings of the National Academy of Sciences* 97 (2000): 1385.

Feynman, Richard, Robert B. Leighton e Matthew Sands. *The Feynman Lectures on Physics*. 3 vols. Reading, Mass.: Addison-Wesley, 1989.

Fondation Odier de Psycho-Physique. Bulletin nº 4. Genebra, Suíça: 2002.

Garriga, J., V. F. Mukhanov, K. D. Olum e A. Vilenkin. "Eternal Inflation, Black Holes, and the Future of Civilizations." Em arXiv.org e-Print archive (www.arxiv.org), astro-ph/9909143, 16 de maio de 2000.

Garriga, Jaume e Alexander Vilenkin. "In Defence of the 'Tunneling' Wave Function of the Universe." Em arXiv.org e-Print archive (www.arxiv.org), gr-qc/9609067, 30 de setembro de 1996.

_____. "Many Worlds in One." Em arXiv.org e-Print archive (www.arxiv.org), gr-qc/0102010, 2 de maio de 2001.

"The German Enigma Cipher Machine–History of Solving." Web site. www.enigmahistory.org/chronology.html

Gershenfeld, Neil A. e Isaac L. Chuang. "Bulk Spin-Resonance Quantum Computation." Science 275 (1997): 350.

Gettemy, Charles. "The Midnight Ride of April 18, 1775." Cap. 3 em *The True Story of Paul Revere*. Archiving Early America Web site. earlyamerica.com/lives/revere/chapt3/

Gilchrist, A., Kae Nemeto, W. J. Munroe, T. C. Ralph, S. Glancey, Samuel L. Braunstein e G. J. Milburn. "Schrödinger Cats and Their Power for Quantum Information Processing." Em arXiv.org e-Print archive (www.arxiv.org), quant-ph/0312194, 24 de dezembro de 2003.

Griffiths, Robert B. "Consistent Histories and Quantum Reasoning." Em arXiv.org e-Print archive (www.arxiv.org), quant-ph/9606005, 4 de junho de 1996.

Hackermüller, Lucia, Klaus Hornberger, Björn Brezger, Anton Zeilinger e Marcus Arndt. "Decoherence of Matter Waves by Thermal Emission of Radiation." *Nature* 427 (2004): 711.

Hackermüller, Lucia, Stefan Uttenthaler, Klaus Hornberger, Elisabeth Reiger, Björn Brezger, Anton Zeilinger e Markus Arndt. "The Wave Nature of Biomolecules and Fluorofullerenes." Em arXiv.org e-Print archive (www.arxiv.org), quant-ph/0309016, 1º de setembro de 2003.

Harpending, Henry C., Mark A. Batzer, Michael Gurven, Lynn B. Jorde, Alan R. Rogers e Stephen T. Sherry. "Genetic Traces of Ancient Demography." *Proceedings of the National Academy of Sciences* 95 (1998): 1961.

Harrison, David M. "Black Hole Thermodynamics." UPSCALE Web site, Department of Physics, University of Toronto. www.upscale.utoronto.ca/GeneralInterest/Harrison/BlackHoleThermo/BlackHoleThermo.html

Hawking, Stephen. *A Brief History of Time: From the Big Bang to Black Holes*. Nova York: Bantam, 1988.

Heisenberg, Werner. *Physics and Philosophy: The Revolution in Modern Science*. Nova York: Harper & Row, 1958.

Herodotus. *The Histories*. Aubrey de Selincourt, trad. Londres: Penguin, 1996.

Hill, Emmeline W., Mark A. Jobling e Daniel G. Bradley. "Y-chromosome Variation and Irish Origins." *Nature* 404 (2000): 351.

Hodges, Andrew. *Alan Turing: The Enigma*. Nova York: Walker, 2000.

Holevo, A. S. "Coding Theorems for Quantum Communication Channels." Em arXiv.org e-Print archive (www.arxiv.org), quant-ph/9708046, 27 de agosto de 1997.

_____. "Remarks on the Classical Capacity of a Quantum Channel." Em arXiv.org e-Print archive (www.arxiv.org), quant-ph/0212025, 4 de dezembro de 2002.

Hornberger, Klaus, Stefan Uttenthaler, Björn Brezger, Lucia Hackermüller, Markus Arndt e Anton Zeilinger. "Collisional Decoherence Observed in Matter Wave Interferometry." Em arXiv.org e-Print archive (www.arxiv.org), quant-ph/0303093, 14 de março de 2003.

Imperial War Museum. "The Battle of the Atlantic." www.iwm.org.uk/ online/ atlantic/dec41dec42.htm

"ISBN." eNSYNC Solutions Web site. www.ensyncsolutions.com/isbn.htm

Johnson, Welin E. e John M. Coffin. "Constructing Primate Phylogenies from Ancient Retrovirus Sequences." *Proceedings of the National Academy of Sciences* 96 (1999): 10254.

Kiefer, Claus e Erich Joos. "Decoherence: Concepts and Examples." Em arXiv.org e-Print archive (www.arxiv.org), quant-ph/9803052, 19 de março de 1998.

Knill, E., R. Laflamme, R. Martinez e C.-H. Tseng. "An Algorithmic Benchmark for Quantum Information Processing." *Nature* 404 (2000): 368.

Kofman, A. G. e G. Kurizki. "Acceleration of Quantum Decay Processes by Frequent Observations." *Nature* 405 (2000): 546.

Kornguth, Steve. "Brain Demystified." www.lifesci.utexas.edu/courses/brain/ Steve'sLectures/neuroimmunol/MetabolismImaging.html (não mais disponível).

Krauss, Lawrence M. e Glenn D. Starkman. "Life, The Universe, and Nothing: Life and Death in an Ever-Expanding Universe." Em arXiv.org e-Print archive (www.arxiv.org), astro-ph/9902189, 12 de fevereiro de 1999.

_____. "Universal Limits on Computation." Em arXiv.org e-Print archive (www.arxiv.org), astro-ph/0404510, 26 de abril de 2004.

Kraytsberg, Yevgenya, Marianne Schwartz, Timothy A. Brown, Konstantin Ebraldise, Wolfram S. Kunz, David A. Clayton, John Vissing e Konstantin Khrapko. "Recombination of Human Mitochondrial DNA." *Science* 304 (2004): 981.

Kukral, L. C. "Death of Yamamoto due to 'Magic'." Navy Office of Information Web site. www.chinfo.navy.mil/navpalib/wwii/facts/yamadies.txt

Kunzig, Robert e Shanti Menon. "Not Our Mom: Neanderthal DNA Suggests No Relation to Humans." *Discover*, janeiro de 1998, 32.

Lamoreaux, S. K. "Demonstration of the Casimir Force in the 0.6 to 6μm Range." *Physical Review Letters* 77 (1997): 5.

Leff, Harvey S. e Andrew F. Rex, eds. *Maxwell's Demon 2: Entropy, Classical and Quantum Information, Computing*. 2ª ed. Filadélfia: Institute of Physics Publishing, 2003.

Lindley, David. *Boltzmann's Atom*. Nova York: Free Press, 2001.

_____. *Degrees Kelvin*. Washington, D.C.: Joseph Henry Press, 2004.

Lloyd, Seth. "Computational Capacity of the Universe." Em arXiv.org e-Print archive (www.arxiv.org), quant-ph/0110141, 24 de outubro de 2001.

_____. "Ultimate Physical Limits to Computation." *Nature* 406 (2000): 1047.

_____. "Universe as Quantum Computer." Em arXiv.org e-Print archive (www.arxiv.org), quant-ph/9912088, 17 de dezembro de 1999.

Macrae, Norman. *John von Neumann: The Scientific Genius Who Pioneered the Modern Computer, Game Theory, Nuclear Deterrence, and Much More*. Nova York: Pantheon, 1992.

Marangos, Jon. "Faster Than a Speeding Photon." *Nature* 406 (2000), 243.

Marcikic, I., H. de Riedmatten, W. Tittel, H. Zbinden e N. Gisin. "Long-Distance Teleportation of Qubits at Telecommunication Wavelengths." *Nature* 421 (2003): 509.

Marshall, William, Christoph Simon, Roger Penrose e Dik Bouwmeester. "Towards Quantum Superpositions of a Mirror." Em arXiv.org e-Print archive (www.arxiv.org), quant-ph/0210001, 30 de setembro de 2002.

Mermin, N. David. "Could Feynman Have Said This?" *Physics Today*, 57 (2004): 10.

Miller, A. Ray. *The Cryptographic Mathematics of Enigma*. Fort George G. Meade, Maryland: The Center for Cryptologic History, 2002.

Milonni, Peter. "A Watched Pot Boils Quicker." *Nature* 405 (2000): 525.

Mitchell, Morgan W. e Raymond Y. Chiao. "Causality and Negative Group Delays in a Simple Bandpass Amplifier." *American Journal of Physics* 66 (1998): 14.

Monroe, C., D. M. Meekhof, B. E. King e D. J. Wineland. "A 'Schrödinger Cat' Superposition State of an Atom." *Science* 272 (1996): 1131.

Mugnai, D., A. Ramfagni e R. Ruggeri. "Observation of Superluminal Behaviors in Wave Propagation." *Physical Review Letters* 84 (2000): 4830.

The Museum of Science & Industry in Manchester. "Joule & Energy." www.msim.org.uk/joule/intro.htm

Naughton, John. "The Juggling Unicyclist Who Changed Our Lives." *The Observer*, 4 de março de 2001. observer.guardian.co.uk/business/story/0,6903,446009,00.html

Naval Historical Center, Department of the Navy. "Battle of Midway: 4-7 June 1942." www.history.navy.mil/faqs/faq81-1.htm

Nemenman, Ilya, William Bialek e Rob de Ruyter van Steveninck. "Entropy and Information in Neural Spike Trains: Progress on the Sampling Problem." Em arXiv.org e-Print archive (www.arxiv.org), physics/ 0306063, 12 de março de 2004.

Ollivier, Harold, David Poulin e Wojciech H. Zurek. "Emergence of Objective Properties from Subjective Quantum States: Environment as a Witness." Em arXiv.org e-Print archive (www.arxiv.org), quant-ph/0307229, 30 de julho de 2003.

Owens, Kelly e Mary-Claire King. "Genomic Views of Human History." *Science* 286 (2000): 451.

Pais, Abraham. *Subtle Is the Lord...: The Science and the Life of Albert Einstein*. Oxford: Oxford University Press, 1982.

Park, Yousin. "Entropy and Information." Physics & Astronomy @ Johns Hopkins Web site. www.pha.jhu.edu/~xervcr/seminar2/seminar2.html

Pati, Arun e Samuel Braunstein. "Quantum Deleting and Signalling." Em arXiv.org e-Print archive (www.arxiv.org), quant-ph/0305145, 23 de maio de 2003.

_____. "Quantum Mechanical Universal Constructor." Em arXiv.org e-Print archive (www.arxiv.org), quant-ph/0303124, 19 de março de 2003.

_____. "Quantum No-Deleting Principle and Some of Its Implications." Em arXiv.org e-Print archive (www.arxiv.org), quant-ph/0007121, 31 de julho de 2000.

The Paul Revere House. "The Midnight Ride." www.paulreverehouse.org/ride/

Pennisi, Elizabeth. "Viral Stowaway." *ScienceNOW*, 1º de março de 1999. sciencenow.sciencemag.org/cgi/content/full/1999/301/1

Peres, Asher. "How the No-Cloning Theorem Got Its Name." Em arXiv.org e-Print archive (www.arxiv.org), quant-ph/0205076, 14 de maio de 2002.

Pincus, Steve e Rudolf Kalman. "Not All (Possibly) 'Random' Sequences Are Created Equal." *Proceedings of the National Academy of Sciences* 94 (1997): 3513.

Preskill, John. "Black Hole Information Bet." Caltech Particle Theory Group Web site. www.theory.caltech.edu/people/preskill/info_bet.html

_____. "Reliable Quantum Computers." Em arXiv.org e-Print archive (www.arxiv.org), quant-ph/9705031, 1º de junho de 1997.

Price, Michael Clive. "The Everett FAQ." HEDWEB site. www.hedweb.com/manworld.htm

Russell, Jerry C. "ULTRA and the Campaign Against the U-boats in World War II." Ibiblio archive. www.ibiblio.org/pha/ultra/navy-1.html

Schneidman, Elad, William Bialek e Michael J. Berry II. "An Information Theoretic Approach to the Functional Classification of Neurons." Em arXiv.org e-Print archive (www.arxiv.org), physics/0212114, 31 de dezembro de 2002.

Schrödinger, Erwin. *What Is Life?* Cambridge: Cambridge University Press, 1967.

Sears, Francis W., Mark W. Zemansky e Hugh D. Young. *College Physics*, 6ª ed. Reading, Mass.: Addison-Wesley, 1985.

Seife, Charles. "Alice Beams Up 'Entangled' Photon." *New Scientist*, 12 de outubro de 1997, 20.

_____. *Alpha and Omega: The Search for the Beginning and End of the Universe*. Nova York: Viking, 2003.

_____. "At Canada's Perimeter Institute, 'Waterloo' Means 'Shangri-La'." *Science* 302 (2003): 1650.

_____. "Big, Hot Molecules Bridge the Gap Between Normal and Surreal." *Science* 303 (2004):1119.

_____. "Cold Numbers Unmake the Quantum Mind." *Science* 287 (2000): 791.

_____. "Crystal Stops Light in Its Tracks." *Science* 295 (2002): 255.

_____. "Flaw Found in a Quantum Code." *Science* 276 (1997): 1034.

_____. "Furtive Glances Trigger Radioactive Decay." *Science* 288 (2000): 1564.

_____. "In Clone Wars, Quantum Computers Need Not Apply." *Science* 300 (2003): 884.

_____. "Light Speed Boosted Beyond the Limit." *ScienceNOW*, 21 de julho de 2000. sciencenow.sciencemag.org/cgi/content/full/2000/721/4

_____. "Messages Fly No Faster Than Light." *ScienceNOW*, 15 de outubro de 2003. sciencenow.sciencemag.org/cgi/content/full/2003/1015/2

_____. "Microscale Weirdness Expands Its Turf." *Science* 292 (2001): 1471.

_____. "More Than We Need to Know." *Washington Post*, 9 de novembro de 2001, A37.

_____. "Muon Experiment Challenges Reigning Model of Particles." *Science* 291 (2001): 958.

_____. "Perimeter's Threefold Way." *Science* 302 (2003): 1651.

_____. "The Quandary of Quantum Information." *Science* 293 (2001): 2026.

_____. "Quantum Experiment Asks 'How Big Is Big?'" *Science* 298 (2002): 342.

_____. "Quantum Leap." *New Scientist*, 18 de abril de 1998, 10.

_____. "Relativity Goes Where Einstein Feared to Tread." *Science* 299 (2003): 185.

_____. "RNA Works Out Knight Moves." *Science* 287 (2000): 1182.

_____. "Souped Up Pulses Top Light Speed." *ScienceNOW*, 1º de junho de 2000. sciencenow.sciencemag.org/cgi/content/full/2000/601/1.

_____. "'Spooky Action' Passes a Relativistic Test." *Science* 287 (2000): 1909.

_____. "Spooky Twins Survive Einsteinian Torture." *Science* 294 (2001): 1265.

_____. "The Subtle Pull of Emptiness." *Science* 275 (1997): 158.

_____. "'Ultimate PC' Would Be a Hot Little Number." *Science* 289 (2000): 1447.

_____. *Zero: The Biography of a Dangerous Idea*. Nova York: Viking, 2000.

Shannon, Claude E. e Warren Weaver. *The Mathematical Theory of Communication*. Urbana: University of Illinois Press, 1998.

Siegfried, Tom. *The Bit and the Pendulum: From Quantum Computing to M Theory – The New Physics of Information*. Nova York: John Wiley, 1999.

Singh, Simon. *The Code Book: The Evolution of Secrecy from Mary Queen of Scots to Quantum Cryptography*. Nova York: Doubleday, 1999.

Sloane, N. J. A. e A. D. Wyner. "Biography of Claude Elwood Shannon." AT&T Labs-Research Web site. www.research.att.com/~njas/doc/shannonbio.html

Stefanov, Andre, Hugo Zbinden, Antoine Suarez e Nicolas Gisin. "Quantum Entanglement with Acousto-Optic Modulators: 2-Photon Beatings and Bell Experiments with Moving Beamsplitters." Em arXiv.org e-Print archive (www.arxiv.org), quant-ph/0210015, 2 de outubro de 2002.

Steinberg, A. M., P. G. Kwiat e R. Y. Chiao. "Measurement of the Single-Photon Tunneling Time." *Physical Review Letters* 71 (1993): 708.

Stenner, Michael D., Daniel J. Gauthier e Mark A. Neifeld. "The Speed of Information in a 'Fast-Light' Optical Medium." *Nature* 425 (2003): 695.

Strauss, Evelyn. "Can Mitochondrial Clocks Keep Time?" *Science* 283 (1999): 1435.

Strong, S. P., Roland Koberle, Rob R. de Ruyter van Steveninck e William Bialek. "Entropy and Information in Neural Spike Trains." *Physical Review Letters* 80 (1998): 197.

Suarez, Antoine. "Is There a Real Time Ordering Behind the Nonlocal Correlations?" Em arXiv.org e-Print archive (www.arxiv.org), quant-ph/0110124, 20 de outubro de 2001.

Teahan, W. J. e John G. Cleary. "The Entropy of English Using PPM-Based Models." The University of Waikato, Department of Computer Science Web site. www.cs.waikato.ac.nz/~ml/publications/1996/Teahan-Cleary-entropy96.pdf

Tegmark, Max. "Importance of Decoherence in Brain Processes." *Physical Review E* 61 (2000): 4194.

_____. "The Interpretation of Quantum Mechanics: Many Worlds or Many Words?" Em arXiv.org e-Print archive (www.arxiv.org), quant-ph/9709032, 15 de setembro de 1997.

_____. "Parallel Universes." Em arXiv.org e-Print archive (www.arxiv.org), astro-ph/0302131, 7 de fevereiro de 2003.

Tegmark, Max e John Archibald Wheeler. "100 Years of the Quantum." Em arXiv.org e-Print archive (www.arxiv.org), quant-ph/0101077, 17 de janeiro de 2001.

't Hooft, Gerard. *In Search of the Ultimate Building Blocks.* Cambridge: Cambridge University Press, 1997.

Thorne, Kip S. *Black Holes and Time Warps: Einstein's Outrageous Legacy.* Nova York: W. W. Norton, 1994.

Tribus, Myron e Edward McIrvine. "Energy and Information." *Scientific American,* agosto de 1971, 179.

"UCLA Brain Injury Research Center Project Grants." UCLA Neurosurgery Web site. neurosurgery.ucla.edu/Programs/BrainInjury/BIRC_project.html

Voss, David. "'New Physics' Finds a Haven at the Patent Office." *Science* 284 (1999): 1252.

Wang, G. M., E. M. Sevick, Emil Mittag, Debra J. Searles e Denis J. Evans. "Experimental Demonstration of Violations of the Second Law of Thermodynamics for Small Systems and Short Time Scales." *Physical Review Letters* 89 (2002): art. n° 050601.

Wang, L. J., A. Kuzmich e A. Dogariu. "Demonstration of Gain-Assisted Superluminal Light Propagation." Dr. Lijun Wang's home page. external. nj.nec.com/homepages/lwan/demo.htm

_____. "Gain-Assisted Superluminal Light Propagation." *Nature* 406 (2000): 277.

Weadon, Patrick D. "AF Is Short of Water", de "The Battle of Midway." National Security Agency Web site. www.nsa.gov/publications/ publi00023. cfm

Weisstein, Eric. Eric Weisstein's World of Science. scienceworld.wolfram.com

Whitaker, Andrew. *Einstein, Bohr and the Quantum Dilemma*. Nova York: Cambridge University Press, 1996.

Zeh, H. D. "Basic Concepts and Their Interpretation." Versão preliminar do cap. 2, *Decoherence and the Appearance of a Classical World in Quantum Theory*, 2ª ed., por E. Joos, H. D. Zeh, C. Kiefer, D. J. W. Giulini, J. Kupsch e I.-O. Stamatescu (primavera de 2003). www.rzuser.uni-heidelberg.de/~as3/Decoh2.pdf (linked from H. Dieter Zeh's home page: www.zeh-hd.de).

_____. "The Meaning of Decoherence." Em arXiv.org e-Print archive (www.arxiv.org), quant-ph/9905004, 29 de junho de 1999.

_____. *The Physical Basis of the Direction of Time*. Berlim: Springer-Verlag, 2001.

_____. "The Wave Function: It or Bit?" Em arXiv.org e-Print archive (www.arxiv.org), quant-ph/0204088, 2 de junho de 2002.

Zurek, Wojciech Hubert. "Decoherence and the Transition from Quantum to Classical – Revisited." *Los Alamos Science* n° 27 (2002): 2.

_____. "Quantum Darwinism and Envariance." Em arXiv.org e-Print archive (www.arxiv.org), quant-ph/03080163, 28 de agosto de 2003.

_____. "Quantum Discord and Maxwell's Demons." Em arXiv.org e-Print archive (www.arxiv.org), quant-ph/0301127, 23 de janeiro de 2003.

Agradecimentos

Este livro é o produto de anos de discussões e pesquisas, e seria impossível agradecer a todos os envolvidos. Dezenas de físicos, teóricos quânticos, cosmólogos, astrônomos, biólogos, criptógrafos e outros cientistas foram extremamente generosos comigo – não apenas se demoraram explicando os seus trabalhos, como o fizeram com contagiante entusiasmo.

Mais uma vez, quero agradecer a Wendy Wolf, minha editora; Don Homolka, meu editor de texto; e meus agentes, John Brockman e Katinka Matson. Gostaria também de agradecer aos meus amigos e às pessoas queridas que compartilharam ideias e que tanto me apoiaram, entre eles Oliver Morton, David Harris, Meridith Walters e, é claro, meu irmão, minha mãe e meu pai. Obrigado a todos.

Este livro foi impresso na Editora JPA Ltda.
Av. Brasil, 10.600 – Rio de Janeiro – RJ
para a Editora Rocco Ltda.